A arte da estatística

David Spiegelhalter

A arte da estatística
Como aprender a partir de dados

Tradução:
George Schlesinger

2ª reimpresssão

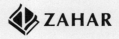

Copyright © 2019 by David Spiegelhalter

Grafia atualizada segundo o Acordo Ortográfico da Língua Portuguesa de 1990, que entrou em vigor no Brasil em 2009.

Título original
The Art of Statistics

Capa e imagem
Helena Hennemann/ Foresti Design

Revisão técnica
Jairo Nicolau

Preparação
Diogo Henriques

Índice remissivo
Probo Poletti

Revisão
Bonie Santos
Ingrid Romão

Dados Internacionais de Catalogação na Publicação (CIP)
(Câmara Brasileira do Livro, SP, Brasil)

Spiegelhalter, David
    A arte da estatística : Como aprender a partir de dados / David Spiegelhalter ; tradução George Schlesinger. — 1ª ed. — Rio de Janeiro : Zahar, 2022.

    Título original: The Art of Statistics.
    ISBN 978-65-5979-076-0

    1. Estatísticas 2. Estatísticas – Aspectos sociais I. Título.

22-112096   CDD: 519.5

Índice para catálogo sistemático:
1. Estatística   519.5

Eliete Marques da Silva. – Bibliotecária – CRB-8/9380

Todos os direitos desta edição reservados à
EDITORA SCHWARCZ S.A.
Praça Floriano, 19, sala 3001 — Cinelândia
20031-050 — Rio de Janeiro — RJ
Telefone: (21) 3993-7510
www.companhiadasletras.com.br
www.blogdacompanhia.com.br
facebook.com/editorazahar
instagram.com/editorazahar
twitter.com/editorazahar

Para os estatísticos de toda parte, com seus cativantes traços de pedantismo, generosidade, integridade e desejo de usar os dados da melhor maneira possível

Sumário

Lista de figuras 9
Lista de tabelas 11
Introdução 13

1. Colocando as coisas em proporção: dados classificatórios e porcentagens 29

2. Sintetizando e comunicando números. Montes de números 45

3. Por que estudar os dados? Populações e medição 72

4. O que causa o quê? 90

5. Modelagem de relações usando regressão 110

6. Algoritmos, analítica e predição 125

7. Que grau de certeza podemos ter sobre o que está acontecendo? Estimativas e intervalos 162

8. Probabilidade: a linguagem da incerteza e da variabilidade 174

9. Juntando probabilidade e estatística 193

10. Respondendo a perguntas e enunciando descobertas 212

11. Aprendendo a partir da experiência do jeito bayesiano 252

12. Como as coisas dão errado 278

13. Como podemos melhorar a maneira de fazer estatística 295

14. Em conclusão 308

Agradecimentos 311
Notas 313
Glossário 323
Índice remissivo 341

Lista de figuras

0.1 Idade e ano da morte das vítimas de Harold Shipman
0.2 Hora da morte dos pacientes de Harold Shipman
0.3 O ciclo de resolução de problemas PPDAC
1.1 Taxas de sobrevivência em até 30 dias após cirurgias cardíacas em crianças
1.2 Proporção de cirurgias cardíacas em crianças por hospital
1.3 Porcentagem de cirurgias cardíacas em crianças por hospital
1.4 Risco de câncer associado ao consumo de sanduíches de bacon
2.1 Frasco de balas de goma
2.2 Diferentes maneiras de apresentar o padrão dos palpites sobre o número de balas de goma dentro do frasco
2.3 Representações gráficas dos palpites sobre a quantidade de balas em escala logarítmica
2.4 Número de parceiros do sexo oposto reportado ao longo da vida
2.5 Taxas de sobrevivência em relação ao número de cirurgias cardíacas em crianças
2.6 Coeficientes de correlação de Pearson de 0
2.7 Tendências da população mundial
2.8 Aumento relativo da população por país
2.9 Popularidade do nome "David" ao longo do tempo
2.10 Infográfico sobre atitudes sexuais e estilos de vida no Reino Unido
3.1 Diagrama de inferência indutiva
3.2 Distribuição de pesos no nascimento
5.1 Gráfico de dispersão da altura dos filhos em relação à altura dos pais
5.2 Modelo de regressão logística ajustado para dados de cirurgias cardíacas em crianças
6.1 Túmulo de uma vítima do *Titanic*
6.2 Síntese estatística das taxas de sobrevivência dos passageiros do *Titanic*
6.3 Árvore de classificação para dados do *Titanic*
6.4 Curvas ROC para algoritmos aplicados a conjuntos de dados de treinamento e teste
6.5 Probabilidade de sobreviver ao naufrágio do *Titanic*
6.6 Árvore de classificação sobreajustada para dados do *Titanic*
6.7 Taxas de sobrevivência para mulheres com câncer de mama após cirurgia
7.1 Distribuição empírica do número de parceiros sexuais para vários tamanhos de amostra
7.2 Reamostragens "bootstrap" de uma amostra original de 50 observações
7.3 Distribuição bootstrap de médias de vários tamanhos de amostra
7.4 Regressão bootstrap de dados da altura mãe-filha de Galton
8.1 Simulação do jogo do Chevalier de Méré
8.2 Árvore de frequências esperadas para dois lançamentos de moeda

8.3 Árvore de probabilidades para o lançamento de duas moedas
8.4 Árvore de frequências esperadas em exames para detecção de câncer de mama
8.5 Número de homicídios observado e esperado
9.1 Distribuição de probabilidade de pessoas canhotas
9.2 Gráfico de funil de taxas de mortalidade por câncer de cólon
9.3 Gráfico de pesquisas de opinião da BBC antes da eleição geral no Reino Unido em 2017
9.4 Taxas de homicídios na Inglaterra e no País de Gales
10.1 Razão sexual em batismos em Londres, 1629-1710
10.2 Distribuição empírica da diferença observada nas proporções de pessoas que cruzam os braços com o esquerdo/direito por cima
10.3 Número total de certidões de óbito assinadas por Shipman
10.4 Teste sequencial da razão de probabilidades (TSRP) para detecção de uma duplicação no risco de mortalidade
10.5 Frequências esperadas dos resultados de 1000 testes de hipótese
11.1 Árvore de frequências esperadas para o problema das três moedas
11.2 Árvore de frequências esperadas para doping esportivo
11.3 Árvore "reversa" de frequências esperadas para doping esportivo
11.4 A mesa de "bilhar" de Bayes
12.1 Fluxo tradicional de comunicação de evidências estatísticas

Lista de tabelas

1.1 Resultados de cirurgias cardíacas em crianças
1.2 Métodos para comunicar o risco de câncer intestinal ao longo da vida associado ao consumo de bacon
2.1 Síntese estatística para palpites do número de balas de goma dentro do frasco
2.2 Síntese estatística para o número de parceiros do sexo oposto reportado ao longo da vida
4.1 Resultados para pacientes no Estudo de Proteção Cardíaca
4.2 Ilustração do paradoxo de Simpson
5.1 Síntese estatística da altura dos pais e de sua prole adulta
5.2 Correlações entre a altura da prole adulta e a do genitor do mesmo gênero
5.3 Resultados de uma regressão linear múltipla relacionando a altura da prole adulta com a dos genitores
6.1 Matriz de erro da árvore de classificação dos dados de treinamento e teste do *Titanic*
6.2 Previsões fictícias de "probabilidade de precipitação"
6.3 Resultados de uma regressão logística para dados de sobrevivência do *Titanic*
6.4 Desempenho de diferentes algoritmos nos dados de teste do *Titanic*
6.5 Taxas de sobrevivência ao câncer de mama fornecidas pelo Predict 2.1
7.1 Síntese estatística para o número de parceiras sexuais ao longo da vida reportado por homens
7.2 Médias amostrais para parceiras sexuais ao longo da vida reportadas por homens
9.1 Comparação de intervalos de confiança exatos e bootstrap
10.1 Contingência do comportamento de cruzar os braços por gênero
10.2 Contagens observadas e esperadas de cruzamento de braços por gênero
10.3 Dias observados e esperados com número específico de ocorrências de homicídio na Inglaterra e no País de Gales
10.4 Resultados do Estudo de Proteção Cardíaca com intervalos de confiança e p-valores
10.5 Resultado em R de uma regressão múltipla usando dados de Galton
10.6 Resultados possíveis de um teste de hipótese
11.1 Razões de verossimilhança para evidência referente ao esqueleto de Ricardo III
11.2 Interpretação verbal recomendada para razões de verossimilhança
11.3 Escala de Kass e Raftery para interpretação dos fatores de Bayes
13.1 Predições de boca de urna em três eleições nacionais recentes no Reino Unido

Introdução

> Os números não têm como falar por si mesmos. Somos nós que falamos por eles. Nós os imbuímos de significado.
>
> NATE SILVER, *O sinal e o ruído*[1]

Por que precisamos da estatística

Harold Shipman foi o mais prolífico assassino condenado na Grã-Bretanha, embora não se encaixe no perfil arquetípico de um serial killer. Médico de família com modos gentis, trabalhando num subúrbio de Manchester, entre 1975 e 1998 ele injetou, em pelo menos 215 de seus pacientes mais idosos, uma enorme dose de opiáceos. Por fim, cometeu o erro de forjar o testamento de uma de suas vítimas para herdar algum dinheiro: a filha da vítima era advogada, houve suspeitas e uma análise forense do computador de Shipman mostrou que ele vinha alterando o prontuário de seus pacientes para fazê-los parecer mais doentes do que de fato estavam. Era bem conhecido como um dos primeiros entusiastas da tecnologia, mas não dispunha de conhecimento tecnológico suficiente para saber que toda alteração que fazia gerava um marcador temporal (aliás, um bom exemplo de dados revelando significado oculto).

Quinze de seus pacientes que não haviam sido cremados foram exumados, e níveis letais de diamorfina, a forma medicinal da heroína, foram encontrados em seus corpos. Em 1999, Shipman foi julgado por quinze assassinatos, mas optou por não apresentar defesa e não proferiu uma única palavra durante o julgamento. Foi considerado culpado e condenado à prisão perpétua. Um inquérito público foi aberto para determinar que crimes ele poderia ter cometido além daqueles pelos quais fora julgado, e se teria sido possível pegá-lo antes. Por acaso, fui um de uma série de estatísticos chamados para prestar depoimento nesse inquérito público, que acabou concluindo que ele sem dúvida assassinara 215 pacientes, e possivelmente mais 45.[2]

Este livro enfoca o uso da **ciência estatística*** para responder ao tipo de pergunta que surge quando queremos entender melhor o mundo — e algumas dessas perguntas estarão destacadas no texto. Para compreendermos melhor o comportamento de Shipman, a primeira pergunta natural é:

Que tipo de pessoas Harold Shipman assassinou, e quando morreram?

O inquérito público forneceu detalhes de idade, gênero e data de morte de cada vítima. A figura 0.1 é uma visualização bastante sofisticada desses dados, mostrando um gráfico de dispersão da idade da vítima em relação à sua data de morte, com o sombreado dos pontos indicando se a vítima era homem ou mulher. Gráficos de barras foram acrescentados aos eixos para mostrar o padrão das idades (em intervalos de cinco anos) e o padrão dos anos nos quais ele cometeu os assassinatos.

Se dedicarmos algum tempo para examinar a figura, poderemos tirar algumas conclusões. Há mais pontos escuros que claros, então as vítimas de Shipman foram principalmente mulheres. O gráfico de barras à direita da figura mostra que a maioria de suas vítimas estava na casa dos setenta e oitenta anos, mas a distribuição dos pontos revela que, embora inicialmente todas fossem idosas, alguns casos de pessoas mais jovens apareceram com o passar dos anos. O gráfico de barras no alto mostra claramente uma lacuna em torno de 1992, quando não houve assassinatos. Até essa data, Shipman vinha trabalhando num consultório conjunto com outros

---

* Termos em **negrito** aparecem no Glossário ao final do livro, que fornece definições tanto básicas quanto técnicas.

Introdução

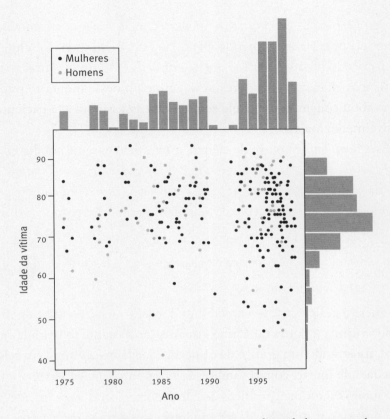

FIGURA 0.1 Um gráfico de dispersão mostrando a idade e o ano de morte das 215 vítimas confirmadas de Harold Shipman. Os gráficos de barras foram acrescentados aos eixos para revelar o padrão das idades e o padrão dos anos nos quais ele cometeu os assassinatos.

médicos; mas então, possivelmente ao sentir que suspeitavam dele, saiu para abrir uma clínica própria. Depois disso, suas atividades se aceleraram, como demonstra o gráfico de barras no alto.

Essa análise das vítimas identificadas pelo inquérito levanta outras questões sobre a forma como ele cometeu seus assassinatos. Alguma evidência estatística é fornecida pelos dados sobre a hora da morte de suas supostas vítimas, conforme registrado nos atestados de óbito. A figura 0.2 é um gráfico de linha comparando as horas do dia em que os pacientes de

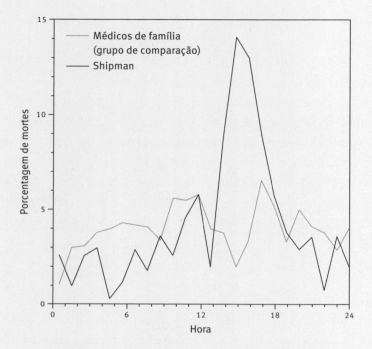

FIGURA 0.2 As horas nas quais os pacientes de Harold Shipman morreram, em comparação com as horas em que morreram pacientes de outros médicos de família locais. O padrão não requer uma análise estatística sofisticada.

Shipman morreram com o horário das mortes de uma amostra de pacientes de outros médicos de família locais. O padrão não requer uma análise muito complexa: a esmagadora maioria dos pacientes de Shipman tendia a morrer no começo da tarde.

Os dados não podem nos dizer *por que* os pacientes tendiam a morrer nessa hora, porém investigações posteriores revelaram que Shipman fazia suas visitas domiciliares depois do almoço, e que costumava ficar a sós com seus pacientes idosos. Ele lhes oferecia uma injeção dizendo que era para deixá-los mais confortáveis, mas na verdade era uma dose letal de diamorfina: depois que o paciente morria tranquilamente na sua frente, ele alterava seu prontuário de modo a sugerir que havia sido uma morte natural esperada. Dame Janet Smith, que presidiu o inquérito público, mais tarde comentou: "Ainda acho indescritivelmente assustador, simplesmente indescritível, impensável e inimaginável, que ele pudesse viver dia após dia fingindo ser um médico atencioso, enquanto carregava na bolsa sua arma letal... que sacava sem rodeios".

Shipman corria algum risco, já que um único exame post-mortem o teria exposto. Mas, considerando a idade dos pacientes e as causas aparentemente naturais da morte, nenhum exame era realizado. E os motivos para os assassinatos nunca foram esclarecidos: Shipman não depôs no julgamento, nunca falou sobre seus delitos com ninguém, nem mesmo com a família, e cometeu suicídio na prisão, convenientemente a tempo de sua esposa receber sua pensão.

Podemos pensar nesse tipo de trabalho iterativo, exploratório, como estatística "forense", e nesse caso foi literalmente verdade. Não há nenhuma matemática, nenhuma teoria, apenas uma busca por padrões que possam levar a mais questões interessantes. Os detalhes dos delitos de Shipman foram determinados usando evidência específica para cada caso individual, mas essa análise de dados sustentou uma compreensão geral de como ele procedia em seus crimes.

Mais adiante, no capítulo 10, veremos se a análise estatística formal poderia ter ajudado a pegar Shipman mais cedo.* Por enquanto, sua história demonstra claramente o grande potencial de se utilizar dados para entender melhor o mundo e para fazer julgamentos melhores. É disso que a ciência estatística trata.

Transformando o mundo em dados

Uma abordagem estatística dos crimes de Harold Shipman exigiu que nos distanciássemos da longa lista de tragédias individuais pelas quais

---

* Alerta de spoiler: é quase certo que teria ajudado.

ele foi responsável. Todos aqueles detalhes pessoais, únicos, da vida e da morte das pessoas tiveram que ser reduzidos a um conjunto de fatos e números que pudessem ser enumerados e representados em gráficos. À primeira vista, isso pode parecer frio e desumanizador, mas, se quisermos usar a ciência estatística para iluminar o mundo, nossas experiências diárias precisam ser transformadas em dados, e isso significa categorizar e rotular eventos, registrar medições, analisar os resultados e comunicar as conclusões.

O simples fato de categorizar e rotular, porém, pode representar um sério desafio. Tomemos a seguinte pergunta básica, que deveria ser do interesse de todos os que se preocupam com o meio ambiente:

Quantas árvores existem no planeta?

Antes mesmo de começar a pensar sobre como poderíamos proceder para responder a essa pergunta, precisamos estabelecer um fator básico: o que é uma "árvore"? Você pode sentir que reconhece uma árvore ao vê-la, mas seu julgamento pode diferir consideravelmente do de outras pessoas, que poderiam considerá-la um arbusto ou uma moita. Assim, para transformar experiência em dados, temos que começar com definições rigorosas.

Acontece que a definição oficial de árvore diz que se trata de uma planta de caule lenhoso com diâmetro suficientemente grande na altura do peito, o que é conhecido como DAP — diâmetro à altura do peito.* O Serviço Florestal dos Estados Unidos exige que uma planta tenha DAP maior que 12,7 centímetros para que seja declarada oficialmente como árvore, porém a maior parte das autoridades usa um DAP de 10 centímetros.

Em todo caso, é impossível sair pelo planeta, medir individualmente cada planta de caule lenhoso e contar quantas atendam a esse critério. Assim, os pesquisadores que investigaram essa questão adotaram uma abordagem mais pragmática: primeiro, escolheram uma série de áreas

---

* Trata-se do diâmetro do tronco medido a cerca de 1,30 metro do chão (mais ou menos a altura do peito de um ser humano adulto). (N. T.)

com um tipo de paisagem em comum, conhecidas como biomas, e contaram o número médio de árvores encontradas por quilômetro quadrado. Em seguida, utilizaram imagens de satélite para estimar a área total do planeta coberta por cada tipo de bioma, realizaram modelagens estatísticas complexas e acabaram por chegar a uma estimativa total de 3,04 trilhões de árvores sobre o planeta. Isso já parece muito, só que eles avaliaram que esse número costumava ser duas vezes maior.*³

Se as autoridades divergem em relação àquilo que chamam de árvore, não surpreende que a definição de conceitos mais nebulosos seja ainda mais desafiadora. Para pegar um exemplo extremo, a definição oficial de desemprego no Reino Unido foi mudada pelo menos 31 vezes entre 1979 e 1996.⁴ A definição de produto interno bruto (PIB) está sendo continuamente revista, como quando o comércio de drogas ilegais e a prostituição foram incorporados ao PIB britânico em 2014; as estimativas usaram algumas fontes de dados inusitadas — os preços para as diferentes atividades de prostituição, por exemplo, foram extraídos do Punternet, um site que avalia tais serviços.⁵

Até mesmo nossos sentimentos mais pessoais podem ser codificados e submetidos à análise estatística. Durante um ano, de outubro de 2016 a setembro de 2017, 150 mil pessoas no Reino Unido foram indagadas, como parte de uma pesquisa: "De modo geral, que nota você daria para o quanto se sentiu feliz ontem?".⁶ Numa escala de 0 a 10, a resposta média foi 7,5, o que representou uma melhora em relação a 2012, quando a média foi 7,3; isso pode estar relacionado com a recuperação econômica desde o colapso financeiro de 2008. Os resultados mais baixos foram registrados pela faixa etária de 50 a 54 anos, e os mais altos, entre 70 e 74, um padrão típico para o Reino Unido.**

---

* Esse valor é informado com uma margem de erro de 0,1 trilhão, o que significa que os pesquisadores estavam confiantes de que o número real se situa na faixa de 2,94 a 3,14 trilhões (admito sentir que esse pode ser um valor acurado demais, dadas as muitas premissas feitas na modelagem). Eles também estimaram que 15 bilhões de árvores são cortadas todos os anos, e que o planeta perdeu 46% de suas árvores desde o começo da civilização humana.
** O que, se eu fosse uma pessoa na média, me daria algo pelo que ansiar.

Mensurar a felicidade é difícil, ao passo que decidir se alguém está vivo ou morto é algo bem mais objetivo: como demonstrarão os exemplos neste livro, sobrevivência e mortalidade são uma preocupação comum na ciência estatística. Nos Estados Unidos, porém, cada estado tem suas próprias definições legais de morte, e embora a Lei de Determinação Uniforme da Morte tenha sido promulgada em 1981 para tentar estabelecer um modelo comum, algumas pequenas diferenças permanecem. Alguém que tenha sido declarado morto no Alabama poderia, ao menos em princípio, deixar de estar legalmente morto caso estivesse do outro lado da fronteira estadual, na Flórida, onde a certidão de óbito precisa ser assinada por dois médicos qualificados.[7]

Esses exemplos mostram que a estatística é sempre, em alguma medida, construída com base em julgamentos, e que seria uma ilusão pensar que toda a complexidade da experiência pessoal pode ser inequivocamente codificada e colocada numa planilha ou em algum outro software. Por mais desafiador que seja definir, contar e mensurar características de nós mesmos e do mundo ao nosso redor, isso tudo continua sendo simplesmente informação, e apenas o ponto de partida para uma compreensão real do mundo.

Os dados têm duas limitações como fonte de tal conhecimento. Em primeiro lugar, são quase sempre uma medida imperfeita daquilo em que estamos realmente interessados: perguntar quanto as pessoas estavam felizes na semana passada numa escala de zero a dez dificilmente engloba o bem-estar emocional da nação. Em segundo lugar, qualquer coisa que escolhamos mensurar difere de um lugar para outro, de uma pessoa para outra, de um tempo para outro, e o problema é extrair percepções significativas de toda essa **variabilidade** aparentemente aleatória.

Durante séculos a ciência estatística se defrontou com esses desafios, e teve um protagonismo nas tentativas científicas de compreender o mundo. Ela forneceu a base para a interpretação dos dados, sempre imperfeitos, para distinguir relações importantes a partir da variabilidade de fundo que faz de nós seres particulares. Mas o mundo está sempre mudando, com novas perguntas sendo formuladas e novas fontes de dados tornando-se acessíveis. Assim, a ciência estatística também teve que mudar.

Introdução

AS PESSOAS SEMPRE FIZERAM CÁLCULOS e mensurações, mas a estatística moderna como disciplina começou na década de 1650, quando, como veremos no capítulo 8, pela primeira vez a probabilidade foi entendida apropriadamente, por Blaise Pascal e Pierre de Fermat. Dada essa sólida base matemática para lidar com a variabilidade, o progresso foi então notavelmente rápido. Quando combinada com dados sobre as idades em que as pessoas morriam, a teoria da probabilidade forneceu uma base firme para calcular pensões e pecúlios. A astronomia foi revolucionada quando os cientistas captaram a forma como a teoria da probabilidade podia lidar com a variabilidade nas medições. Entusiastas vitorianos ficaram obcecados com a coleta de dados sobre o corpo humano (e sobre todo tipo de coisas) e estabeleceram uma forte conexão entre análise estatística e genética, biologia e medicina. Então, no século XX, a estatística se tornou mais matemática e, para a tristeza de muitos alunos e praticantes, virou sinônimo de aplicação mecânica de um pacote de ferramentas estatísticas, muitas das quais batizadas com os nomes de estatísticos excêntricos e polêmicos que conheceremos mais adiante no livro.

Essa visão comum da estatística como sendo basicamente um "pacote de ferramentas" enfrenta hoje importantes desafios. Primeiro, estamos na era da **ciência de dados**, na qual grandes e complexos conjuntos de dados são coletados de fontes rotineiras, tais como monitores de tráfego, postagens em mídias sociais e compras pela internet, e usados como base para inovações tecnológicas, como a otimização de roteiros de viagens, propaganda direcionada ou a criação de sistemas de recomendação de compras — daremos uma olhada em **algoritmos** baseados em "**big data**" no capítulo 6. O estudo da estatística é visto cada vez mais como apenas um componente necessário para que se possa ser um cientista de dados, junto com habilidades em gestão de dados, programação e desenvolvimento de algoritmos, que não dispensam um conhecimento apropriado do assunto em questão.

Outro desafio para a visão tradicional da estatística tem a ver com o enorme aumento na quantidade de pesquisas científicas sendo realizadas hoje, sobretudo nas ciências biomédicas e sociais, combinado com a pressão para publicar em revistas acadêmicas de alto nível. Isso tem levantado dúvidas acerca da confiabilidade de parte da literatura científica; alega-se que muitas "descobertas" não podem ser reproduzidas por outros pesquisadores — por exemplo a contínua discussão quanto à postura assertiva conhecida popularmente como "pose de poder" ser capaz de induzir alterações hormonais e outras mudanças.[8] O uso inapropriado de métodos estatísticos padronizados tem recebido boa parcela da culpa pela chamada crise de replicação e reprodutibilidade na ciência.

Com a crescente disponibilidade de conjuntos maciços de dados e softwares de análise amigáveis, poderíamos talvez pensar que o estudo de métodos estatísticos é hoje menos necessário. Isso seria extremamente ingênuo. Longe de nos libertar da necessidade de capacitação estatística, o maior volume de dados e o crescimento da quantidade e da complexidade de estudos científicos tornam ainda mais difícil chegar a conclusões apropriadas. Um número maior de dados significa que precisamos estar ainda mais conscientes do valor efetivo da evidência.

A análise intensiva de conjuntos de dados extraídos de atividades rotineiras, por exemplo, pode aumentar a possibilidade de falsas descobertas. Isso pode ocorrer basicamente por dois motivos: um viés sistemático inerente às fontes de dados e o excesso de análises relatando apenas aquilo que parece mais interessante, prática também conhecida como "dragagem de dados". Para poder criticar trabalhos científicos publicados e, mais ainda, as reportagens com que nos deparamos todos os dias nos meios de comunicação, devemos estar bastante cientes dos perigos do relato seletivo, da necessidade de alegações científicas serem replicadas por pesquisadores independentes e do perigo de extrapolar interpretações de um estudo isolado para fora de seu contexto.

Todas essas percepções podem ser reunidas sob a rubrica **"alfabetização em dados"**, que descreve a habilidade não só de realizar análises estatísticas sobre problemas do mundo real, mas também de compreender e criticar quaisquer conclusões tiradas por outros com base em estatísticas. Porém, melhorar a alfabetização em dados significa mudar a forma como a estatística é ensinada.

Ensinando estatística

Gerações de estudantes sofreram para atravessar áridos cursos de estatística baseados na aprendizagem de um conjunto de técnicas a serem aplicadas em diferentes situações, mais afeitos à teoria matemática do que à compreensão dos motivos que levam ao uso das fórmulas e aos desafios que surgem quando tentamos usar dados para responder a perguntas.

Felizmente, isso está mudando. As necessidades da ciência de dados e da alfabetização em dados exigem uma abordagem mais focada no problema, na qual a aplicação de ferramentas estatísticas é vista como apenas um componente de um ciclo completo de investigação. A estrutura PPDAC foi sugerida como forma de representar um ciclo de resolução de problemas e será adotada neste livro.[9] A figura 0.3 baseia-se num exemplo da Nova Zelândia, líder mundial em ensino de estatística nas escolas.

O primeiro estágio do ciclo é a especificação de um Problema; a inquirição estatística sempre começa com uma pergunta, por exemplo o padrão dos assassinatos de Harold Shipman ou o número de árvores no mundo. Mais adiante examinaremos problemas que variam do benefício esperado de diferentes terapias após uma cirurgia de câncer de mama às razões para homens velhos terem orelhas grandes.

É tentador passar por cima da necessidade de um Plano cuidadoso. A questão de Shipman exigia tão somente compilar o maior número possível de dados sobre suas vítimas. Mas, no caso da contagem do número de árvores do mundo, era necessário prestar meticulosa atenção a definições precisas e a como executar as medições, uma vez que conclusões dignas de confiança só podem ser tiradas de um estudo concebido de maneira apropriada. Infelizmente, na pressa de obter dados e começar a análise, muitas vezes a atenção ao plano é deixada de lado.

Coletar bons Dados requer o tipo de habilidades de organização e codificação que vêm sendo consideradas cada vez mais importantes na ciência de dados, sobretudo quando se trata de dados provenientes de fontes rotineiras, que podem exigir muito polimento antes de estarem prontos para ser analisados. Os sistemas de coleta de dados podem ter mudado ao longo do tempo, pode ser que haja erros óbvios, e assim por diante — a

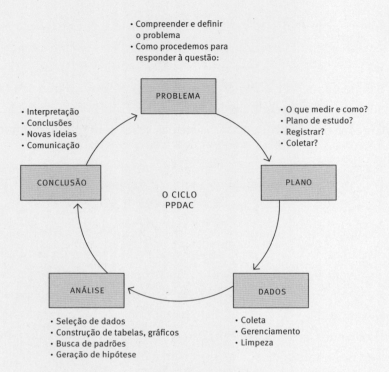

FIGURA 0.3 O ciclo de resolução de problemas PPDAC, passando por Problema, Plano, Dados, Análise e Conclusão e Comunicação, e recomeçando um novo ciclo.

expressão "dados achados" comunica perfeitamente a ideia de que eles podem ser bem "sujos", como objetos achados na rua.

O estágio de Análise tem sido tradicionalmente a principal ênfase dos cursos de estatística, e cobriremos neste livro uma gama de técnicas analíticas; mas às vezes tudo de que se precisa é de uma visualização útil, como a da figura 0.1. Por fim, a chave para uma boa ciência estatística é tirar Conclusões apropriadas, que reconheçam plenamente as limitações da evidência, e comunicá-las de forma clara, como nas ilustrações gráficas dos dados de Shipman. As conclusões, por sua vez, costumam levar a mais perguntas, e então o ciclo se reinicia, como quando começamos a examinar a hora do dia em que os pacientes de Shipman morreram.

Embora na prática possa não ser seguido precisamente, o ciclo PPDAC apresentado na figura 0.3 ressalta que as técnicas formais para análise estatística representam apenas uma parte do trabalho do estatístico ou do cientista de dados. A ciência estatística é muito mais do que um ramo da matemática envolvendo fórmulas obscuras com as quais gerações de estudantes se debateram (a maior parte das vezes com muita relutância).

Este livro

Quando eu era um estudante na Grã-Bretanha nos anos 1970, havia apenas três canais de TV, os computadores eram do tamanho de um armário de duas portas e a coisa mais próxima que tínhamos da Wikipédia estava numa engenhoca portátil imaginária que aparecia no *Guia do mochileiro das galáxias*, de Douglas Adams. Para nos aperfeiçoar, portanto, tínhamos que recorrer aos livros da Pelican, e suas icônicas lombadas azuis podiam ser vistas nas estantes de qualquer universitário.

Como eu estudava estatística, minha coleção Pelican incluía *Facts from Figures* [Fatos a partir de números], de M. J. Moroney (1951), e *Como mentir com estatística*, de Darrell Huff (1954). Essas veneráveis publicações venderam centenas de milhares de exemplares, refletindo tanto o nível de interesse em estatística quanto a desanimadora falta de opções na época. Esses clássicos se sustentaram admiravelmente bem ao longo dos 65 anos seguintes, mas a época atual exige uma abordagem diferente para o ensino da estatística, baseada nos princípios que acabamos de apresentar.

O presente livro, portanto, utiliza a resolução de problemas do mundo real como ponto de partida para introduzir ideias estatísticas. Algumas dessas ideias podem parecer óbvias, mas algumas são mais sutis e talvez exijam algum esforço mental, embora não requeiram habilidades matemáticas. Em comparação com os textos tradicionais, este livro enfatiza conceitos em vez de aspectos técnicos, e apresenta apenas algumas poucas equações, bastante inofensivas, apoiadas por um Glossário. Os softwares são parte vital do trabalho de qualquer estatístico ou cientista de dados, mas não são o foco aqui — existem tutoriais gratuitos para linguagens de programação de livre acesso, tais como R e Python.

As perguntas apresentadas em destaque podem ser todas, em certa medida, respondidas por meio da análise estatística, embora difiram amplamente em seu escopo. Algumas são importantes hipóteses científicas, que questionam por exemplo a existência do bóson de Higgs ou de evidência convincente para a percepção extrassensorial. Outras são perguntas sobre serviços de saúde, que procuram saber, por exemplo, se hospitais mais movimentados têm taxas de sobrevivência mais elevadas ou se o exame para detecção de câncer de ovário é benéfico. Às vezes, queremos apenas estimar quantidades, tais como o risco de câncer apresentado por sanduíches de bacon, o número de parceiros sexuais de uma pessoa na Grã-Bretanha ao longo da vida e os benefícios de se ingerir estatina diariamente.

E algumas questões são apenas interessantes, tais como identificar o sobrevivente mais sortudo do *Titanic*; saber se Harold Shipman poderia ter sido pego antes; ou avaliar a probabilidade de um esqueleto encontrado num estacionamento em Leicester ser de Ricardo III.

Este livro é dirigido tanto a estudantes de estatística que estejam buscando uma introdução não técnica para assuntos básicos como para leitores em geral que queiram estar mais informados sobre as estatísticas com que se deparam no trabalho ou na vida cotidiana. Minha ênfase é na utilização hábil e cuidadosa da estatística: os números podem parecer fatos duros e frios, mas as tentativas de medir árvores, felicidade e morte já demonstraram que eles precisam ser tratados com delicadeza.

A estatística pode trazer clareza e compreensão dos problemas com que nos defrontamos, mas também ser usada de maneira abusiva, muitas vezes para promover opiniões ou simplesmente para chamar atenção. A capacidade de avaliar a confiabilidade de argumentos estatísticos parece ser crucial no mundo moderno, e espero que este livro possa ajudar as pessoas a questionarem os números com que se deparam em sua vida diária.

RESUMO

- Transformar experiências em dados não é um processo direto, e os dados são inevitavelmente limitados em sua capacidade de descrever o mundo.
- A ciência estatística tem um longo histórico de sucesso, mas vem mudando com o aumento da disponibilidade de dados.
- A habilidade no manejo de métodos estatísticos é uma parte importante na vida de um cientista de dados.
- O ensino de estatística está deixando de focar nos métodos matemáticos e passando para um foco baseado num ciclo inteiro de resolução de problemas.
- O ciclo PPDAC fornece um arcabouço conveniente: Problema — Plano — Dados — Análise — Conclusão e Comunicação.
- A alfabetização em dados é uma qualificação-chave no mundo moderno.

1. Colocando as coisas em proporção: dados classificatórios e porcentagens

> O que aconteceu com as crianças que passaram por cirurgia cardíaca em Bristol entre 1984 e 1995?

Joshua L. tinha dezesseis meses de idade e sofria de transposição das grandes artérias, uma forma severa de doença cardíaca congênita na qual os vasos principais vindos do coração estão ligados ao ventrículo errado. Ele precisava de uma cirurgia para "inverter" as artérias, e, pouco depois das sete horas da manhã do dia 12 de janeiro de 1995, seus pais se despediram dele e observaram enquanto era levado para a mesa de operação na Royal Bristol Infirmary. Mas os pais de Joshua não sabiam que, desde o começo da década de 1990, vinham circulando histórias sobre as baixas taxas de sobrevivência cirúrgica naquele hospital. Ninguém lhes dissera que enfermeiros tinham deixado a unidade para não ter que continuar informando aos pais que seus filhos haviam morrido, nem que na noite anterior houvera uma reunião até altas horas na qual se debatera se a operação de Joshua deveria ser cancelada.[1]

Joshua morreu na mesa de operação. No ano seguinte, o Conselho Geral de Medicina (órgão regulador da profissão) deu início a uma investigação após queixas dos pais de Joshua e de outros pais enlutados, e em 1998 dois cirurgiões e o ex-diretor executivo do hospital foram considerados culpados de grave má conduta médica. Mas a inquietação pública não arrefeceu, e foi ordenada a abertura de um inquérito oficial, no qual uma equipe de estatísticos recebeu a sombria tarefa de comparar as taxas de sobrevivência em Bristol com as de outras cidades no Reino Unido entre 1984 e 1995. Fui incumbido de comandar essa equipe.

Primeiro tivemos que determinar quantas crianças tinham passado por cirurgia cardíaca e quantas haviam morrido. Isso parece fácil, mas, como mostramos no capítulo anterior, a simples contagem de eventos pode ser um desafio. O que é uma "criança"? O que conta como "cirurgia cardíaca"? Quando a morte pode ser atribuída à cirurgia? E, mesmo com essas definições já estabelecidas, poderíamos determinar a quantidade de cada um desses eventos?

Consideramos "criança" qualquer indivíduo com menos de dezesseis anos, e centramos nosso foco na cirurgia "de peito aberto", na qual o funcionamento do coração é interrompido e sua função é substituída por uma máquina de circulação extracorpórea. Por vezes podia haver múltiplas operações por paciente admitido, mas elas foram consideradas como um único evento. Foram contabilizadas as mortes ocorridas até trinta dias após a operação, estivesse ou não a criança no hospital, e estando ou não relacionadas à cirurgia. Sabíamos que a morte era uma medida imperfeita da qualidade do resultado, pois ignorava crianças que sofriam lesão cerebral ou alguma outra sequela como resultado da cirurgia, mas não tínhamos os dados para resultados de prazo mais longo.

Nossa principal fonte de dados era a base nacional da Hospital Episode Statistics (HES), constituída por dados administrativos inseridos no sistema por programadores mal remunerados. A HES goza de má reputação entre os médicos, mas tinha a grande vantagem de poder ser vinculada a registros nacionais de óbitos. Havia também um sistema paralelo de dados submetidos diretamente a um registro criado pela associação profissional dos cirurgiões, o Cardiac Surgical Registry (CSR).

Essas duas fontes de dados, embora supostamente tratassem da mesma prática, mostravam considerável discordância: para o período 1991-5, a HES dizia ter havido 62 mortes em 505 operações de peito aberto (14%), enquanto o CSR informava 71 mortes em 563 operações (13%). Havia nada menos que outras cinco fontes locais de dados disponíveis, desde registros de anestesias até anotações pessoais dos próprios cirurgiões. Bristol estava inundada de dados, mas nenhuma das fontes podia ser considerada a "verdadeira", e ninguém assumira a responsabilidade por analisar e tomar providências em relação aos resultados de cirurgias.

Calculamos que, se os pacientes em Bristol tivessem o mesmo risco médio predominante em outras partes do Reino Unido, a expectativa ali teria sido de 32 mortes durante o período, em vez das 62 registradas pela HES, o que reportamos como "trinta mortes em excesso" entre 1991 e 1995.* Os números exatos variavam de acordo com as fontes de dados, e pode parecer extraordinário que não tenhamos conseguido chegar a estabelecer sequer os fatos básicos sobre o número de operações e seu resultado, embora os atuais sistemas de registro devam ser melhores.

Esses achados tiveram grande cobertura da imprensa, e o inquérito de Bristol levou a uma importante mudança no monitoramento do desempenho clínico: a profissão médica deixou de ser confiável em termos de policiar a si mesma, e foram estabelecidos mecanismos para reportar publicamente dados hospitalares de sobrevivência — embora, como veremos agora, a forma como esses dados são exibidos possa ela própria influenciar a percepção do público.

Comunicando contagens e proporções

Dados que registram a ocorrência ou não de determinados eventos são conhecidos como **dados binários**, pois só podem assumir dois valores, geralmente rotulados de sim ou não. Conjuntos de dados binários podem ser sintetizados a partir do número de vezes e da porcentagem dos casos em que o evento ocorreu.

Este capítulo enfatiza a importância da apresentação básica de estatísticas. De certa forma, estamos pulando para o último passo do ciclo

---

* Agora lamento ter usado o termo "mortes em excesso", que os jornais interpretaram como "mortes evitáveis". O fato é que cerca de metade dos hospitais terá mais mortes que o esperado pelo simples fator da probabilidade, e apenas algumas delas poderiam ser consideradas evitáveis.

PPDAC, no qual as conclusões são comunicadas. Embora a forma dessa comunicação não tenha sido tradicionalmente considerada como um tópico importante na disciplina, o crescente interesse na visualização de dados reflete uma mudança nessa atitude. Assim, tanto neste capítulo como no próximo vamos nos concentrar em formas de apresentação dos dados que nos permitam captar a essência do que está acontecendo sem a necessidade de fazer uma análise detalhada. Começaremos por alternativas de apresentação que, muito por causa do inquérito de Bristol, estão agora disponíveis ao público.

A tabela 1.1 mostra os resultados para cerca de 13 mil crianças que passaram por cirurgia cardíaca no Reino Unido e na Irlanda entre 2012 e 2015.[2] Nesse intervalo, 263 bebês morreram em até trinta dias após a operação, e cada uma dessas mortes representou uma tragédia para a família envolvida. Será de pouco consolo para elas saber que as taxas de sobrevivência melhoraram significativamente desde o inquérito de Bristol, girando hoje em torno de 98%, de modo que agora existe uma perspectiva mais esperançosa para famílias de crianças que vão enfrentar cirurgias cardíacas.

Uma tabela pode ser considerada uma espécie de gráfico, e seu desenho requer uma escolha cuidadosa de cor, fonte e linguagem para garantir engajamento e legibilidade. A resposta emocional do público também pode ser influenciada pela escolha das colunas a serem exibidas. A tabela 1.1 mostra os resultados em termos tanto de sobreviventes como de mortes, mas nos Estados Unidos são reportadas as taxas de *mortalidade* em cirurgias cardíacas em crianças, ao passo que o Reino Unido fornece as taxas de *sobrevivência*. Isto é conhecido como **enquadramento** negativo ou positivo, e seu efeito geral sobre como nos sentimos é intuitivo e bem documentado: "5% de mortalidade" soa pior do que "95% de sobrevivência". Reportar o número real de mortes, bem como a sua porcentagem, também pode aumentar a impressão de risco, uma vez que esse total poderia então ser imaginado como uma multidão de pessoas reais.

Um exemplo clássico de como alternativas de enquadramento podem modificar o impacto emocional de um número foi uma propaganda que apareceu no metrô de Londres em 2011, proclamando que "99% dos jovens londrinos não cometem atos graves de violência juvenil". Essa peça

Colocando as coisas em proporção: dados classificatórios e porcentagens

Hospital	Número de bebês operados	Número de bebês que sobreviveram por pelo menos 30 dias após a cirurgia	Número de mortes em até 30 dias após a cirurgia	Porcentagem de sobreviventes	Porcentagem de mortes
Londres, Harley Street	418	413	5	98,8	1,2
Leicester	607	593	14	97,7	2,3
Newcastle	668	653	15	97,8	2,2
Glasgow	760	733	27	96,3	3,7
Southampton	829	815	14	98,3	1,7
Bristol	835	821	14	98,3	1,7
Dublin	983	960	23	97,7	2,3
Leeds	1038	1016	22	97,9	2,1
Londres, Brompton	1094	1075	19	98,3	1,7
Liverpool	1132	1112	20	98,2	1,8
Londres, Evelina	1220	1185	35	97,1	2,9
Birmingham	1457	1421	36	97,5	2,5
Londres, Great Ormond Street	1892	1873	19	99,0	1,0
Total	12 933	12 670	263	98,0	2,0

TABELA 1.1 Resultados de cirurgias cardíacas em crianças em hospitais do Reino Unido e da Irlanda, entre 2012 e 2015, em termos de sobrevivência ou não trinta dias após o procedimento.

publicitária tinha presumivelmente a intenção de tranquilizar os passageiros em relação à cidade, mas poderíamos reverter seu impacto emocional com duas simples alterações. Primeiro, a afirmação significa que 1% dos jovens londrinos *comete* atos graves de violência. Segundo, uma vez que a população de Londres é estimada em 9 milhões de pessoas, com mais ou menos 1 milhão na faixa etária entre 15 e 25 anos, isto significa que, se as considerarmos "jovens", há cerca de 10 mil jovens seriamente violentos na cidade. Apresentada desse modo, a informação não soa nada tranquilizadora. Note os dois truques usados para manipular o impacto da estatística: converter o enquadramento positivo em negativo, e então transformar uma porcentagem em um número real de pessoas.

Idealmente, deveríamos apresentar tanto o enquadramento positivo quanto o negativo se quiséssemos fornecer informação imparcial, embora ainda assim a ordem das colunas possa influenciar a forma como a tabela é interpretada. A ordem das linhas de uma tabela também precisa ser cuidadosamente considerada. A tabela 1.1 mostra os hospitais ordenados por número de cirurgias realizadas, mas, se tivéssemos optado por ordená-los com base em suas taxas de mortalidade, por exemplo, com a mais elevada na primeira linha, isto poderia dar a impressão de que essa é uma forma válida e importante de se comparar hospitais. Esse tipo de tabela comparativa é muito apreciado pela mídia e até mesmo por alguns políticos, mas pode ser grosseiramente enganoso: não só porque as diferenças podem se dever a uma variação casual, mas porque os hospitais podem estar recebendo casos de tipos muito diferentes. Na tabela 1.1, por exemplo, poderíamos desconfiar que Birmingham, um dos maiores e mais renomados hospitais infantis do país, recebe os casos mais graves, e portanto seria injusto, para colocar de forma delicada, enfatizar suas taxas de sobrevivência geral, aparentemente pouco impressionantes.*

As taxas de sobrevivência podem ser apresentadas num gráfico de barras horizontais, como aquele que é mostrado na figura 1.1. Uma escolha crucial é onde iniciar o eixo horizontal: se os valores começarem em 0%, todas as barras terão quase o comprimento inteiro do gráfico, o que mostrará claramente as elevadas taxas de sobrevivência, mas as linhas serão indistinguíveis entre si. Porém um velho truque de gráficos enganosos é começar o eixo em, digamos, 95%, o que fará com que os hospitais pareçam extremamente diferentes, mesmo que as variações sejam atribuíveis somente ao acaso.

A escolha do início do eixo, portanto, apresenta um dilema. Alberto Cairo, autor de influentes livros sobre visualização de dados,[3] sugere que

---
* Na verdade, não existem boas evidências para quaisquer diferenças sistemáticas entre esses hospitais, se a gravidade dos casos for levada em conta.

se deve começar sempre com uma "linha de base lógica e significativa", que, nessa situação, parece difícil de identificar — minha escolha arbitrária de 86% representa mais ou menos a sobrevivência inaceitavelmente baixa em Bristol vinte anos atrás.

Comecei este livro com uma citação de Nate Silver, fundador da plataforma de base de dados *FiveThirtyEight* e que ganhou fama ao prever acuradamente o resultado da eleição presidencial americana de 2008; ele

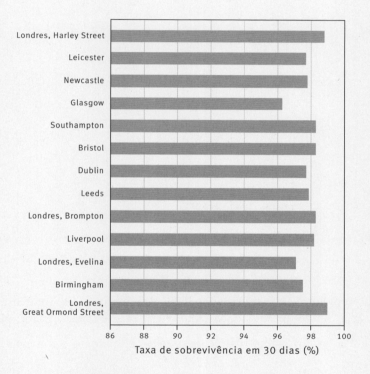

FIGURA 1.1 Gráfico de barras horizontais das taxas de sobrevivência em trinta dias para treze hospitais. A escolha do começo do eixo horizontal (aqui, 86%) pode ter um efeito decisivo na impressão transmitida pelo gráfico. Se o eixo começar em 0%, todos os hospitais parecerão indistinguíveis, ao passo que, se começarmos em 95%, a diferença parecerá enganosamente dramática. Em vez de um gráfico de barras, talvez seja melhor usar pontos para os pontos de dados quando o eixo não começa em zero.

expressou de forma eloquente a ideia de que os números não falam por si sós — somos nós os responsáveis por lhes dar significado. Isso implica que a comunicação é uma parte fundamental do ciclo de resolução de problemas, e demonstrei nesta seção que a mensagem de um conjunto de simples proporções pode ser influenciada por como escolhemos apresentá-las.

Agora precisamos introduzir um conceito importante e conveniente que nos ajudará a ir além das perguntas simples do tipo sim/não.

Variáveis categóricas

Uma variável é definida como qualquer medição que pode assumir diferentes valores em diferentes circunstâncias; é um termo abreviado muito útil para todos os tipos de observações que compreendem dados. Variáveis binárias são questões de tipo sim/não, tais como se alguém está vivo ou morto, ou se é mulher ou não: esses dois atributos variam entre as pessoas e podem, mesmo no caso do gênero, variar entre pessoas em épocas diferentes. **Variáveis categóricas** são medidas que podem assumir duas ou mais categorias, as quais podem ser:

- Categorias não ordenadas: tais como o país de origem de uma pessoa, a cor de um carro, ou o hospital no qual uma operação acontece.
- Categorias ordenadas: tais como a hierarquia militar.
- Números que foram agrupados: tais como os níveis de obesidade, frequentemente definida em termos do índice de massa corporal (IMC).*

Quando se trata de apresentar dados categóricos, os gráficos circulares permitem que se tenha uma ideia do tamanho de cada categoria em relação ao

---

* O índice de massa corporal foi desenvolvido pelo estatístico belga Adolphe Quételet em 1835, e é definido como a razão entre o peso e o quadrado da altura, sendo o peso medido em quilogramas (kg) e a altura em metros (m). Muitos agrupamentos diferentes desse índice estão em uso, e as definições correntes no Reino Unido para obesidade são: Abaixo do peso (IMC < 18,5 kg/m²); Normal (IMC entre 18,5 e 25 kg/m²); Sobrepeso (entre 25 e 30 kg/m²); Obeso (30 a 35 kg/m²); e Obeso mórbido (acima de 35 kg/m²).

círculo inteiro, porém muitas vezes são visualmente confusos, em especial quando tentam mostrar categorias demais ou usam representações tridimensionais que distorcem áreas. A figura 1.2 apresenta um exemplo bastante medonho desse tipo de gráfico oferecido pelo Microsoft Excel, mostrando as proporções dos 12 933 pacientes cardíacos infantis da tabela 1.1 que são tratados em cada hospital.

A utilização de múltiplos gráficos circulares não costuma ser uma boa ideia, pois as comparações ficam prejudicadas pela dificuldade de avaliar o tamanho relativo de áreas de diferentes formatos. Um gráfico de barras,

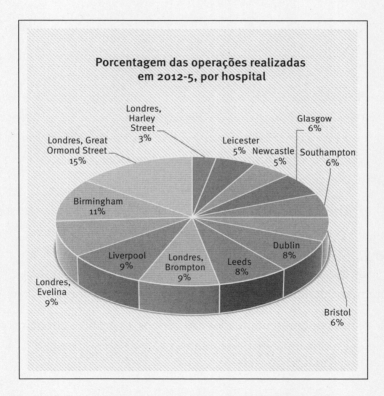

FIGURA 1.2 A proporção de todas as cirurgias cardíacas em crianças realizadas em cada hospital, exibidas num gráfico circular 3D do Excel. Este desagradável gráfico torna as categorias mais perto da frente maiores, impossibilitando uma comparação visual entre os hospitais.

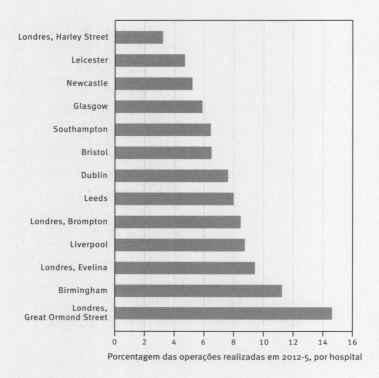

FIGURA 1.3 Porcentagem de todas as cirurgias cardíacas em crianças realizadas em cada hospital: uma representação mais clara usando um gráfico de barras horizontais.

verticais ou horizontais, é uma base melhor para comparações. A figura 1.3 mostra um exemplo mais simples e mais claro, em um gráfico de barras horizontais, das proporções sendo tratadas em cada hospital.

Comparando duas proporções

Vimos como um conjunto de proporções pode ser elegantemente comparado por meio de um gráfico de barras, então seria razoável presumir a trivialidade de comparar duas proporções. Mas, quando essas proporções representam estimativas dos riscos de sofrer algum dano, então a maneira como esses riscos são comparados torna-se um assunto sério e polêmico. Eis uma pergunta típica:

Qual é o risco de câncer associado ao consumo de sanduíches de bacon?

Estamos todos familiarizados com manchetes sensacionalistas na mídia nos advertindo de que algo corriqueiro aumenta o risco de alguma ocorrência assustadora: são histórias do tipo "gatos causam câncer", como gosto de chamá-las. Em novembro de 2015, por exemplo, a Agência Internacional de Pesquisa em Câncer (Iarc, na sigla em inglês), da Organização Mundial da Saúde, introduziu a carne processada no "Grupo 1 de carcinogênicos", colocando-a na mesma categoria dos cigarros e do amianto. Isso inevitavelmente provocou manchetes assustadoras, como "Bacon, presunto e salsichas implicam o mesmo risco de câncer que cigarros, advertem especialistas", do *Daily Record*.[4]

A Iarc tentou abafar a grita enfatizando que a classificação de Grupo 1 tinha a ver com a confiança de que havia de fato um risco aumentado de câncer associado ao consumo de carne processada, embora não informasse a real magnitude do risco. Ainda em seu comunicado à imprensa, a Iarc reportou que o consumo diário de cinquenta gramas de carne processada estava associado a um aumento de 18% no risco de desenvolver câncer de intestino. Isso parece preocupante, mas será que a preocupação se justifica?

O número 18% é conhecido como **risco relativo**, uma vez que representa o aumento no risco de desenvolver câncer intestinal entre um grupo de pessoas que consomem cinquenta gramas de carne processada por dia (por exemplo, um sanduíche com duas fatias de bacon) e um grupo que não consome. Comentadores de estatísticas pegaram esse risco relativo e o reenquadraram como **risco absoluto**, o que significa uma alteração na proporção real em cada grupo de quem se esperaria que sofresse o evento adverso.

Eles concluíram que, em circunstâncias normais, seria de esperar que cerca de 6 em cada 100 pessoas que não comem bacon diariamente tivessem câncer de intestino ao longo da vida. Se 100 pessoas similares comessem diariamente um sanduíche de bacon, então, segundo o relatório da Iarc, seria de esperar que 18% a mais contraíssem câncer intestinal. O que representa um aumento de 6 para 7 casos em 100.* Isso significa um caso a mais de câncer intestinal em todos aqueles 100 ávidos consumidores de bacon, um número que não soa tão impressionante quanto o risco relativo (o aumento de 18%), e que serviria para colocar esse risco em perspectiva. Precisamos distinguir o que é realmente perigoso daquilo que parece perigoso.[5]

O exemplo do sanduíche de bacon ilustra a vantagem de comunicar riscos usando **frequências esperadas**. Em vez de discutir porcentagens ou probabilidades, simplesmente perguntamos: "O que isso significa para 100 (ou 1000) pessoas?". Estudos psicológicos têm mostrado que o uso dessa técnica melhora a compreensão: na verdade, dizer apenas que o hábito de comer carne processada todos os dias leva a um "aumento de 18% no risco" pode ser considerado um expediente manipulativo, uma vez que tal fraseado dá uma impressão exagerada da importância do perigo.[6] A figura 1.4 recorre a **arranjos de ícones** para representar diretamente as frequências esperadas de câncer intestinal em 100 pessoas.

Na figura 1.4 os ícones "com câncer" estão espalhados de maneira aleatória entre os 100. Se por um lado essa disposição revela um aumento na impressão de imprevisibilidade, por outro deve ser usada apenas quando há um único ícone adicional ressaltado. Não deve haver necessidade de contar os ícones para fazer uma rápida comparação visual.

Outras formas de comparar duas proporções são mostradas na tabela 1.2, que apresenta os riscos de consumidores e não consumidores de bacon.

"1 em x" é uma maneira comum de exprimir risco, como quando dizemos "1 em 16 pessoas" para representar um risco de 6%. Não é recomendável, porém, usar múltiplos enunciados desse tipo, que para algumas pessoas podem acabar gerando dificuldades de comparação. Por exemplo, quando se perguntou a uma série de pessoas "Que risco é maior, 1 em 100, 1 em

---

* A rigor, um aumento relativo de 18% sobre 6 equivale a 6 × 1,18 = 7,08, mas o arredondamento para 7 é suficientemente bom para os propósitos deste livro.

10 ou 1 em 1000?", cerca de um quarto delas respondeu incorretamente: o problema é que o número maior está associado a um risco menor, e é necessária alguma destreza mental para manter as coisas claras.

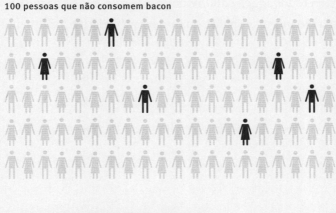

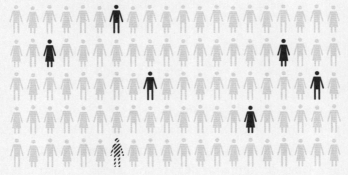

FIGURA 1.4 O exemplo do sanduíche de bacon ilustrado por arranjos de ícones, mostrando o risco incremental de se consumir bacon todos os dias. Em circunstâncias normais, das 100 pessoas que não consomem bacon, 6 (ícones em preto) desenvolverão câncer de intestino. Entre as 100 que consomem bacon todos os dias, haverá 1 caso adicional (ícone hachurado).*

---

* A rigor, os seis ícones pretos deveriam estar posicionados de maneira distinta nos dois gráficos, uma vez que representam dois grupos diferentes de 100 pessoas. Mas isso tornaria mais difícil a comparação entre os dois grupos.

Tecnicamente, a **chance** de um evento é a razão entre a probabilidade de ele ocorrer e a probabilidade de não ocorrer. Por exemplo: uma vez que a cada 100 não consumidores de bacon 6 vão desenvolver câncer de intestino e 94 não, a chance de desenvolver câncer intestinal nesse grupo é de $6/94$, à qual às vezes nos referimos como "6 para 94". O conceito costuma ser usado no mercado de apostas no Reino Unido, mas também encontra ampla utilização na modelagem estatística de proporções; isso significa que a pesquisa médica geralmente expressa os efeitos associados a tratamentos ou comportamentos em termos de **razões de chance**.

Método	Não consumidores de bacon	Consumidores diários de bacon
Taxa do evento	6%	7%
Frequência esperada	6 em 100	7 em 100
	1 em 16	1 em 14
Chance	$6/94$	$7/93$
Medidas comparativas		
Diferença de risco absoluto	1 ponto percentual	
Risco relativo	1,18 ou um aumento de 18%	
"Número necessário para tratar"	100	
Razão de chance	$(7/93) / (6/94) = 1,18$	

TABELA 1.2 Exemplos de métodos para comunicar o risco de desenvolver câncer intestinal ao longo da vida, consumindo ou não diariamente um sanduíche de bacon. O "número necessário para tratar" é o número de pessoas que precisam comer um sanduíche de bacon todos os dias para que se possa esperar um caso adicional de câncer do intestino (e assim talvez fosse melhor defini-lo como o "número necessário para comer").

Embora extremamente comuns na literatura de pesquisa, razões de chance são uma forma bastante intuitiva de sintetizar diferenças em risco. Se os eventos forem bastante raros, então as razões de chance serão numericamente próximas dos riscos relativos, como no caso dos sanduíches de bacon, mas, para eventos comuns, podem ser muito diferentes dos riscos relativos. O exemplo a seguir mostra como isso pode ser confuso para os jornalistas (e outros).

Como um aumento de 85% para 87% pode ser chamado de um aumento de 20%?

As estatinas são amplamente reconhecidas como redutoras do colesterol, e portanto do risco de ataques cardíacos e acidentes vasculares cerebrais (AVCs). Alguns médicos, porém, têm manifestado preocupação no que diz respeito a seus efeitos colaterais. Um estudo publicado em 2013 revelou que 87% das pessoas que tomavam estatinas relatavam dores musculares, em comparação com 85% daquelas que não tomavam. Examinando as opções para comparar riscos mostradas na tabela 1.2, poderíamos reportar ou um aumento de 2% no risco absoluto, ou um risco relativo de $^{0,87}/_{,85} = 1,02$, ou seja, um aumento relativo de 2 pontos percentuais no risco. As chances nos dois grupos são dadas por $^{0,87}/_{,13} = 6,7$ e $^{0,85}/_{,15} = 5,7$; e assim a razão de chance é $^{6,7}/_{5,7} = 1,18$: exatamente a mesma dos sanduíches de bacon, mas com base em riscos absolutos muito diferentes.

O *Daily Mail* interpretou equivocadamente essa razão de chance de 1,18 como um risco relativo, e produziu uma manchete alardeando que as estatinas "aumentam o risco [de ataques cardíacos e AVCs] em até 20%", uma leitura desastrosa e grave daquilo que o estudo de fato revela. Mas nem toda a culpa pode ser atribuída aos jornalistas: o resumo do artigo científico referente ao estudo mencionava apenas a razão de chance, sem especificar que correspondia a uma diferença entre riscos absolutos de 85% e 87%.[7]

Isso ressalta o perigo de usar razões de chance em quaisquer situações fora de contextos científicos, e a vantagem de sempre reportar riscos absolutos como grandeza relevante para o público, sejam eles referentes a bacon, estatinas ou qualquer outra coisa.

Os exemplos neste capítulo demonstraram como a tarefa aparentemente simples de calcular e comunicar proporções pode se tornar uma questão complexa. É preciso que ela seja realizada com cuidado e consciência, e que o impacto de sínteses de dados numéricos ou gráficos seja explorado num trabalho conjunto com psicólogos capazes de avaliar a percepção das diversas alternativas de formatos. A comunicação é uma parte importante do ciclo de resolução de problemas, e não deve ser apenas uma questão de preferência pessoal.

RESUMO

- Variáveis binárias são perguntas do tipo sim/não que, agrupadas em conjuntos, podem ser sintetizadas como proporções.
- O enquadramento positivo ou negativo de proporções pode modificar seu impacto emocional.
- Os riscos relativos tendem a transmitir uma importância exagerada; em nome da clareza, devem ser comunicados também os riscos absolutos.
- As frequências esperadas promovem compreensão e um senso de importância apropriado.
- As razões de chance surgem a partir de estudos científicos, mas não devem ser usadas para comunicação geral.
- O tipo de gráfico a ser utilizado precisa ser escolhido com cuidado, considerando o seu impacto.

---

2. Sintetizando e comunicando números. Montes de números

Podemos confiar na sabedoria de multidões?

Em 1907, Francis Galton, primo de Charles Darwin e polímata inventor da previsão meteorológica, da identificação usando impressões digitais e da eugenia,* escreveu uma carta à prestigiosa revista científica *Nature* sobre sua visita à Exposição de Gado e Aves na cidade portuária de Plymouth, onde viu um enorme boi em exibição e competidores pagando seis *pence* numa loteria para adivinhar quanto o pobre animal pesaria depois que fosse abatido e as entranhas, removidas. Ele pegou 787 dos bilhetes que haviam sido preenchidos e optou pelo valor médio de 547 quilos como a escolha democrática, uma vez que todas as demais estimativas foram consideradas "altas ou baixas demais pela maioria dos votantes". O peso da carcaça acabou sendo aferido em 543 quilos, um número notavelmente próximo de sua escolha baseada nos 787 votos.[1] Galton intitulou sua carta "Vox Populi" (a voz do povo), mas esse processo de tomada de decisões é hoje mais conhecido como **sabedoria das multidões**.

Galton executou o que agora poderíamos chamar de síntese de dados: pegou um monte de números escritos em bilhetes e os reduziu a um

---
* Eugenia é a ideia de que a raça humana pode ser melhorada por reprodução seletiva, seja incentivando os "aptos" a produzirem mais filhos (por exemplo, concedendo incentivos financeiros) ou impedindo os "não aptos" de se reproduzirem (estimulando, por exemplo, a esterilização). Muitos dos primeiros desenvolvedores de técnicas estatísticas eram entusiásticos eugenistas. As experiências na Alemanha nazista puseram fim ao movimento, embora somente em 1955 a publicação acadêmica *Annals of Eugenics* [Anais da eugenia] tenha mudado de nome para o atual *Annals of Genetics* [Anais da genética].

único peso estimado de 547 quilos. Neste capítulo, examinaremos as técnicas que foram desenvolvidas no século xx para sintetizar e comunicar as montanhas de dados que se tornaram disponíveis. Veremos que sínteses numéricas de localização, dispersão, tendência e correlação estão intimamente relacionadas com a maneira como os dados podem ser apresentados graficamente num papel ou numa tela. E analisaremos a suave transição entre simplesmente descrever os dados e buscar contar uma história por meio de um infográfico.

Começaremos essa análise com minha própria tentativa de um experimento do tipo sabedoria das multidões que demonstra muitos dos problemas que aparecem quando o mundo real, indisciplinado, capaz de tanta estranheza e tanto erro, é usado como fonte de dados.

A ESTATÍSTICA NÃO SE PREOCUPA apenas com eventos sérios como casos de câncer e cirurgias. Num experimento bastante trivial, o divulgador de matemática James Grime e eu postamos um vídeo no YouTube no qual pedimos que as pessoas tentassem adivinhar o número de balas de goma num frasco. Você mesmo talvez queira fazer esse exercício ao ver a foto na figura 2.1 (o verdadeiro número será revelado mais tarde). Novecentas e quinze pessoas mandaram seus palpites, que variaram de 219 a 31 337, e neste capítulo veremos como tais variáveis podem ser representadas em gráficos e sintetizadas em números.

Para começar, a figura 2.2 mostra três maneiras de apresentar o padrão dos valores fornecidos pelos 915 respondentes. Esses padrões podem receber várias denominações: distribuição de dados, **distribuição amostral** ou distribuição empírica.*

a) O diagrama de pontos mostra cada dado como um ponto, com um ligeiro deslocamento aleatório para impedir que múltiplos palpites do

---

* A palavra "distribuição" é amplamente usada em estatística e pode ser ambígua, de modo que tentarei ser claro quanto ao seu significado em cada situação. Os gráficos estão implementados no software gratuito R.

Sintetizando e comunicando números. Montes de números

FIGURA 2.1 Quantas balas de goma há nesse frasco? Fizemos esta pergunta num vídeo no YouTube e recebemos 915 palpites. A resposta correta será mostrada mais tarde.

mesmo número se sobreponham, obscurecendo o padrão geral. No caso em questão, ele mostra claramente um grande número de palpites na faixa de até mais ou menos 3000, e então uma "cauda" longa de valores até mais de 30 000, com um aglomerado exatamente nos 10 000.

b) O boxplot sintetiza algumas características essenciais da distribuição de dados.*

c) O histograma simplesmente conta quantos pontos de dados existem em cada conjunto de intervalos, proporcionando uma ideia grosseira do formato da distribuição.

---

* Nessa versão particular do diagrama, a barra escura central representa a mediana (o ponto médio), a caixa contém a metade central dos pontos, enquanto os extremos mostram os valores mais baixos e mais altos, com exceção dos pontos discrepantes, que são mostrados individualmente.

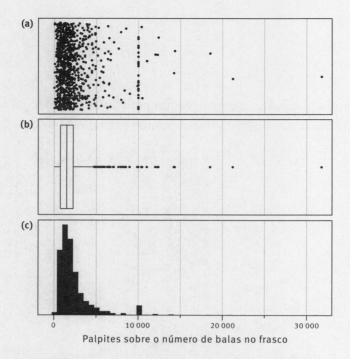

FIGURA 2.2 Diferentes maneiras de mostrar o padrão dos 915 palpites para o número de balas de goma do frasco: (a) diagrama de pontos, com um ligeiro deslocamento para evitar a sobreposição dos pontos; (b) boxplot; (c) histograma.

Essas imagens transmitem de imediato características distintas. A distribuição de dados é altamente **enviesada** — ou seja, não é nem aproximadamente simétrica em torno de algum valor central — e tem uma longa "cauda à direita" devido à ocorrência de alguns valores muito altos. A série vertical de pontos no diagrama de pontos também mostra alguma preferência por números redondos.

Mas há um problema com todos esses gráficos. O padrão dos pontos mostra que toda a atenção está focada em palpites extremamente elevados, com o grosso dos números espremido na extremidade esquerda. Será que podemos apresentar os dados de alguma maneira mais informativa? Poderíamos por exemplo descartar os valores extremamente altos como sendo ridículos (quando analisamos originalmente esses dados, excluí de forma bastante arbitrária todos os palpites acima de 9000). Como alternativa, poderíamos transformar os dados de modo a reduzir o impacto desses extremos, digamos representando-os graficamente naquilo que se chama **escala logarítmica**, na qual o espaço entre 100 e 1000 é o mesmo que entre 1000 e 10 000.*

A figura 2.3 mostra um padrão um pouco mais claro, com uma distribuição bastante simétrica e sem pontos extremos. Isso nos poupa de

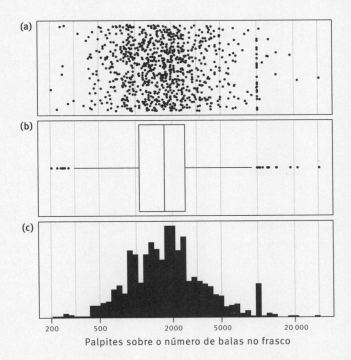

FIGURA 2.3 Representações gráficas dos palpites sobre a quantidade de balas de goma, exibidos em escala logarítmica. (a) Diagrama de pontos; (b) boxplot; (c) histograma. Todas mostram um padrão razoavelmente simétrico.

---

* Para se obter o logaritmo de um número x, encontramos a potência de 10 que resulta em x; por exemplo, o logaritmo de 1000 é 3, uma vez que $10^3 = 1000$. Transformações logarítmicas são particularmente apropriadas quando é razoável pressupor que as pessoas estejam cometendo erros "relativos" em vez de "absolutos"; seria de esperar, por exemplo, que as pessoas errassem a resposta por um fator relativo, digamos de 20% em qualquer direção, em vez de, digamos, por duzentas balas em relação à verdadeira quantidade, quer seu palpite seja baixo ou alto.

excluir pontos, o que não costuma ser uma boa ideia, a menos que haja erros patentes.

Não existe uma maneira "correta" de apresentar conjuntos de números: cada tipo de gráfico que usamos tem alguma vantagem: os diagramas de pontos mostram pontos individuais, os boxplots são convenientes para sínteses visuais rápidas e os histogramas oferecem uma boa ideia do formato subjacente da distribuição de dados.

Variáveis que são registradas como números surgem em dois tipos diferentes:

- **Variáveis discretas:** quando as medições se restringem aos números inteiros 0, 1, 2... Por exemplo, o número de homicídios por ano, ou o palpite sobre o número de balas de goma num frasco.
- **Variáveis contínuas:** medições que podem ser feitas, ao menos em princípio, com a precisão que se deseje. Por exemplo, altura e peso, que podem variar tanto de uma pessoa para outra quanto ao longo do tempo. Essas medidas, é claro, podem ser arredondadas para números inteiros de centímetros ou quilogramas.

Quando um conjunto de observações discretas ou contínuas é reduzido a um dado estatístico único e sintetizado, isso é o que geralmente chamamos de média. Todos estamos familiarizados com essa ideia: por exemplo, salários médios, notas médias de exames, temperaturas médias. Muitas vezes, porém, não existe clareza sobre como interpretar esses números (em especial quando a pessoa que cita as médias não as entende).

Há três interpretações básicas para o termo "média", por vezes mencionadas jocosamente pelo termo único "média-mediana-moda":

- **Média**: a soma dos números dividida pelo número de casos.
- **Mediana**: o valor do meio, quando os números são colocados em ordem. (Foi assim que Galton sintetizou os votos de sua multidão.)*
- **Moda**: o valor mais comum.

---

* Embora um leitor, em carta enviada à *Nature* em 1907, tenha questionado a escolha de Galton pela mediana, alegando que a média lhe teria dado uma estimativa melhor.

Estas são conhecidas também como medidas da localização da distribuição de dados.

O uso da média dá origem a velhas piadas sobre quase todo mundo ter uma quantidade de pernas maior do que a média (situada, presumivelmente, em torno de 1,99999), e sobre cada pessoa ter em média um testículo. Mas não é só no que diz respeito a pernas e testículos que as médias aritméticas podem ser inapropriadas. O número médio de parceiros sexuais informados e a renda média num país podem ambos guardar pouca semelhança com a experiência da maioria das pessoas. Isso porque as médias são indevidamente influenciadas por alguns valores extremamente altos, que puxam o total para cima:* pense por exemplo em Warren Beatty ou Bill Gates (para parceiras sexuais e renda, respectivamente, convém acrescentar).

As médias podem ser altamente enganosas quando os dados brutos não formam um padrão simétrico em torno de um valor central e, em vez disso, estão desviados para um dos lados (como ocorreu com os palpites sobre o número de balas de goma no frasco), apresentando tipicamente um grupo amplo de casos-padrão, mas também uma cauda com alguns valores ou muito altos (por exemplo, renda) ou muito baixos (por exemplo, pernas). Posso praticamente garantir que, em comparação com pessoas da sua idade e sexo, o risco de você morrer no próximo ano é muito menor que o risco médio. As tabelas de mortalidade no Reino Unido, por exemplo, informam que 1% dos homens de 63 anos morrem a cada ano antes de completar o 64º aniversário, porém muitos daqueles que vão morrer já estão seriamente doentes, de modo que a vasta maioria dos que se encontram razoavelmente saudáveis terá um risco de morte menor do que o risco médio.

Infelizmente, quando uma "média" é comunicada à mídia, muitas vezes não fica claro se ela deve ser interpretada como média ou mediana. O Instituto Nacional de Estatísticas do Reino Unido, por exemplo, calcula os

---

* Imagine uma sala onde estejam três pessoas cujas rendas semanais sejam £ 400, £ 500 e £ 600, de modo que a renda média é £ $^{1500}/_3$ = £ 500, que coincide com a mediana. Então entram na sala duas pessoas que ganham £ 5000 por semana: a renda média explode para £ $^{11500}/_5$ = £ 2300, enquanto a mediana se altera muito pouco, para £ 600.

rendimentos semanais médios, que são uma média aritmética, e ao mesmo tempo os rendimentos semanais *medianos*, comunicados pela autoridade local. Nesse caso seria útil distinguir entre a "renda média" e a "renda da pessoa mediana". Preços de moradias têm uma distribuição bastante enviesada, com uma cauda longa no lado direito representando propriedades caras; é por isso que os índices de preços oficiais de moradias são informados em termos de medianas, embora geralmente sob uma denominação ambígua que não permite saber se a referência é ao preço da casa mediana ou ao preço médio da casa.

Agora chegou a hora de revelar os resultados do nosso experimento com as balas de goma — não tão empolgante quanto o peso da carcaça de um boi, mas com um número de votos ligeiramente maior do que no caso de Galton.

Uma vez que a distribuição de dados apresenta uma cauda longa para a direita, a média de 2408 seria uma síntese fraca, enquanto a moda de 10 000 parece refletir uma escolha extrema de números redondos. Assim, presumivelmente, é melhor seguir Galton e usar a mediana como palpite grupal. E esta acaba sendo 1775 balas, quando o valor real era de... 1616.[2] Apenas uma pessoa adivinhou o número exato, enquanto 45% chutaram um número mais baixo que 1616 e 55% um número maior; assim, houve pouca tendência sistemática de os palpites estarem acima ou abaixo — dizemos que o valor real estava no 45º **percentil** da distribuição dos dados empíricos. A mediana, que é o 50º percentil, superestimou o valor real em 159 (1775 – 1616); então, em relação à resposta certa, a mediana era uma superestimativa de cerca de 10%, e apenas cerca de 1 em cada 10 pessoas chegou realmente perto. Logo, a sabedoria das multidões foi bastante boa, chegando mais perto da verdade do que 90% das pessoas individualmente.

Descrevendo a dispersão da distribuição de dados

Oferecer uma única síntese para uma distribuição não é suficiente — precisamos ter uma ideia da dispersão, às vezes conhecida como variabilidade. Por exemplo, conhecer o tamanho do sapato do homem adulto médio não ajuda uma empresa de calçados a decidir as quantidades a fabricar de cada tamanho.

A tabela 2.1 mostra diversas sínteses estatísticas para os palpites do número de balas de goma, inclusive três maneiras de sintetizar a dispersão de dados. A **amplitude** é uma escolha natural, mas claramente é muito sensível a valores extremos, tais como o palpite aparentemente bizarro de 31 337 balas.* O **intervalo interquartil** (IIQ), por outro lado, não é afetado pelos extremos. O IIQ é a distância entre o 25º e o 75º percentis dos dados, e dessa forma contém a "metade central" dos números, neste caso entre 1109 e 2599 balas: a linha horizontal no boxplot mostrado acima cobre o intervalo interquartil. Por fim, o **desvio-padrão** é uma medida de dispersão largamente utilizada. É a mais complexa do ponto de vista técnico, e apropriada apenas para dados simétricos** bem-comportados, uma vez que também é indevidamente influenciada por valores muito discrepantes. Por exemplo, removendo dos dados o único valor de 31 337 (quase certamente incluído por engano), o desvio-padrão se reduz de 2422 para 1398.***

A multidão no nosso pequeno experimento mostrou ter considerável sabedoria, apesar de algumas respostas bizarras. Isso demonstra que os dados muitas vezes apresentam erros, valores estranhos e discrepantes, que não precisam necessariamente ser identificados e excluídos de maneira individual. E aponta também para os benefícios de usar medidas sintéticas que não

---

* Tenho quase certeza de que foi uma digitação errada de 1337, que é o equivalente numérico de "leet", uma gíria da internet para "habilidosos". Houve nove palpites de exatamente 1337.
** O índice de Gini é uma medida de dispersão usada para dados com alto nível de distorção, como renda, e é amplamente utilizado para medir a desigualdade, mas tem uma forma complexa e pouco intuitiva.
*** O quadrado do desvio-padrão é conhecido como **variância**: difícil de interpretar diretamente, tem no entanto grande utilidade matemática.

Síntese estatística para avaliação do número de balas de goma no frasco	Dados totais
Média	2408
Mediana	1775
Moda	10 000
Amplitude	219 a 31 337
Intervalo interquartil	1109 a 2599
Desvio-padrão	2422

TABELA 2.1 Síntese estatística para 915 palpites. O número real de balas era 1616.

sejam indevidamente afetadas por observações anômalas, como 31 337 — essas medidas são conhecidas como medidas robustas, e incluem a mediana e o intervalo interquartil. Por fim, mostra o grande valor de simplesmente analisar os dados, uma lição que será reforçada pelo próximo exemplo.

Descrevendo diferenças entre grupos de números

Quantos parceiros sexuais as pessoas na Grã-Bretanha relatam ter tido ao longo da vida?

O propósito dessa pergunta não é simplesmente se intrometer na vida privada das pessoas. Quando a aids se tornou uma preocupação séria na década de 1980, os funcionários da saúde pública perceberam que não havia nenhuma evidência confiável sobre o comportamento sexual das pessoas na Grã-Bretanha, sobretudo em termos da frequência com que mudavam de parceiros, quantas tinham mais de um parceiro ao mesmo tempo e em que práticas sexuais se envolviam. Esse conhecimento era essencial para prever a disseminação de doenças sexualmente transmissíveis e planejar serviços de saúde, mas as pessoas continuavam citando dados não confiáveis coletados por Alfred Kinsey nos Estados Unidos na década de 1940 (Kinsey não fez nenhuma tentativa de obter uma amostra representativa).

Assim, a partir do final dos anos 1980, começaram a ser feitas amplas, cuidadosas e custosas pesquisas sobre comportamento sexual no Reino Unido e nos Estados Unidos, apesar da forte oposição de alguns setores. No Reino Unido, Margaret Thatcher retirou no último minuto o apoio a uma importante pesquisa de estilos de vida sexual, mas felizmente os condutores do estudo conseguiram obter financiamento de uma organização beneficente, o que resultou na Pesquisa Nacional de Atitudes Sexuais e Estilos de Vida (Natsal, na sigla em inglês), que vem sendo realizada a cada dez anos desde 1990.

A terceira pesquisa da série, conhecida como Natsal-3, foi feita por volta de 2010 e custou 7 milhões de libras.[3] A tabela 2.2 mostra a síntese estatística referente ao número de parceiros sexuais (do sexo oposto) reportado por pessoas entre 35 e 44 anos nessa pesquisa. Utilizar essa síntese para tentar reconstituir o possível aspecto do padrão dos dados é um bom exercício. Notamos que o valor único mais comum (moda) é 1, representando as pessoas que tiveram apenas um parceiro na vida, mas existe uma enorme amplitude. Isso se reflete também na substancial diferença entre médias e medianas, um sinal revelador de distribuição de dados com caudas longas à direita. Os desvios-padrão são grandes, mas essa é uma medida inapropriada de dispersão para tal distribuição de dados, por ser indevidamente influenciada por alguns poucos valores extremamente altos.

Número reportado de parceiros sexuais ao longo da vida	Homens de 35-44 anos	Mulheres de 35-44 anos
Média	14,3	8,5
Mediana	8	5
Moda	1	1
Amplitude	0 a 500	0 a 550
Intervalo interquartil	4 a 18	3 a 10
Desvio-padrão	24,2	19,7

TABELA 2.2 Síntese estatística para o número de parceiros sexuais (do sexo oposto) ao longo da vida, conforme reportado por 806 homens e 1215 mulheres com idades entre 35 e 44 anos, com base em entrevistas realizadas para a Natsal-3 entre 2010 e 2012. Os desvios-padrão estão incluídos para que as estatísticas sejam consideradas completas, embora sejam sínteses inapropriadas da dispersão para tais dados.

As respostas de homens e mulheres podem ser comparadas observando-se que os homens reportaram uma média de 6 parceiras sexuais a mais que as mulheres ou, alternativamente, que a mediana de parceiras reportada pelos homens é de 3 parceiras a mais do que a mediana de parceiros reportados pelas mulheres. Ou que, em termos relativos, os homens reportam cerca de 60% de parceiras a mais que as mulheres, tanto para a média quanto para a mediana.

Essa diferença poderia nos fazer suspeitar dos dados. Numa **população** fechada com o mesmo número de homens e mulheres, com perfil etário semelhante, é um fato matemático que o número médio de parceiros do sexo oposto deveria ser essencialmente o mesmo para homens e mulheres!* Então por que, nesse grupo etário de 35-44 anos, eles reportam uma quantidade tão maior de parceiras do que elas? Em parte isto pode ter a ver com o fato de os homens terem parceiras mais jovens, mas também com a aparente existência de diferenças sistemáticas na forma como cada sexo contabiliza e reporta seu histórico. Poderíamos desconfiar que os homens são mais propensos a exagerar o número de parceiras, ou que as mulheres tendem a subestimá-los, ou ambas as coisas.

A figura 2.4 revela a real distribuição de dados, que confirma a impressão transmitida pela síntese estatística de uma cauda longa à direita. Mas somente ao examinar esses dados brutos é que encontramos detalhes adicionais importantes, tais como a forte tendência, tanto entre os homens como entre as mulheres, de fornecer números arredondados quando tiveram dez ou mais parceiros (exceto no caso de um homem bastante pedante, talvez um estatístico, que disse precisamente: "Quarenta e sete"). Pode-se, é claro, questionar a confiabilidade de relatos pessoais, e potenciais vieses nesses dados serão discutidos no próximo capítulo.

---

* Isso ocorre porque o conjunto de todos os homens e o conjunto de todas as mulheres têm o mesmo número total de parcerias, uma vez que cada parceria compreende um homem e uma mulher. Então, se os grupos tiverem o mesmo tamanho, as médias devem ser as mesmas. Quando discuto essa questão com meus alunos, utilizo a ideia de parceiros de dança ou apertos de mão.

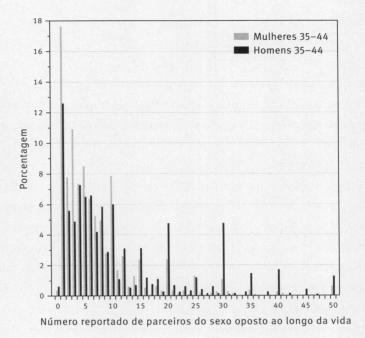

FIGURA 2.4 Dados fornecidos pela Natsal-3 com base em entrevistas realizadas entre 2010 e 2012. As séries foram interrompidas em 50 por razões de espaço — os totais vão até 550 para ambos os sexos. Perceba o claro uso de números redondos para dez ou mais parceiros, e a tendência dos homens de reportar mais parceiras que as mulheres.

Grandes coleções de dados numéricos são rotineiramente sintetizadas e comunicadas por meio de estatísticas de localização e dispersão, e o exemplo dos parceiros sexuais mostrou que elas podem nos servir de grande auxílio na apreensão de um padrão geral. No entanto, nada substitui um exame apropriado dos dados, e o exemplo seguinte mostra que uma boa visualização é particularmente valiosa quando queremos captar o padrão num conjunto de números grande e complexo.

Descrevendo relações entre variáveis

Hospitais com maior movimento têm taxas de sobrevivência maiores?

Existe um considerável interesse no chamado "efeito de volume" no que diz respeito às cirurgias — a alegação de que hospitais com maior movimento apresentam taxas de sobrevivência melhores, possivelmente porque conseguem alcançar maior efetividade e têm mais experiência. A figura 2.5 mostra as taxas de sobrevivência em até trinta dias em hospitais do Reino Unido que realizam cirurgias cardíacas em crianças em relação ao número de crianças sendo tratadas. A figura 2.5(a) exibe os dados para crianças com idade inferior a um ano ao longo do período 1991-5 que foram mostrados no início do capítulo anterior, uma vez que esse grupo etário apresenta maior risco e foi o foco do inquérito público de Bristol. A figura 2.5(b) mostra os dados para todas as crianças abaixo de 16 anos no período 2012-5, anteriormente apresentados na tabela 1.1 (dados específicos para crianças com menos de um ano não estão disponíveis para esse intervalo). O volume está marcado no eixo x, e a taxa de sobrevivência, no eixo y.*

Os dados de 1991-5 na figura 2.5(a) têm um claro ponto discrepante, um hospital menor com taxa de sobrevivência de apenas 71%. Trata-se de Bristol, que examinamos em mais detalhes no capítulo 1. Mas, mesmo que Bristol seja removido (tente colocar o polegar sobre o ponto discrepante), o padrão dos dados para 1991-5 sugere que há taxas de sobrevivência mais altas em hospitais que conduzem um número maior de operações.

É conveniente usar um número único para sintetizar uma relação constante de aumento ou redução entre pares de números mostrados num gráfico de dispersão. O número que se costuma escolher para isso é o **coeficiente de correlação de Pearson**, uma ideia originalmente proposta

---
* Embora as taxas gerais de sobrevivência nos dois gráficos não sejam diretamente comparáveis, uma vez que as crianças cobrem diferentes faixas etárias, na verdade a sobrevivência de crianças de todas as idades aumentou de 92% para 98% ao longo desses vinte anos.

Sintetizando e comunicando números. Montes de números

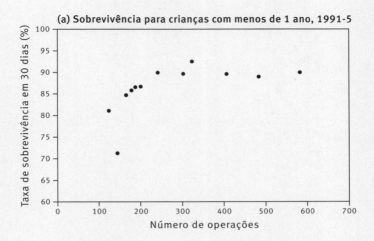

FIGURA 2.5 Gráficos de dispersão das taxas de sobrevivência em relação ao número de cirurgias cardíacas em crianças. Para (a) 1991-5, a correlação de Pearson é de 0,59 e a correlação de postos é de 0,85; para (b) 2012-5, a correlação de Pearson é de 0,17 e a correlação de postos é de –0,03.

por Francis Galton, mas formalmente publicada em 1895 por Karl Pearson, um dos fundadores da estatística moderna.*

---

* Karl Pearson foi um brilhante entusiasta de tudo que era alemão; chegou inclusive a mudar a grafia do próprio nome de Carl para Karl, embora isso não o tenha impedido de aplicar sua

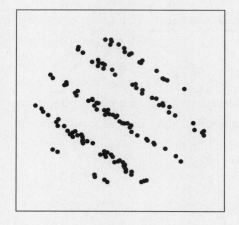

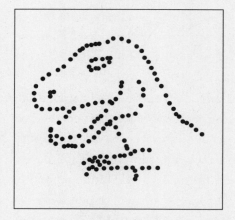

FIGURA 2.6 Dois conjuntos de pontos de dados (fictícios) para os quais os coeficientes de correlação de Pearson são ambos 0. Isto não significa, é claro, que não haja nenhuma relação entre as duas variáveis representadas no gráfico. Tirado do maravilhoso *Datasaurus Dozen*, de Alberto Cairo.[4]

Uma correlação de Pearson se situa no intervalo entre −1 e 1 e exprime quão perto de uma linha reta os pontos se encontram. Uma correlação de 1 ocorre se todos os pontos estão numa linha reta ascendente, enquanto uma correlação de −1 é verificada quando todos os pontos se encontram numa linha reta descendente. Uma correlação próxima de 0 pode ter a ver com uma dispersão aleatória de pontos, ou de qualquer outro padrão no qual não haja tendência sistemática para cima ou para baixo. Alguns exemplos são mostrados na figura 2.6.

A correlação de Pearson é de 0,59 para os dados de 1991-5 mostrados na figura 2.5(a), o que sugere uma associação de aumento de volume com aumento de sobrevivência. Se Bristol for retirado, a correlação de Pearson aumenta para 0,67, uma vez que o desenho dos pontos restantes se aproxima mais de uma linha reta. Uma medida alternativa é a **correlação de postos de Spearman**, assim chamada em

---

estatística à balística durante a Primeira Guerra Mundial. Em 1911, fundou o primeiro Departamento de Estatística do mundo, na University College de Londres, e ocupou a Cátedra Galton de Eugenia, fundada por determinação de Francis Galton em seu testamento.

homenagem ao psicólogo inglês Charles Spearman (que desenvolveu a ideia de uma inteligência geral), e que depende apenas do ordenamento dos dados, e não de seus valores específicos. Assim, o coeficiente pode ser próximo de 1 ou −1 se os pontos estiverem perto de uma linha que suba ou desça constantemente, mesmo que não seja uma linha reta; a correlação de postos de Spearman para os dados na figura 2.5(a) é de 0,85, consideravelmente mais alta que a correlação de Pearson, uma vez que os pontos estão mais próximos de uma curva ascendente que de uma linha reta.

A correlação de Pearson é de 0,17 para os dados de 2012-5 na figura 2.5(b), e a correlação de postos de Spearman é de −0,03, o que sugere que não existe mais qualquer relação clara entre o número de casos e as taxas de sobrevivência. No entanto, com tão poucos hospitais analisados, o coeficiente de correlação pode ser muito sensível a dados individuais — se removermos o menor hospital, que tem uma taxa de sobrevivência elevada, a correlação de Pearson salta para 0,42.

Coeficientes de correlação não passam de sínteses de associação, e não podem ser usados para concluir decisivamente sobre a existência de uma relação subjacente entre volume e taxas de sobrevivência, que dirá sobre os motivos pelos quais essa relação poderia existir.* Em muitas aplicações, o eixo x representa a grandeza conhecida como **variável independente**, e o interesse se foca na sua influência sobre a **variável dependente** representada no eixo y. Mas, como veremos mais à frente, no capítulo 4 sobre causalidade, isso pressupõe a direção na qual essa influência pode se exercer. Nem mesmo na figura 2.5(a) podemos concluir que as taxas de sobrevivência mais elevadas sejam em algum sentido ocasionadas pelo aumento no número de casos — na verdade, isso poderia até ocorrer no sentido inverso: hospitais melhores atraem mais pacientes.

---

* Taxas de sobrevivência baseiam-se em diferentes quantidades de casos, e portanto estão sujeitas a diferentes graus de variabilidade devido ao acaso. Assim, embora a correlação ainda possa ser calculada como descrição de um conjunto de dados, qualquer inferência formal precisa levar em conta que os dados são proporções. Mostrarei como fazer isso no capítulo 6.

Descrevendo tendências

Qual é o padrão de crescimento da população global ao longo do último meio século?

A população mundial está aumentando, e compreender os fatores que guiam esse crescimento é fundamental para que possamos nos preparar para os desafios que diferentes países enfrentam agora e enfrentarão no futuro. A Divisão de População das Nações Unidas produz estimativas da população de todos os países do globo desde 1951 e faz projeções até 2100.[5] Aqui, vamos examinar as tendências mundiais desde 1951.

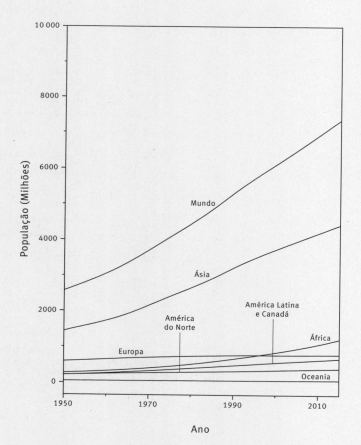

A figura 2.7(a) apresenta gráficos de linha para a população mundial desde 1951, mostrando que de lá para cá ela aproximadamente triplicou para 7,5 bilhões. O crescimento foi guiado em grande parte por países asiáticos, mas é difícil distinguir os padrões para os demais continentes na figura. Uma escala logarítmica na figura 2.7(b), porém, separa os continentes, revelando o gradiente mais íngreme na África e a tendência mais plana em outros continentes, em especial na Europa, onde a população vem decrescendo nos últimos anos.

As linhas cinzentas na figura 2.7(b) representam as mudanças em países individuais, mas é impossível identificar desvios da tendência ascendente geral. A figura 2.8 utiliza um sumário da tendência em cada país: o aumento

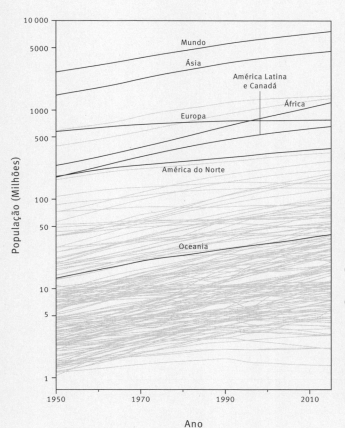

FIGURA 2.7 População total do mundo, dos continentes e dos países (as linhas de cor cinza do gráfico) entre 1950 e 2015, combinados ambos os sexos: (a) mostra tendências numa escala padrão, (b) numa escala logarítmica, junto com as linhas de tendência para países individuais com pelo menos 1 milhão de habitantes em 1951.

relativo entre 1951 e 2015; um aumento relativo de 4 significa que em 2015 há quatro vezes mais pessoas do que havia em 1951 (como aconteceu, por exemplo, na Libéria, em Madagascar e em Camarões). As esferas são proporcionais ao tamanho do país, o que atrai o olhar para os países maiores, e agrupar os países por continentes nos permite detectar imediatamente tanto aglomerados gerais como casos discrepantes. É sempre útil dividir os dados segundo um fator — aqui, os continentes — que explique parte da variabilidade total.

Os grandes aumentos na África se destacam, mas a variação no continente é ampla e a Costa do Marfim constitui um caso extremo. A Ásia também demonstra uma variação enorme, refletindo a ampla diversidade dos países que a compõem, tendo o Japão e a Geórgia num dos extremos e a Arábia Saudita no outro, com o mais elevado aumento reportado do mundo. Os aumentos na Europa têm sido relativamente baixos.

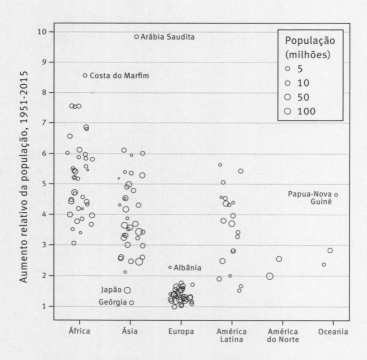

FIGURA 2.8 Aumento relativo da população entre 1951 e 2015 para países com pelo menos 1 milhão de habitantes em 1951.

Como qualquer gráfico bom, este suscita mais questões e estimula novas explorações, tanto em termos de identificar países individuais como de examinar projeções de tendências futuras.

Existem claramente várias maneiras de examinar um conjunto de dados tão complexo quanto os números populacionais da onu, nenhuma das quais pode ser considerada "correta". No entanto, Alberto Cairo identificou quatro características comuns de uma boa visualização de dados:

1. Contém informação confiável.
2. O modelo foi escolhido de modo a tornar perceptíveis padrões relevantes.
3. É apresentado de forma atraente, sem que isso atrapalhe sua integridade, clareza e profundidade.
4. Quando apropriado, é organizado de maneira a possibilitar explorações.

Esta última característica pode ser facilitada com a permissão para que o público interaja com a visualização, e, embora isso seja difícil de ilustrar num livro, o exemplo a seguir mostra o poder de se personalizar uma exibição gráfica.

Qual é o grau de popularidade do meu nome ao longo do tempo?

Certos gráficos são tão complexos que fica difícil identificar padrões interessantes a olho nu. Tomemos por exemplo a figura 2.9, na qual cada linha mostra o ranking de popularidade de um nome específico para meninos nascidos na Inglaterra e no País de Gales entre 1905 e 2016.[6] Isso representa uma extraordinária história social, e contudo, por si só, apenas comunica a voga rapidamente mutável na escolha de nomes, com as linhas mais recentes, mais densas, sugerindo uma maior utilização e diversidade de nomes a partir de meados dos anos 1990.

Somente permitindo a interatividade é que podemos pinçar linhas específicas de interesse pessoal. Fico intrigado, por exemplo, quando vejo a tendência para "David", um nome que se tornou particularmente popular nos anos 1920 e 1930, talvez devido ao fato de o príncipe de Gales (mais tarde Eduardo VIII, de curto reinado) chamar-se David. Mas sua popularidade declinou de maneira abrupta — em 1953 eu era um entre dezenas de milhares

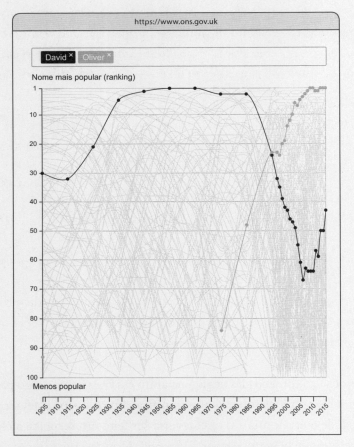

FIGURA 2.9 Captura de tela de um gráfico interativo fornecido pelo Instituto Nacional de Estatísticas do Reino Unido mostrando a tendência da posição de cada nome masculino numa tabela de popularidade. Meus pais, bem pouco imaginativos, me deram o nome masculino mais popular em 1953, mas desde então saí de moda, em direto contraste com "Oliver". "David", porém, mostrou alguns sinais de recuperação recentemente, talvez por influência de David Beckham.

de Davids, mas em 2016 apenas 1461 garotos receberam esse nome, que ficou atrás de mais de quarenta outros em termos de popularidade.

Comunicação

Este capítulo vem enfocando a síntese e a comunicação de dados de forma aberta e não manipulativa; não queremos influenciar as emoções e atitudes do nosso público ou convencê-lo de uma certa perspectiva. Queremos apenas contar como as coisas são, ou pelo menos como parecem ser. E, da mesma maneira que não podemos afirmar que estamos dizendo a verdade absoluta, podemos ao menos tentar ser tão verdadeiros quanto possível.

É claro que essa tentativa de objetividade científica é mais fácil no discurso do que na prática. Em 1834, quando fundaram a Sociedade Estatística de Londres (mais tarde Real Sociedade Estatística), Charles Babbage, Thomas Malthus e outros declararam altivamente que

> a Sociedade Estatística há de considerar como sua primeira e essencialíssima regra de conduta excluir cuidadosamente de seus relatórios e publicações toda e qualquer opinião, restringindo sua atenção, com todo o rigor, aos fatos — e, até onde se julgar possível, àqueles que possam ser enunciados por meio de números e dispostos em tabelas.[7]

Mas desde o começo eles negligenciaram essa restrição, e logo passaram a inserir suas opiniões sobre o que significavam os dados coletados sobre crime, saúde e economia e o que deveria ser feito em resposta a eles. Talvez o melhor que possamos fazer agora seja reconhecer essa tentação e nos esforçarmos ao máximo para guardar nossas opiniões para nós mesmos.

A primeira regra da comunicação é calar a boca e escutar, de modo que se possa conhecer a sua audiência, seja ela composta por políticos, profissionais ou pelo público em geral. Temos que entender suas inevitáveis limitações e os possíveis mal-entendidos, e resistir à tentação de produzir formulações demasiadamente sofisticadas, complexas ou detalhadas.

A segunda regra da comunicação é saber o que se deseja obter. Se tudo correr bem, o objetivo será incentivar o debate aberto e a tomada de decisões bem-informada. Mas não há mal nenhum em repetir que os números não falam por si sós; contexto, linguagem e apresentação gráfica, tudo isso contribui para a forma como a comunicação é recebida. Temos que reconhecer que estamos contando uma história, e é inevitável que as pessoas façam comparações e julgamentos, ainda que nossa intenção não seja persuadi-las mas apenas informá-las. Tudo o que podemos fazer é tentar prevenir reações viscerais inapropriadas, por meio da apresentação e de advertências.

Contando histórias com estatísticas

Este capítulo introduziu o conceito de visualização de dados, que costuma ser dirigida a pesquisadores ou a uma audiência sofisticada e lança mão de gráficos selecionados por sua capacidade de promover a compreensão e a exploração de dados, e não por seu apelo puramente visual. Quando já organizamos as mensagens importantes nos dados que queremos comunicar, podemos então seguir adiante e usar infográficos, de modo a captar a atenção do público e contar uma boa história.

Infográficos sofisticados costumam aparecer o tempo todo nos meios de comunicação, mas a figura 2.10 apresenta um exemplo bastante básico que conta uma história forte de tendências sociais ao reunir as respostas a três perguntas feitas em 2010 pela Natsal-3): em que idades mulheres e homens fazem sexo pela primeira vez, começam a coabitar e têm o primeiro filho?[8] As idades medianas para cada um desses eventos estão representadas graficamente em relação ao ano de nascimento das mulheres, e os três pontos aparecem ligados por uma linha vertical escura. O prolongamento constante dessa linha entre as mulheres nascidas nos anos 1930 e as nascidas nos anos 1970 revela um aumento do período durante o qual a contracepção efetiva é necessária antes de gestar o primeiro filho.

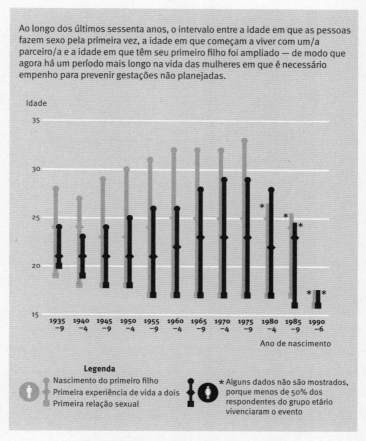

FIGURA 2.10 Infográfico baseado em dados extraídos da terceira Pesquisa Nacional de Atitudes Sexuais e Estilos de Vida (Natsal-3). A lição a ser tirada dos dados é destacada tanto em termos visuais como verbais.

Ainda mais avançados são os gráficos dinâmicos, nos quais o movimento pode ser utilizado para revelar padrões nas mudanças ao longo do tempo. O mestre dessa técnica foi Hans Rosling, cujas palestras e vídeos estabeleceram uma nova maneira de contar histórias com estatísticas, por exemplo ao usar uma animação de bolhas para representar o progresso de cada país desde 1800 até hoje e mostrar a relação entre riqueza e saúde cambiantes.

Rosling usou esses gráficos para tentar corrigir concepções equivocadas sobre a distinção entre países "desenvolvidos" e "subdesenvolvidos"; os gráficos revelam que, ao longo do tempo, quase todos os países se moveram gradualmente na mesma direção, rumo a maior riqueza e prosperidade.*9

Este capítulo demonstrou um continuum desde simples descrições e gráficos de dados brutos até exemplos complexos de narração de histórias com estatística. A computação moderna tem tornado a visualização de dados mais fácil e flexível; e, como as sínteses estatísticas podem tanto ocultar fatos como iluminá-los, apresentações gráficas apropriadas são essenciais. Não obstante, sintetizar e comunicar os números brutos é apenas o primeiro estágio no processo de aprender a partir dos dados. Para seguir adiante nesse caminho, precisamos voltar nossa atenção para a ideia fundamental: o que estamos tentando alcançar?

---

* Infelizmente, um livro estático em escala de cinza não é um meio apropriado para exibir o trabalho de Rosling, então recomendo que você visite o site <gapminder.org>. Certa vez, num programa de tv, em meio a uma discussão com um jornalista dinamarquês que alardeava uma concepção errada sobre o mundo que Rosling passara a vida tentando contradizer, ele simplesmente retrucou: "Esses fatos não estão abertos a discussão. Eu estou certo e você está errado" — o que, para a estatística, é uma afirmação inusitadamente direta.

RESUMO

- Diversas estatísticas podem ser usadas para sintetizar a distribuição empírica dos dados, inclusive medidas de localização e extensão.
- Distribuições de dados enviesadas são comuns, e algumas sínteses estatísticas são muito sensíveis a valores discrepantes.
- Sínteses de dados sempre escondem algum detalhe, e é preciso ter cuidado para que informação importante não seja perdida.
- Conjuntos simples de números podem ser visualizados em diagramas de pontos, boxplots e histogramas.
- Considere fazer ligeiras transformações para revelar melhor os padrões, e use o olho para detectar padrões, pontos discrepantes, similaridades e aglomerados.
- Veja pares de números como gráficos de dispersão, e séries temporais como gráficos de linha.
- Ao explorar dados, um objetivo básico é encontrar fatores que expliquem a variação geral.
- Gráficos podem ser interativos e animados.
- Infográficos destacam características interessantes e podem guiar o espectador ao longo de uma história, mas devem ser usados com consciência de seu propósito e impacto.

3. Por que estudar os dados? Populações e medição

Quantos parceiros sexuais as pessoas na Grã-Bretanha *realmente* tiveram?

O capítulo anterior mostrou alguns resultados notáveis de uma recente pesquisa britânica na qual as pessoas relataram o número de parceiros sexuais do sexo oposto que tiveram ao longo da vida. A apresentação desses resultados em gráficos revelou várias características, inclusive uma cauda (muito) longa, uma tendência a usar números redondos como 10 e 20, e mais parceiras reportadas por homens que parceiros por mulheres. Mas os pesquisadores, que gastaram milhões de libras para coletar esses dados, não estavam realmente interessados em respostas específicas — afinal, foi garantido aos entrevistados anonimato completo. Suas respostas foram um meio para um fim, que era aprender alguma coisa sobre o padrão geral das parcerias sexuais na Grã-Bretanha — aquelas dos milhões de pessoas que *não* foram indagadas acerca de seu comportamento sexual.

Não é uma questão trivial passar de respostas reais coletadas numa pesquisa para conclusões sobre o conjunto da Grã-Bretanha. Na verdade, essa afirmação é incorreta — é muito fácil alegar que o que os respondentes dizem representa acuradamente o que está de fato acontecendo no país inteiro. Isso ocorre o tempo todo em pesquisas sobre sexo feitas pelos veículos de comunicação, nas quais as pessoas se apresentam voluntariamente para preencher formulários on-line dizendo o que fazem entre quatro paredes.

O processo de ir das respostas brutas fornecidas na pesquisa a afirmações sobre o comportamento de todo um país pode ser dividido numa série de estágios:

1. Os *dados brutos* sobre o número de parceiros sexuais reportados pelos participantes da nossa pesquisa, que nos dizem algo sobre...
2. O *número verdadeiro* de parceiros das pessoas em nossa *amostra*, o que nos diz algo sobre...
3. O número de parceiros das pessoas na *população do estudo* — aquelas que poderiam ter sido incluídas em nossa pesquisa —, o que nos diz algo sobre...
4. O número de parceiros sexuais das pessoas na Grã-Bretanha, que são nossa *população-alvo*.

Onde estão os pontos mais fracos nessa cadeia de raciocínio? Passar dos dados brutos (estágio 1) para a verdade sobre a nossa amostra (estágio 2) significa adotar algumas premissas importantes sobre a precisão dos respondentes quando informam o número de parceiros que tiveram, pois há muitas razões para duvidar deles. Já vimos uma aparente tendência entre os homens a superestimar — e, entre as mulheres, a subestimar — a contagem de parceiros (talvez devido ao fato de as mulheres não incluírem parceiros que preferem esquecer), diferentes tendências a arredondar os números para cima ou para baixo e problemas como fragilidade da memória, além do mero "viés de aceitabilidade social".*

Passar da nossa amostra (estágio 2) para a população do estudo (estágio 3) talvez seja o passo mais desafiador. Primeiro precisamos estar seguros de que as pessoas solicitadas a tomar parte na pesquisa sejam uma amostra aleatória daquelas que são elegíveis: isso não deve ser um problema para um estudo bem-organizado como a Natsal. Mas também precisamos assumir que as pessoas que concordam em participar sejam representativas, e isso é menos simples. As pesquisas têm um índice de resposta de 66%, um número impressionantemente bom, considerando a natureza das perguntas. No entanto, há evidência de que os índices de

---

* Alguma evidência desse viés foi obtida num estudo randomizado feito com estudantes nos Estados Unidos, no qual mulheres conectadas a um detector de mentiras tendiam a admitir ter tido mais parceiros do que aquelas que contavam com a garantia de anonimato, um efeito que não foi observado entre os homens. Não se contou aos estudantes que o detector de mentiras era falso.

participação são ligeiramente inferiores entre aqueles que não têm uma vida sexual tão ativa, talvez contrabalançando entrevistas com membros menos convencionais da sociedade.

Por fim, passar da população do estudo (estágio 3) para a população-alvo (estágio 4) é um pouco mais fácil, se pudermos assumir que as pessoas que poderiam ter participado do estudo representam a população adulta da Grã-Bretanha. No caso da Natsal, isso deve ser assegurado por seu cuidadoso plano experimental, baseado numa amostra aleatória de lares, embora isso não signifique que pessoas em instituições como prisões, serviços públicos e creches não tenham sido incluídas.

Quando tivermos examinado todas as coisas que podem dar errado, talvez já estejamos um pouco céticos em relação a qualquer conclusão geral sobre o verdadeiro comportamento sexual do país, com base nas informações fornecidas pelos respondentes da pesquisa. Mas a intenção da ciência estatística é justamente aplainar o caminho entre esses estágios e, por fim, com a devida humildade, ser capaz de dizer o que podemos e o que não podemos aprender a partir desses dados.

Aprendendo a partir dos dados — o processo de "inferência indutiva"

Os capítulos anteriores assumiram que você tem um problema, obtém alguns dados, examina o problema e então o sintetiza de maneira concisa. Às vezes a contagem, a medição e a descrição são uma finalidade em si. Por exemplo, se apenas queremos saber quantas pessoas passaram pela emergência de um hospital no ano passado, os dados já podem nos dar a resposta.

Muitas vezes, no entanto, a questão vai além da simples descrição dos dados: queremos aprender algo que ultrapassa as simples observações que temos ao nosso dispor, seja para fazer previsões (quantos serão no ano que vem?) ou para dizer algo mais básico (por que os números estão aumentando?).

Uma vez que queiramos começar a fazer generalizações a partir dos dados — aprender algo sobre o mundo além do nosso campo de observação imediato —, precisamos nos perguntar: "Aprender sobre o quê?". E isso implica confrontar a desafiadora ideia de **inferência indutiva**.

Muitas pessoas têm uma vaga ideia de *dedução* graças a Sherlock Holmes, que utiliza o raciocínio dedutivo quando anuncia friamente que determinado suspeito deve ter cometido um crime. Na vida real, dedução é o processo de usar as regras da lógica fria para trabalhar a partir de premissas gerais e chegar a conclusões particulares. Se a lei do país é que os carros devem andar do lado direito, então podemos deduzir que em qualquer ocasião particular é melhor dirigir do lado direito. Mas a *indução* funciona no sentido inverso, tomando exemplos particulares para tentar chegar a conclusões gerais. Vamos supor que não conheçamos os costumes de uma comunidade quanto a beijar amigas no rosto e que tentemos chegar a alguma conclusão sobre isso observando se as pessoas dão um beijo, dois, três, ou mesmo nenhum. A distinção crucial é que a dedução é logicamente certa, enquanto a indução é geralmente incerta.

A figura 3.1 representa a inferência indutiva como um diagrama genérico, mostrando as etapas envolvidas em passar dos dados para o eventual alvo da nossa investigação: como vimos, os dados coletados pela pesquisa sobre sexo nos informam sobre o comportamento da nossa amostra, que podemos utilizar para aprender sobre as pessoas que poderiam ter sido recrutadas para a pesquisa, a partir da qual tiramos algumas hesitantes conclusões sobre o comportamento sexual em todo o país.

É claro que o ideal era que conseguíssemos passar direto do exame dos dados brutos para afirmações genéricas sobre a população-alvo. Nos cursos típicos de estatística, presume-se que as observações são tiradas diretamente da população de interesse imediato, de maneira completamente aleatória. Mas é raro que isso ocorra na vida real, de modo que devemos considerar todo o processo, desde os dados brutos até o nosso alvo final. E, como vimos na pesquisa sobre sexo, pode haver problemas em cada um dos diferentes estágios.

Passar dos dados (estágio 1) para a amostra (estágio 2) — esse é um problema de *medição*. Será que aquilo que registramos nos nossos dados é um reflexo acurado daquilo em que estamos interessados? Queremos que os nossos dados sejam:

- Confiáveis, no sentido de terem baixa variabilidade de ocasião para ocasião, constituindo portanto um número preciso e passível de ser repetido.
- Válidos, no sentido de medirem o que realmente se deseja medir, sem apresentar qualquer viés sistemático.

A adequação da pesquisa sobre sexo, por exemplo, depende de as pessoas darem a mesma resposta — ou respostas muito similares — para a mesma pergunta toda vez que forem indagadas, o que não deve depender do estilo do entrevistador nem dos caprichos do humor ou da memória do

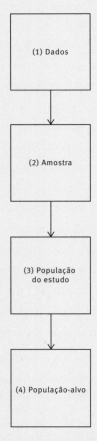

FIGURA 3.1 Processo de inferência indutiva: cada seta pode ser interpretada como "nos diz algo sobre".[1]

respondente. E ela pode ser testada, em certa medida, através de perguntas específicas tanto no começo quanto no fim da entrevista. A qualidade da pesquisa também requer que os entrevistados sejam honestos ao relatarem sua atividade sexual, que não exagerem nem diminuam sistematicamente suas experiências. Todas essas exigências são muito importantes.

Uma pesquisa não seria válida se as perguntas fossem tendenciosas em favor de uma resposta específica. Em 2017, por exemplo, a Ryanair, companhia aérea de baixo custo, anunciou que 92% de seus passageiros estavam satisfeitos com sua experiência de voo. Acontece que se descobriu depois que a pesquisa de satisfação permitia apenas as seguintes respostas: "Excelente, muito bom, bom, razoável, ok".*

Já vimos como o enquadramento positivo ou negativo de números pode influenciar a impressão transmitida; de maneira semelhante, a formulação de uma pergunta pode influenciar a resposta. Em 2015, por exemplo, uma pesquisa realizada no Reino Unido quis saber se as pessoas eram a favor ou contra "dar aos jovens de 16 e 17 anos o direito de votar" no referendo sobre sair ou permanecer na União Europeia; 52% apoiaram a ideia, enquanto 41% se opuseram. Logo, a maioria era favorável à proposta quando formulada em termos de reconhecimento de direitos e empoderamento dos mais jovens.

Entretanto, quando se perguntou aos mesmos respondentes (numa formulação idêntica do ponto de vista lógico) se eles apoiavam ou se opunham a "reduzir a maioridade eleitoral de 18 para 16 anos" para o dito referendo, a proporção dos que apoiaram a proposta caiu para 37%, com 56% contra. Assim, quando formulada em termos de uma liberalização mais ambiciosa, a proposta contou com a oposição da maioria, numa inversão de opinião provocada pela simples reformulação da pergunta.[2]

---

*Depois que alguém da Real Sociedade Estatística criticou os métodos de pesquisa da empresa, um porta-voz do dono da Ryanair, Michael O'Leary, afirmou: "Noventa e cinco por cento dos clientes da Ryanair nunca ouviram falar da Real Sociedade Estatística, 97% não se importam com o que eles dizem e 100% acreditam que o pessoal de lá precisa programar uma viagem de férias de baixo custo com a Ryanair". Em outra pesquisa contemporânea, a Ryanair foi eleita a pior entre vinte companhias aéreas da Europa (mas essa pesquisa teve seus próprios problemas de confiabilidade, tendo sido realizada numa época em que a Ryanair havia cancelado uma grande quantidade de voos).

As respostas a perguntas também podem ser influenciadas por aquilo que foi perguntado antes, um processo conhecido como *priming*. Pesquisas oficiais de bem-estar estimam que cerca de 10% dos jovens no Reino Unido se consideram solitários, mas um questionário on-line feito pela BBC revelou uma proporção bem mais alta entre aqueles que se dispuseram a responder: 42%. Esse número pode ter sido inflado por dois fatores: a natureza de autorrelato da "pesquisa" voluntária e o fato de a pergunta sobre solidão ter sido precedida por uma longa série de indagações sobre sentir falta de companhia, sentir-se isolado, excluído e assim por diante; tudo isso pode ter influenciado os respondentes a dar uma resposta positiva para a pergunta crucial sobre sentir-se solitário.[3]

Passar da amostra (estágio 2) para a população do estudo (estágio 3) — isso depende da qualidade fundamental do estudo, também conhecida como **validade interna**: será que a amostra observada reflete de modo acurado o que está acontecendo no grupo que estamos estudando? É nesse momento que chegamos à maneira crucial de evitar um viés: a amostragem aleatória. Até mesmo crianças entendem o que significa escolher algo ao acaso: fechar os olhos, enfiar a mão num saquinho de balas sortidas e ver a cor da bala que sai, ou tirar um número de um chapéu para ver quem ganha o prêmio ou a guloseima (ou quem não ganha). O método tem sido usado há milênios como forma de garantir correção e justiça, conceder recompensas,* pagar loterias e nomear pessoas com certo grau de poder, como autoridades e jurados. E também se faz presente em deveres mais graves, como escolher os jovens que devem ir para a guerra ou quem deve servir de comida num bote salva-vidas perdido no oceano.

George Gallup, que basicamente inventou a ideia de pesquisa de opinião, na década de 1930, apresentou uma bela analogia para o valor da amostragem aleatória. Ele disse que, quando você faz uma panela de sopa, não precisa comer tudo para saber se ela precisa de mais tempero. Basta *dar uma boa mexida* e provar uma colherada. Em 1969, a loteria de recruta-

---

* "Jesus dizia: 'Pai, perdoa-lhes: não sabem o que fazem'. Depois, *repartindo suas vestes, sorteavam-nas*" (Lucas 23,34).

mento para a Guerra do Vietnã ofereceu uma prova literal dessa ideia, ao recorrer a uma lista ordenada de datas de nascimento: os rapazes cujos aniversários estivessem no topo da lista seriam recrutados primeiro, e assim por diante. Numa tentativa pública de conferir lisura ao processo, foram preparadas 366 cápsulas, cada uma contendo um único dia de aniversário. A ideia era que as cápsulas fossem retiradas aleatoriamente de dentro de uma caixa, mas elas foram colocadas ali por ordem do mês de nascimento, sem serem adequadamente remexidas e misturadas. Isso talvez não fosse um problema se os encarregados de sortear as cápsulas tivessem enfiado a mão no fundo da caixa; mas, como mostra um notável vídeo da época, eles tendiam a tirar as cápsulas de cima.[4] O resultado foi o azar para quem tinha nascido mais perto do fim do ano: acabaram sendo recrutados 26 entre 31 aniversários em dezembro, em comparação com apenas 14 em janeiro.

A ideia de misturar adequadamente é crucial: se você deseja fazer generalizações para toda a população a partir de uma amostra, precisa assegurar que ela seja representativa. A simples disponibilidade de uma grande massa de dados não ajuda necessariamente a garantir uma boa amostra, e pode até mesmo ser uma garantia falsa. Empresas de pesquisa de opinião, por exemplo, tiveram um desempenho sofrível na eleição geral do Reino Unido em 2015, mesmo dispondo de amostras de milhares de potenciais eleitores. Uma investigação posterior pôs a responsabilidade pelo fracasso em amostragens não representativas, sobretudo nas pesquisas feitas por telefone: não só os telefones fixos representavam a maioria dos números chamados, como menos de 10% daqueles que receberam a ligação de fato responderam. Uma amostra desse tipo dificilmente pode ser representativa.

Passar da população do estudo (estágio 3) para a população-alvo (estágio 4) — por fim, mesmo com uma medição perfeita e uma amostra aleatória meticulosa os resultados podem ainda não refletir o que nos propomos a investigar, se não tivermos sido capazes de interrogar as pessoas nas quais estamos efetivamente interessados. Queremos que o nosso estudo tenha **validade externa**.

Um exemplo extremo é quando nossa população-alvo compreende pessoas, e só tivemos a possibilidade de estudar animais. É o que acontece quando examinamos os efeitos de uma substância química em camundongos. Temos um caso menos dramático quando experimentos com uma nova droga são conduzidos apenas em homens adultos, mas a droga é então usada, fora das especificações, em mulheres e crianças. Gostaríamos de saber os efeitos em todo mundo, mas esse problema não pode ser resolvido exclusivamente pela análise estatística — é inevitável que tenhamos de estabelecer premissas e ser muito cautelosos.

Quando temos todos os dados

Embora a ideia de aprender com os dados seja bem ilustrada olhando para pesquisas, na verdade muitos dos dados que usamos hoje não se baseiam em amostragem aleatória, ou em qualquer amostragem. Dados rotineiramente coletados sobre, digamos, compras on-line ou transações sociais, ou destinados a apoiar sistemas de educação ou policiamento, podem ter seu propósito redirecionado de maneira a nos ajudar a entender o que está acontecendo no mundo. Nessas situações, possuímos todos os dados. Em termos do processo de indução mostrado na figura 3.1, não existe lacuna entre os estágios 2 e 3 — a "amostra" e a população do estudo são essencialmente as mesmas. Isso evita qualquer preocupação relativa ao pequeno tamanho da amostra, porém muitos outros problemas podem continuar existindo.

Consideremos a pergunta sobre a criminalidade na Grã-Bretanha, e a questão politicamente sensível de se ela está aumentando ou diminuindo. Há duas fontes de dados principais: uma baseada em pesquisa e outra administrativa. A primeira é a Pesquisa sobre Criminalidade na Inglaterra e no País de Gales, uma peça clássica de amostragem na qual cerca de 38 mil pessoas são indagadas anualmente sobre suas experiências com a criminalidade. Assim como no caso da pesquisa sobre sexo, problemas podem surgir quando os informes reais (estágio 1) são utilizados para tirar conclusões sobre as verdadeiras experiências (estágio 2), uma vez que os respondentes podem não dizer a verdade — digamos, sobre um crime envolvendo drogas do qual eles próprios participaram. Assim, precisamos assumir que a amostra seja representativa da população elegível e levar em conta seu tamanho limitado (estágio 2 para estágio 3). E devemos finalmente reconhecer que o plano de estudo não está alcançando parte da população-alvo total: pode ser que ninguém com menos de dezesseis anos ou vivendo numa residência comunitária esteja sendo pesquisado (estágio 3 para estágio 4). No entanto, apesar dessas restrições, a Pesquisa sobre Criminalidade na Inglaterra e no País de Gales é uma "estatística nacional qualificada", e usada para monitorar tendências de longo prazo.[5]

A segunda fonte de dados compreende os relatórios de crimes registrados pela polícia. Esses relatórios são feitos com propósitos administrativos e não constituem uma amostra: como todo crime que é registrado no país pode ser contado, a "população do estudo" é a mesma que a da amostra. É claro que ainda temos que pressupor que os dados registrados representam o que realmente aconteceu com aqueles que reportaram os crimes (estágio 1 para estágio 2), mas o maior problema ocorre quando queremos afirmar que os dados sobre a população do estudo — pessoas que reportaram crimes — representam a população-alvo de todos os crimes cometidos na Inglaterra e no País de Gales. Acontece que os crimes registrados pela polícia sistematicamente deixam de incluir casos que as autoridades policiais não registraram como crimes ou que não foram reportados pela vítima; o uso de drogas ilícitas, por exemplo, ou roubos e atos de vandalismo que as pessoas optam por não reportar para que as propriedades em sua área de residência não sejam desvalorizadas. Para dar um exemplo extremo, depois que um relatório de novembro de 2014 criticou as práticas de registro da polícia, o número de agressões sexuais registradas subiu de 64 mil em 2014 para 121 mil em 2017: a quantidade quase dobrou em três anos.

Não chega a surpreender que essas duas fontes distintas de dados possam apresentar conclusões tão diferentes a respeito das tendências: a Pesquisa sobre Criminalidade, por exemplo, estimou que a taxa de crimes caiu cerca de 9% entre 2016 e 2017, enquanto a polícia registrou um número 13% maior de delitos. Em quem devemos acreditar? Os estatísticos confiam mais na Pesquisa sobre Criminalidade, e preocupações quanto à confiabilidade dos dados de crimes registrados pela polícia a levaram a perder sua designação de "estatística nacional" em 2014.

Quando temos todos os dados, é fácil produzir estatísticas que descrevam aquilo que foi medido. Mas, quando queremos usar os dados para tirar conclusões mais amplas a respeito do que está acontecendo ao nosso redor, então a qualidade dos dados torna-se de suprema importância, e precisamos ficar alertas para vieses sistemáticos que possam colocar em risco a confiabilidade de qualquer afirmação.

Existem muitos sites dedicados a listar os vieses que podem ocorrer na ciência estatística, desde o viés de alocação (diferenças sistemáticas entre quem recebe cada um de dois tratamentos médicos que estão sendo comparados) até o viés do voluntário (pessoas que se apresentam como voluntárias para estudos e são sistematicamente diferentes da população geral). Em muitos casos, o simples bom senso é suficiente para identificar esses vieses, mas no capítulo 12 veremos erros mais sutis que podem ser cometidos nos estudos estatísticos. Antes disso, porém, precisamos considerar maneiras de descrever nosso objetivo final — a população-alvo.

A "curva do sino"

Uma amiga nos Estados Unidos acabou de dar à luz a um bebê pesando 2,91 quilos. Disseram-lhe que era um peso abaixo da média, e ela está preocupada. Será que esse peso é excepcionalmente baixo?

Já discutimos o conceito de distribuição de dados — o padrão que os dados formam, às vezes conhecido como distribuição empírica ou amostral. A seguir precisamos abordar o conceito de **distribuição populacional** — o padrão no grupo inteiro de interesse.

Imaginemos uma mulher americana que tenha acabado de dar à luz. Poderíamos pensar em seu bebê como uma espécie de amostra única de toda a população de bebês recém-paridos por mulheres brancas não hispânicas nos Estados Unidos (a raça é importante, uma vez que são reportados pesos diferentes no nascimento para raças diferentes). A distribuição populacional é o padrão formado pelos pesos no nascimento de todos esses bebês, que podemos obter a partir de relatórios oficiais do governo americano sobre os pesos de mais de 1 milhão de bebês concebidos em 2013, em gestações completas, por mulheres brancas não hispânicas — embora esse não seja o conjunto inteiro de nascimentos contemporâneos, é uma amostra tão grande que podemos considerá-la como a população.[6] Esses pesos no nascimento são reportados como números, em intervalos de 500 gramas, como mostra a figura 3.2(a).

O peso do bebê da nossa amiga é indicado como uma linha em 2910 gramas, e sua posição na distribuição pode ser usada para avaliar se é "incomum". A forma dessa distribuição é importante. Medidas como peso, renda, altura e assim por diante podem, pelo menos em princípio, ser tão refinadas quanto se queira, e assim podem ser consideradas grandezas "contínuas" cujas distribuições de população são suaves. O exemplo clássico é a "curva do sino", ou **distribuição normal**, explorada pela primeira vez em detalhe por Carl Friedrich Gauss em 1809, no contexto de erros de medição em astronomia e topografia.*

A teoria mostra que se pode esperar que a distribuição normal ocorra para fenômenos que são guiados por grandes números de pequenas influências, por exemplo um traço físico complexo que não seja influenciado apenas por alguns genes. O peso no nascimento, quando examinado para um único grupo étnico e período de gestação, poderia ser considerado esse traço, e a figura 3.2(a) mostra uma curva normal com a mesma média e desvio-padrão que os pesos registrados. A curva normal suave e o histograma são gratificantemente próximos, e outros traços complexos, como altura e habilidades cognitivas, também têm distribuições populacionais aproximadamente normais. Outros fenômenos, menos naturais, podem ter distribuições populacionais distintamente

---

* A dedução de Gauss não estava baseada na observação empírica; era uma forma teórica de erro de medição que justificaria seus métodos estatísticos.

anormais e com frequência apresentam uma cauda longa à direita, sendo a renda um exemplo clássico.

A distribuição normal se caracteriza pela sua **média** e seu desvio-padrão, que, como vimos, é uma medida de dispersão — a curva que

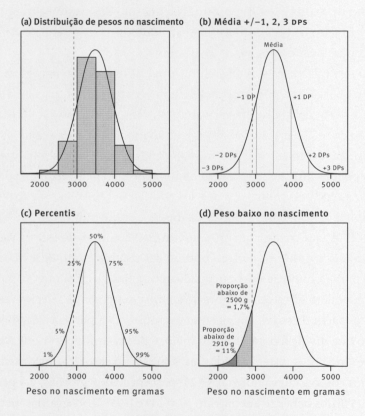

FIGURA 3.2 (a) A distribuição de pesos no nascimento de 1 096 277 crianças de mulheres brancas não hispânicas nos Estados Unidos em 2013, após-gestação de 39-40 semanas, com uma curva normal com a mesma média e desvio-padrão que os pesos registrados na população. Um bebê pesando 2910 gramas é mostrado pela linha tracejada. (b) A média ±1, 2, 3 desvios-padrão (DPs) para a curva normal. (c) Percentis da curva normal. (d) A proporção de bebês com peso baixo no nascimento (área sombreada escura) e bebês com menos de 2910 gramas (área sombreada clara).

melhor se ajusta na figura 3.2(a) tem uma média de 3480 gramas e um desvio-padrão de 462 gramas. Vemos que as medidas usadas para sintetizar conjuntos de dados no capítulo 2 podem ser aplicadas também como descrições de uma população — a diferença é que termos como média e desvio-padrão são conhecidos como **estatísticas** quando descrevem um conjunto de dados e como **parâmetros** quando descrevem uma população. É um feito impressionante ser capaz de sintetizar mais de 1 milhão de medições usando apenas duas grandezas.

Uma grande vantagem de assumir uma forma normal para uma distribuição é que muitas grandezas importantes podem ser obtidas de maneira simples a partir de tabelas ou softwares. A figura 3.2(b), por exemplo, mostra a posição da média e 1, 2 e 3 desvios-padrão de cada lado da média. A partir das propriedades matemáticas da distribuição normal, sabemos que cerca de 95% da população estará abarcada no intervalo dado pela média ± 2 desvios-padrão, e 99,8% no centro ± 3 desvios-padrão. O bebê da nossa amiga está cerca de 1,2 desvio-padrão abaixo da média — podemos dizer que esse é o seu **escore Z**, que mede a quantos desvios-padrão um dado está da média.

A média e o desvio-padrão podem ser usados como descrições sintéticas para (a maioria das) outras distribuições, porém outras medidas também podem ser úteis. A figura 3.2(c) mostra **percentis** selecionados calculados a partir da curva normal: por exemplo, o 50º percentil é a mediana, o ponto que divide a população ao meio, e poderíamos dizer que é o peso do bebê "médio" — este coincide com a média no caso de uma distribuição simétrica como a curva normal. O 25º percentil (3167 gramas) é o peso sob o qual 25% dos bebês se encontram — o 25º e o 75º (3791 gramas) percentis são os chamados **quartis**, e a distância entre eles (624 gramas), conhecida como intervalo interquartil, é uma medida da dispersão da distribuição. Mais uma vez, essas são exatamente as mesmas sínteses utilizadas no capítulo 2, mas aqui aplicadas a populações em vez de amostras.

O bebê da nossa amiga está no 11º percentil, o que significa que 11% dos bebês paridos por mulheres brancas não hispânicas após uma gestação que vai a termo pesarão menos — a figura 3.2(d) mostra esses 11% como uma área sombreada clara. Os percentis de peso dos bebês possuem importância prática, uma vez que o peso do bebê da nossa amiga será monitorado em relação ao crescimento esperado para bebês do 11º percentil,* e uma queda no percentil do bebê pode ser motivo de preocupação.

Por razões médicas, e não estatísticas, bebês nascidos com menos de 2500 gramas são considerados "de peso baixo", e aqueles com menos de 1500 gramas, "de peso muito baixo". A figura 3.2(d) mostra que seria de se esperar que 1,7% dos bebês nesse grupo tivessem peso baixo no nascimento — na verdade o número real era de 14 170 (1,3%), muito próximo da predição da curva normal. Notamos que, para esse grupo particular de mães brancas não hispânicas, a taxa de nascimentos de bebês com peso baixo é muito pequena — o índice geral para todos os nascimentos nos Estados Unidos em 2013 foi de 8%, enquanto o índice para mulheres negras foi de 13%, uma diferença notável entre raças.

Talvez a lição mais crucial a ser tirada desse exemplo é que a área de sombreado escuro na figura 3.2(d) desempenha dois papéis:

1. Representa a *proporção* da população de bebês com peso baixo no nascimento.
2. É também a *probabilidade* de que um bebê escolhido ao acaso em 2013 nasça com menos de 2500 gramas.

Assim, uma população pode ser pensada não só como um grupo físico de indivíduos, mas também como a provedora da **distribuição de probabilidade** para uma observação aleatória. Essa dupla interpretação será de extrema importância quando chegarmos à inferência estatística mais formal.

É claro que neste caso conhecemos a forma e os parâmetros da população, e assim podemos dizer alguma coisa acerca tanto das proporções na população quanto das chances de ocorrência de diferentes eventos para uma observação aleatória. Mas o ponto central deste capítulo é que geralmente não sabemos muita coisa sobre as populações, e portanto nos dispomos a seguir o processo indutivo e percorrer o caminho inverso, dos dados para a população. Vimos que as medidas padrão de média, mediana,

---

* Embora as distribuições empregadas para esse monitoramento sejam ligeiramente mais sofisticadas que o normal.

moda e assim por diante, que desenvolvemos para amostras, se estendem para populações inteiras — a diferença é que não sabemos o que elas são. E é esse o desafio que enfrentaremos na próxima seção.

O que é a população?

Os estágios de indução esboçados nas páginas anteriores funcionam bem com pesquisas planejadas, porém uma boa parte da análise estatística não se ajusta com facilidade a essa estrutura. Vimos que, sobretudo quando usamos registros administrativos, como relatórios policiais sobre crimes, pode ser que tenhamos todos os dados possíveis. Mas, apesar de não haver amostragem, a ideia de uma população subjacente ainda pode ser valiosa.

Consideremos os dados sobre cirurgias cardíacas em crianças apresentados no capítulo 1. Partimos da premissa bastante ousada de que não havia problemas de medição — em outras palavras, temos um conjunto completo de dados tanto das operações quanto dos sobreviventes em até trinta dias para cada hospital. Portanto, nosso conhecimento da amostra (estágio 2) é perfeito.

Mas qual é a população do estudo? Temos dados sobre todas as crianças e todos os hospitais, então não há nenhum grupo maior do qual eles tenham sido tirados como amostra. Embora a ideia de população seja habitualmente introduzida de forma bastante casual nos cursos de estatística, esse exemplo revela que se trata de uma ideia traiçoeira e sofisticada que vale a pena explorar um pouco melhor, uma vez que muitas ideias importantes são construídas sobre esse conceito.

Há três tipos de populações a partir das quais uma amostra pode ser extraída, quer os dados provenham de pessoas, transações, árvores ou qualquer outra coisa:

- População *literal*. Esse é um grupo identificável, como quando pegamos uma pessoa ao acaso ao fazer uma pesquisa. Ou pode ser um grupo de indivíduos passíveis de serem mensurados, e, embora não peguemos realmente um deles ao acaso, temos dados de voluntários. Por exemplo,

poderíamos considerar as pessoas que tentaram adivinhar o número de balas de goma no frasco como uma amostra da população de todos os nerds de matemática que assistem a vídeos no YouTube.
- População *virtual*. Costumamos fazer medições usando algum instrumento, por exemplo ao aferir a pressão sanguínea de alguém ou a poluição do ar. Sabemos que é sempre possível fazer novas medições e obter respostas ligeiramente diferentes, como você bem deve saber se já mediu sua pressão arterial repetidas vezes. A proximidade das múltiplas leituras depende da precisão do instrumento e da estabilidade das circunstâncias — poderíamos pensar nisso como extrair observações a partir de uma população virtual de todas as medições que poderiam ser feitas se tivéssemos tempo suficiente.
- População *metafórica*. Quando não há nenhuma população maior. Esse é um conceito inusitado. Aqui agimos *como se* os dados fossem tirados aleatoriamente de alguma população, quando é claro que isso não acontece — é o caso das crianças que passam por cirurgias cardíacas: não fizemos nenhuma amostragem, temos todos os dados, e não há mais o que coletar. Pense no número de assassinatos que ocorrem todos os anos, nos resultados de exames para uma classe específica, ou nos dados sobre todos os países do mundo — nada disso pode ser considerado como uma amostra de população real.

A ideia de uma população metafórica é desafiadora. Talvez seja melhor pensar naquilo que observamos como se tivesse sido tirado de algum espaço imaginário de possibilidades. Por exemplo, a história do mundo é o que é; mas podemos imaginá-la tendo se desenrolado de outra maneira, e que por acaso acabamos em um desses possíveis estados do mundo. Esse conjunto de todas as histórias alternativas pode ser considerado uma população metafórica. Para ser mais concreto, quando examinamos as cirurgias cardíacas em crianças no Reino Unido entre 2012 e 2015, tínhamos todos os dados sobre cirurgia daqueles anos e sabíamos quantos pacientes haviam morrido e quantos haviam sobrevivido. Contudo, podemos imaginar histórias contrafactuais nas quais indivíduos diferentes poderiam ter sobrevivido, mediante circunstâncias imprevisíveis que tendemos a chamar de "acaso".

Já deve estar claro que bem poucas aplicações da ciência estatística envolvem de fato amostragem aleatória literal. E que é cada vez mais comum termos todos os dados potencialmente disponíveis. Ainda assim, é de extrema importância ter em mente a ideia de uma população imaginária da qual nossa "amostra" é extraída, pois então podemos usar todas as técnicas matemáticas desenvolvidas para amostragens de populações reais.

Particularmente, gosto de agir como se tudo que ocorre ao nosso redor fosse resultado de alguma escolha aleatória feita entre todas as coisas possíveis que poderiam acontecer. Cabe a nós escolher acreditar se se trata de acaso, da vontade de algum deus ou de qualquer outra teoria de causalidade: não faz diferença para a matemática. Essa é apenas uma das exigências que ampliam nossa capacidade mental para aprender a partir dos dados.

RESUMO
- A inferência indutiva requer trabalhar a partir dos nossos dados, através da amostragem e da população do estudo, até uma população-alvo.
- Problemas e vieses podem surgir em cada estágio desse trajeto.
- A melhor maneira de avançar da amostra para a população do estudo é extraindo uma amostra aleatória.
- Uma população pode ser pensada como um grupo físico de indivíduos, mas também como a provedora da distribuição de probabilidade para uma observação aleatória tirada dessa população.
- Populações podem ser sintetizadas por meio de parâmetros que espelham a síntese estatística dos dados da amostra.
- Com frequência os dados não aparecem como uma amostra de uma população literal. Quando dispomos de todos os dados existentes, podemos imaginar que eles foram extraídos de uma população metafórica de eventos que poderiam ter ocorrido, mas não ocorreram.

4. O que causa o quê?

Frequentar a universidade aumenta o risco de desenvolver tumores cerebrais?

A epidemiologia é o estudo de como e por que doenças ocorrem em uma população. E os países escandinavos são o sonho de todo epidemiologista. Isso porque todo mundo nesses países tem um número de identificação pessoal usado para acessar serviços públicos de saúde, de educação, fiscais e assim por diante — o que permite que os pesquisadores vinculem todos esses diferentes aspectos da vida das pessoas de um jeito que seria impossível (e talvez politicamente controverso) em outros países.

Um estudo ambicioso foi conduzido com mais de 4 milhões de suecos de ambos os sexos cujos registros fiscais e de saúde estavam vinculados há mais de dezoito anos. Essa vinculação permitiu que os pesquisadores afirmassem que homens de posição socioeconômica mais elevada tinham uma taxa ligeiramente maior de diagnósticos de tumor cerebral. Foi um daqueles estudos relevantes mas pouco empolgantes, que em circunstâncias normais não chamaria muita atenção. Assim, alguém no departamento de comunicação da universidade achou que seria mais interessante informar num comunicado à imprensa que "Altos níveis de educação estão associados a um risco maior de desenvolver um tumor cerebral", ainda que o estudo fosse sobre posição socioeconômica e não educação. E, assim que essa informação chegou ao público geral, o subeditor de um jornal produziu a clássica manchete: "Por que frequentar a universidade aumenta o risco de desenvolver tumores cerebrais".[1]

Para qualquer um que tenha passado algum tempo acumulando qualificações acadêmicas, essa manchete poderia ter soado alarmante. Mas será que devemos nos preocupar? Trata-se de um estudo amplo baseado num registro da população elegível completa — não uma amostra —, então podemos concluir com segurança que um número ligeiramente maior de tumores cerebrais foi de fato encontrado em pessoas com nível educacional mais alto. Mas será que todo esse esforço em bibliotecas superaqueceu o cérebro e provocou estranhas mutações celulares? Apesar da manchete, tenho minhas dúvidas. E, para ser justo, os autores do artigo científico original também tinham, pois acrescentaram: "Registros de câncer incompletos e viés de detecção são potenciais explicações para os achados". Em outras palavras, pessoas ricas com nível educacional mais alto têm maior probabilidade de serem diagnosticadas e terem seu tumor registrado, um exemplo daquilo que é conhecido em epidemiologia como **viés de investigação**.

"Correlação não implica causalidade"

Vimos no capítulo anterior que o coeficiente de correlação de Pearson mede quão próximos de uma linha reta se encontram os pontos num gráfico de dispersão. Quando examinamos os hospitais ingleses que realizaram cirurgias cardíacas em crianças na década de 1990 e colocamos num gráfico a taxa de sobrevivência em relação ao número de casos, uma correlação elevada mostrou que hospitais maiores estavam *associados* a uma mortalidade mais baixa. Mas não podemos concluir que hospitais maiores *causavam* mortalidade mais baixa.

Essa atitude cautelosa tem uma história longa e qualificada. Em 1900, quando o recém-desenvolvido coeficiente de correlação de Pearson estava sendo discutido na revista *Nature*, um comentarista advertiu que "correlação não implica causalidade". Desde então, a frase tem sido um mantra enunciado repetidamente por estatísticos quando confrontados por alegações baseadas na simples observação de que duas coisas tendem a variar juntas. Existe até mesmo um site na internet que gera automaticamente associações idiotas, tais como uma deliciosa correlação de 0,96 entre o consumo anual per capita de mozarela nos Estados Unidos entre 2000 e 2009 e o número de títulos de doutorado em engenharia civil concedidos em cada um desses anos.[2]

Parece haver uma profunda necessidade humana de explicar as coisas que acontecem em termos de simples relações de causa-efeito — tenho certeza de que seríamos capazes de elaborar uma boa história sobre todos esses novos engenheiros se refestelando em pizzas. Existe até mesmo uma palavra para descrever a tendência de inventar razões para uma conexão entre eventos que na realidade não são relacionados: *apofenia*. O caso mais extremo é quando a culpa por um simples infortúnio ou falta de sorte é atribuída à má vontade, ou até mesmo à feitiçaria, de outra pessoa.

Infelizmente, ou talvez não, o mundo é um pouquinho mais complicado do que simples feitiçaria. E a primeira complicação aparece ao tentarmos elaborar o que entendemos por "causa".

Seja como for, o que é "causalidade"?

A causalidade é um tema amplamente debatido, o que talvez seja uma surpresa, uma vez que a coisa parece simples na vida real: quando fazemos uma coisa, ela leva a alguma outra coisa. A porta do carro fechou no meu dedo, e agora ele está doendo.

Mas como sabemos que meu dedo não estaria doendo de qualquer maneira? Talvez possamos pensar no que se conhece como **contrafactual**. Se eu não tivesse esquecido o dedo no caminho da porta do carro quando ela fechou, então ele não estaria doendo. Mas isso será sempre uma premissa, que requer que a história seja reescrita, já que nunca poderemos saber com certeza o que eu teria sentido (embora nesse caso eu esteja bastante certo de que meu dedo não começaria a doer sem mais nem menos por vontade própria).

A questão se torna ainda mais traiçoeira quando levamos em conta a inevitável variabilidade subjacente a tudo que é interessante na vida real. Hoje, por exemplo, os médicos concordam que fumar provoca câncer pulmonar, mas foram necessárias décadas até que chegassem a essa conclusão. Por que demorou tanto? Porque a maioria das pessoas que fumam não desenvolve esse tipo de câncer, enquanto há quem não fume e desenvolva a doença. Tudo que podemos dizer é que a probabilidade de desenvolver câncer de pulmão é maior quando se fuma do que quando não se fuma, e essa é uma das razões para tanto tempo ter passado até que leis para restringir o fumo fossem decretadas.

Então nossa ideia "estatística" de causalidade não é estritamente determinista. Quando dizemos que X causa Y, não estamos querendo dizer que toda vez que X ocorre, então Y também ocorrerá. Ou que Y somente ocorre se ocorrer X. Queremos dizer apenas que, se interviermos e forçarmos X a ocorrer, então Y tenderá a ocorrer com mais frequência. Assim, nunca podemos dizer que X causou Y num caso específico, apenas que X aumenta a proporção de vezes em que Y ocorre. Isso tem duas consequências vitais para aquilo que precisamos fazer se quisermos saber o que causa o quê. Primeiro, para inferir causalidade com confiança real, o ideal é intervir e realizar experimentos. Segundo, como este é um mundo estatístico ou estocástico, precisamos intervir mais que uma vez para acumular evidência.

E isso nos leva naturalmente a um tópico delicado: a realização de experimentos médicos em grandes quantidades de pessoas. É fato que poucos de nós apreciariam a ideia de estar participando de um experimento, sobretudo quando vida e morte estão envolvidas. Assim, é ainda mais impressionante que milhares de pessoas se mostrem dispostas a participar de estudos imensos nos quais nem elas nem seus médicos sabem qual tratamento lhes está sendo ministrado.

As estatinas reduzem ataques cardíacos e acidentes vasculares cerebrais?

Todo dia tomo um pequeno comprimido branco — uma estatina — porque me disseram que isso baixa o colesterol e assim reduz o risco de ocorrência de ataques cardíacos e AVCs. Mas qual é o efeito da estatina em mim pessoalmente? Tenho quase certeza de que ela reduz meu colesterol de baixa densidade (LDL), porque ele de fato diminuiu depois que comecei a tomar os comprimidos. Essa redução no LDL é um efeito direto, essencialmente determinista, que posso presumir que seja causado pela estatina.

Mas nunca saberei se esse ritual diário me faz algum bem no longo prazo; isso depende de qual das minhas muitas vidas futuras possíveis de fato vai ocorrer. Se eu nunca tiver um ataque cardíaco ou um AVC, jamais saberei se teria tido ou não uma complicação desse tipo sem os comprimidos, e se tomá-los não teria sido pura perda de tempo. Por outro lado, se eu tiver um ataque cardíaco ou um AVC, não saberei se o evento foi retardado pelo uso frequente da estatina. Tudo que posso saber é que, em média, a estatina beneficia um grupo grande de pessoas como eu, e que esse conhecimento é baseado numa série de experimentos clínicos.

O propósito de um experimento clínico é realizar um "teste honesto" que determine apropriadamente uma causalidade e estime o efeito médio de um novo tratamento médico, sem introduzir vieses que possam nos dar uma ideia errada de sua efetividade. Um experimento médico adequado deve obedecer idealmente aos seguintes princípios:

1. *Grupos de controle*: se queremos investigar o efeito das estatinas sobre uma população, não podemos simplesmente dá-las a algumas poucas pessoas e, então, ao observar que elas não tiveram um ataque cardíaco, afirmar que isso se deveu ao comprimido (apesar dos sites na internet que utilizam essa forma de raciocínio anedótico para vender seus produtos). Precisamos de um grupo de intervenção, que receberá estatinas, e um **grupo de controle**, que receberá comprimidos de açúcar ou **placebos**.
2. *Alocação do tratamento*: é importante comparar coisas parecidas, então os grupos de tratamento e de comparação precisam ser tão semelhantes quanto possível. O melhor jeito de assegurar isso é alocar participantes de maneira aleatória para serem tratados ou não, e então observar o que acontece com eles — isso é conhecido como **estudo randomizado controlado** (ou RTC, na sigla em inglês). Os estudos com estatinas fazem isso com pessoas suficientes para garantir que os dois grupos sejam similares em todos os fatores que possam de outra maneira influenciar

o resultado, inclusive — e isto é de extrema importância — *aqueles dos quais nada sabemos*. Esses estudos podem ser enormes: no Estudo de Proteção Cardíaca (EPC) realizado no Reino Unido no final dos anos 1990, 20 536 pessoas com risco elevado de ataque cardíaco ou AVC foram alocadas aleatoriamente para tomar 40 miligramas de sinvastatina ou um comprimido de mentira.[3]

3. *Devem-se contar todos os indivíduos nos grupos em que foram alocados*: as pessoas alocadas no grupo "estatina" do EPC foram incluídas na análise final *mesmo no caso de não terem tomado suas estatinas*. Isso é conhecido como o princípio da "intenção de tratar", e pode parecer meio estranho: significa que a estimativa final do efeito das estatinas na verdade mede o efeito da prescrição da estatina, e não da sua efetiva utilização. Na prática, é claro, as pessoas serão fortemente incentivadas a tomar os comprimidos ao longo do estudo — embora, depois de cinco anos no EPC, 18% dos que receberam estatinas tenham parado de tomá-las, enquanto 32% dos inicialmente alocados para um comprimido de placebo tenham começado a tomar estatinas durante o experimento. Como essas pessoas que mudam de tratamento tendem a turvar a diferença entre os grupos, podemos esperar que o efeito aparente numa análise da "**intenção de tratar**" seja menor do que o efeito de realmente tomar a droga.

4. *Se possível, as pessoas não devem saber em que grupo estão*: nos estudos com estatinas, tanto os comprimidos reais do medicamento quanto os de placebo tinham aspecto idêntico, de modo que os participantes não sabiam o tratamento que recebiam — um **teste cego**.

5. *Os grupos devem ser tratados de maneira igual*: se o grupo que recebeu estatinas fosse convidado a retornar para consultas hospitalares mais frequentes, ou examinado com mais cuidado, seria impossível separar os benefícios trazidos pelo medicamento dos benefícios ocasionados pela intensificação dos cuidados gerais. No EPC, os médicos não sabiam se os pacientes estavam tomando uma estatina de verdade ou um placebo, de modo que o teste era cego também para eles.

6. *Se possível, os encarregados de avaliar os resultados finais não devem saber que grupo de sujeitos estão examinando*: se um médico acredita que um

tratamento funciona, pode exagerar o benefício para o grupo de tratamento por meio de um viés inconsciente.
7. *Avaliar todos os indivíduos*: não se devem poupar esforços para acompanhar todos os indivíduos, pois pessoas que abandonam o estudo podem, por exemplo, tê-lo feito por causa dos efeitos colaterais da droga. O EPC teve um impressionante acompanhamento completo de 99,6% dos indivíduos depois de cinco anos. Os resultados estão na tabela 4.1.

Evento	Porcentagem em 10 267 pessoas que receberam um placebo	Porcentagem em 10 269 pessoas que receberam estatinas	Redução de risco (relativo) naqueles que receberam estatinas (%)
Ataque cardíaco	11,8	8,7	27%
AVC	5,7	4,3	25%
Morte por qualquer causa	14,7	12,9	13%

TABELA 4.1 Os resultados do Estudo de Proteção Cardíaca (EPC) em cinco anos, segundo o tratamento dispensado aos pacientes. A redução absoluta no risco de um ataque cardíaco foi de 11,8 − 8,7 = 3,1%. Assim, para cada 1000 pessoas que tomaram estatina, foram prevenidos cerca de 31 ataques cardíacos — isso significa que cerca de 30 pessoas tiveram que tomar estatinas por cinco anos para não sofrer um ataque cardíaco.

Aqueles que fizeram parte do grupo que recebeu estatinas claramente tiveram, em média, resultados melhores em termos de saúde; como os pacientes eram randomizados e, com exceção do medicamento, tratados de maneira idêntica, podemos presumir que esse seja um efeito causal relacionado à prescrição de estatina. Mas vimos que muitas pessoas na verdade não se ativeram ao tratamento para o qual foram alocadas, o que leva a alguma diluição da diferença entre os grupos: os pesquisadores do EPC estimam que o verdadeiro efeito da administração de estatina é cerca de 50% maior do que o mostrado na tabela 4.1.

Dois últimos pontos importantes:

8. *Não se apoiar num único estudo*: um único experimento com estatina pode nos dizer que a droga funcionou num grupo particular num lugar particular, mas conclusões robustas requerem múltiplos estudos.

9. *Revisar sistematicamente a evidência*: ao examinar experimentos múltiplos, é importante incluir qualquer estudo que tenha sido feito, e assim criar aquilo que se conhece como revisão sistemática. Os resultados podem então ser formalmente combinados numa **meta-análise**.

Por exemplo, uma revisão sistemática publicada em 2012 reuniu evidência proveniente de 27 estudos randomizados com estatinas, que incluíram mais de 170 mil pessoas com risco reduzido de doença cardiovascular.[4] Mas, em vez de focalizar a diferença entre os grupos que receberam estatinas e os grupos de controle, os pesquisadores estimaram o efeito de reduzir o LDL. Em essência, eles assumiram que o efeito das estatinas é obtido com a troca de lipídeos sanguíneos e basearam seus cálculos na redução média de LDL observada em cada experimento, o que permite levar em conta qualquer inobservância do tratamento prescrito. Com essa premissa adicional sobre o mecanismo por meio do qual as estatinas beneficiam a nossa saúde, eles puderam estimar o efeito da efetiva ingestão do remédio, e concluíram ter havido uma redução de 21% em eventos vasculares sérios para uma redução de 1 mmol/L (milimol por litro) no colesterol LDL. O que para mim é o suficiente para continuar tomando meus comprimidos.*

Até aqui, ignoramos a possibilidade de que qualquer relação observada não seja absolutamente causal, mas simples resultado do acaso. A maioria das drogas no mercado tem efeitos apenas moderados, e ajuda somente uma pequena minoria das pessoas que as tomam; seu benefício geral só pode ser confiavelmente detectado por estudos amplos, meticulosos e randomizados. Os experimentos com estatinas são enormes, sobretudo quando reunidos numa meta-análise, o que significa que os resultados aqui discutidos não podem ser atribuídos a uma variação fortuita. (Veremos como verificar isso no capítulo 10.)

---

* Para pessoas com meu risco basal e sem nenhuma doença prévia, é estimada uma redução de 25% no risco de eventos vasculares sérios por redução de 1 mmol/L no LDL. Meu LDL caiu 2 mmol/L depois que comecei a tomar estatinas, então isso deve significar que o meu comprimido diário altera meu risco anual de ataque cardíaco ou AVC por um fator de cerca de $0{,}75 \times 0{,}75 = 0{,}56$, ou uma redução equivalente de 44% do meu risco. Como eu tinha uma chance aproximada de 13% de sofrer um ataque cardíaco ou AVC em dez anos, a administração de estatinas reduziria esse valor a 7%. Isso significa que, para mim, a prescrição do medicamento vale a pena — e valerá ainda mais se eu efetivamente tomar o remédio.

Preces são efetivas?

A lista dos princípios a observar em estudos randomizados controlados não é nova: eles foram quase todos introduzidos em 1948, naquele que costuma ser considerado o primeiro estudo clínico feito de maneira correta. Na ocasião, a substância estudada foi a estreptomicina, uma droga prescrita para a tuberculose. A decisão de alocar pacientes de maneira aleatória para receber ou não esse tratamento potencialmente salvador de vidas mostrou-se temerária, mas o fato de não haver na época medicamento em quantidade suficiente para todos no Reino Unido ajudou um pouco, de modo que a alocação randomizada pareceu uma forma justa e ética de decidir quem deveria ou não receber a droga. Depois de todo esse tempo, porém, e de milhares de estudos randomizados controlados, as pessoas ainda podem ficar surpresas ao saber que decisões médicas sobre qual tratamento é recomendado para cada indivíduo — mesmo aqueles mais dramáticos, como uma lumpectomia ou uma radical mastectomia para câncer de mama — foram essencialmente tomadas com base num cara ou coroa (ainda que utilizando uma moeda metafórica corporificada num software gerador de números aleatórios).*

Na prática, porém, o processo de alocar tratamentos em estudos costuma ser mais complexo do que uma simples randomização caso a caso, uma vez que desejamos assegurar que todos os tipos de pessoas sejam igualmente representados nos grupos que recebem diferentes tratamentos. Por exemplo, pode ser que queiramos ter aproximadamente o mesmo número de pessoas mais velhas de alto risco para receber estatinas e placebos. Essa ideia veio de experimentos na agricultura — de onde se originaram muitas das ideias dos estudòs randomizados — em grande parte guiados pelo trabalho de Ronald Fisher (de quem falaremos mais tarde). Um campo de cultivo extenso, por exemplo, era dividido em lotes individuais, e então

---

* Talvez seja ainda mais surpreendente, e animador, que tanta gente tenha concordado em participar de um experimento para o benefício exclusivo de futuros pacientes.

cada lote recebia um fertilizante diferente. Mas as várias partes do campo podiam ter diferenças sistemáticas, devido a fatores como drenagem, sombra e outros, e assim o primeiro campo era dividido em "blocos" contendo lotes aproximadamente similares. A randomização era então organizada de maneira a garantir que cada bloco contivesse um número igual de lotes recebendo cada fertilizante, implicando, por exemplo, que os tratamentos eram equilibrados dentro de áreas alagadiças.

Certa vez trabalhei num estudo randomizado comparando métodos alternativos de correção de hérnias: cirurgia "aberta" padrão versus cirurgia laparoscópica ou "pouco invasiva". Havia uma desconfiança de que a habilidade da equipe pudesse aumentar durante o experimento, então era essencial que os dois tratamentos fossem balanceados o tempo todo à medida que o experimento avançasse. Assim, dividi a sequência de pacientes em blocos de 4 e 6, assegurando-me de que fossem igualmente randomizados em cada tratamento dentro de cada bloco. Naquele tempo os tratamentos eram impressos em pequenas folhas de papel, que eu dobrava e colocava em envelopes pardos numerados. Lembro-me de observar pacientes deitados na maca pré-operatória, sem ter a menor ideia de qual tratamento receberiam, enquanto o anestesista abria o envelope para revelar o que aconteceria com cada um deles, e em particular se voltariam para casa com uma grande cicatriz ou uma série de pequenos furos.

Os estudos randomizados tornaram-se o padrão-ouro para testar novos tratamentos médicos, e agora estão sendo cada vez mais usados para estimar os efeitos de novas políticas de educação e segurança pública. No Reino Unido, por exemplo, a Behavioural Insights Team tomou um grupo de alunos prestando exames de conclusão do ensino médio e alocou aleatoriamente metade deles para receber mensagens de texto regulares que os incentivassem em seus estudos — e estes obtiveram um índice de aprovação 27% superior aos que não receberam mensagens. Os mesmos pesquisadores observaram ainda uma variedade de efeitos positivos num estudo randomizado com câmeras de vídeo presas ao corpo de policiais, tais como menos pessoas sendo desnecessariamente paradas e revistadas.[5]

Estudos foram conduzidos até mesmo para determinar a efetividade de preces. No Reino Unido, por exemplo, o Estudo de Efeitos Terapêuticos da Prece Intercessora alocou aleatoriamente mais de 1800 pacientes que passaram por cirurgias de ponte de safena em três grupos: os pacientes nos grupos 1 e 2, respectivamente, recebiam e não recebiam preces em seu favor, mas não sabiam o que estava acontecendo; os pacientes do grupo 3 sabiam que estavam recebendo orações em seu favor. Concluído o estudo, o único efeito visível observado foi um pequeno *aumento* nas complicações dos pacientes do grupo que sabia que estava recebendo preces. Um dos pesquisadores comentou: "Isso pode tê-los deixado inseguros, perguntando-se 'Será que estou tão doente que eles precisaram convocar essa equipe de orações?'".[6]

A principal inovação recente nos estudos randomizados diz respeito ao teste A/B, focado no design de páginas da internet; nesse teste, os usuários são direcionados (sem seu conhecimento) para layouts alternativos de páginas na web, e então são feitas medições do tempo gasto nas páginas, cliques em anúncios de publicidade e assim por diante. Uma série de testes A/B pode levar rapidamente a um design otimizado, e o imenso tamanho das amostras significa que efeitos pequenos, mas ainda potencialmente lucrativos, podem ser detectados com confiança. Por isso, toda uma nova comunidade teve que aprender sobre os designs experimentais, inclusive sobre os perigos de fazer comparações múltiplas, os quais veremos no capítulo 10.

O que fazemos quando não podemos randomizar?

Por que homens idosos têm orelhas grandes?

Randomizar é fácil quando tudo que os pesquisadores precisam fazer é mudar um site na internet: não há esforço para recrutar os participantes, já que eles nem sequer sabem que estão participando de um experimento, e não há necessidade de obter aprovação ética para usá-los como cobaias.

Mas muitas vezes a randomização é difícil, e às vezes impossível: não podemos testar o efeito dos nossos hábitos escolhendo ao acaso pessoas para fumar ou fazer dietas não saudáveis (mesmo que tais experimentos sejam realizados em animais). Quando os dados não surgem de um experimento, diz-se que são observacionais. Então, com frequência, resta-nos tentar da melhor maneira possível distinguir entre correlação e causalidade usando um bom delineamento e princípios estatísticos aplicados a dados observacionais, tudo isso combinado com uma boa dose de ceticismo.

A questão das orelhas em homens idosos pode ser bem menos importante que alguns dos tópicos neste livro, mas ilustra a necessidade de escolher delineamentos de estudo apropriados para responder às perguntas de pesquisa. Segundo uma abordagem de resolução de problemas baseada no ciclo PPDAC, o Problema é que, certamente com base na minha observação pessoal, homens idosos muitas vezes parecem ter orelhas grandes. Mas por quê? Um Plano óbvio seria verificar se, na população contemporânea, a idade está correlacionada com o tamanho das orelhas de adultos. Grupos de médicos pesquisadores no Reino Unido e no Japão já coletaram esses Dados num **estudo de corte transversal**: sua Análise mostrou uma clara correlação positiva e sua Conclusão foi que o tamanho das orelhas estava associado à idade.[7]

O desafio então é tentar explicar essa associação. Será que as orelhas continuam crescendo com a idade? Ou será que pessoas que são velhas agora sempre tiveram orelhas maiores e algum evento ocorrido nas últimas décadas fez com que as gerações mais recentes tivessem orelhas menores? Ou será que homens com orelhas menores por algum motivo simplesmente morrem mais cedo? Segundo uma crença tradicional chinesa, orelhas grandes predizem uma vida mais longa. É preciso ter um pouco de imaginação para pensar que tipo de estudo poderia testar essas ideias. Um **estudo de coorte prospectivo** acompanharia homens jovens ao longo da vida, medindo suas orelhas para verificar se cresceram, ou se aqueles com orelhas menores morreram mais cedo. Isso levaria bastante tempo, então um **estudo de coorte retrospectivo** poderia pegar homens que são velhos agora e tentar estabelecer se suas orelhas cresceram, talvez usando evidência fotográfica passada. Um **estudo caso-controle** poderia pegar homens que morreram, descobrir homens vivos semelhantes em termos de idade e de outros fatores conhecidos por prever a longevidade, e verificar se estes tinham orelhas maiores.*

E assim o ciclo de resolução de problemas poderia recomeçar.

O que podemos fazer quando observamos uma associação?

É aqui que se faz necessária alguma imaginação estatística, e pode ser um exercício divertido tentar adivinhar os motivos pelos quais uma correlação observada pode ser espúria. Alguns casos são bem fáceis: a estreita correlação entre o consumo de mozarela e o número de doutores em engenharia civil provavelmente se deve ao fato de ambas as medidas estarem aumentando ao longo do tempo. De maneira semelhante, qualquer correlação entre a venda de sorvetes e afogamentos deve-se ao fato de ambos serem influenciados pelo clima. Quando uma aparente associação entre dois resultados pode ser explicada por um fator comum que influencie ambos, essa causa comum é conhecida como **confundidor, ou variável de confusão**: tanto o ano quanto o clima são potenciais confundidores, já que podem ser registrados e considerados nas análises.

A técnica mais simples para lidar com variáveis de confusão é examinar a relação aparente dentro de cada nível do confundidor. Isso é conhecido como **ajuste, ou estratificação**. Assim, por exemplo, poderíamos explorar a relação entre afogamentos e venda de sorvetes em dias com mais ou menos a mesma temperatura.

Mas o ajuste pode produzir alguns resultados paradoxais, como mostra uma análise de índices de admissão por gênero na Universidade de Cambridge. Em 1996, o índice geral de admissão para cinco cursos em Cambridge era ligeiramente superior para homens (24% de 2470 candidatos) do que para mulheres (23% para 1184 candidatas). Os cursos em questão eram todos nas

---

*Infelizmente, é improvável que qualquer uma dessas propostas consiga atrair financiamento.

áreas de ciência, tecnologia, engenharia e matemática, que, historicamente, têm sido dominadas pelo sexo masculino. Seria esse um caso de discriminação de gênero?

Observemos com atenção a tabela 4.2. Embora o índice geral de admissão fosse mais elevado para os homens, o índice de admissão em cada curso individual era mais elevado para as mulheres. Como esse aparente paradoxo é possível? A explicação é que as mulheres tinham maior probabilidade de se candidatar a cursos mais populares, e portanto mais competitivos, com índice de admissão mais baixo, como medicina e veterinária, e tendiam a não se candidatar a engenharia, que tem o maior índice de admissão. Nesse caso, portanto, poderíamos concluir que não há evidência de discriminação.

Isso é conhecido como o **paradoxo de Simpson**, que ocorre quando o sentido aparente de uma associação é invertido por um confundidor, o que exige uma mudança completa na informação aparente dos dados. Os estatísticos se deleitam ao encontrar exemplos disso na vida real, cada um deles reforçando ainda mais a cautela exigida na interpretação de dados observacionais. No entanto, isso mostra a percepção adquirida ao se dividirem os dados segundo fatores que possam ajudar a explicar associações observadas.

	Mulheres			Homens		
	Candidatas	Admitidas	%	Candidatos	Admitidos	%
Ciência da computação	26	7	27%	228	58	25%
Economia	240	63	26%	512	112	22%
Engenharia	164	52	32%	972	252	26%
Medicina	416	99	24%	578	140	24%
Veterinária	338	53	16%	180	22	12%
TOTAL	1184	274	23%	2470	584	24%

TABELA 4.2 Ilustração do paradoxo de Simpson usando dados de admissão em Cambridge em 1996. De maneira geral, o índice de aceitação foi superior para os homens. Mas, em cada curso, o índice de aceitação foi mais alto para as mulheres.

A presença de um supermercado da rede Waitrose perto de casa aumenta o valor do seu imóvel em 36 mil libras?

Em 2017, os meios de comunicação britânicos reportaram credulamente que ter um supermercado da rede Waitrose perto de casa "aumenta em 36 mil libras" o valor do imóvel.[8] Mas o estudo em que essa afirmação se baseou não foi concebido para analisar a variação dos preços das casas após a abertura de uma nova loja da rede, e decerto a Waitrose não randomizou experimentalmente a localização de seus novos pontos de venda: o estudo tratava tão somente da correlação entre preços de casas e a proximidade de supermercados, sobretudo supermercados finos como os da Waitrose.

É praticamente certo que a correlação observada reflete a política da Waitrose de abrir novas lojas nos bairros mais ricos, sendo portanto um belo exemplo de que a real cadeia de causalidade é na verdade oposta ao que foi alegado. Não surpreende que isso seja conhecido como **causalidade reversa**. Exemplos mais sérios podem ser observados em estudos que examinam a relação entre o consumo de álcool e efeitos para a saúde, que costumam revelar que não consumidores têm taxas de mortalidade substancialmente superiores às de consumidores moderados. Como é possível que isso faça sentido, considerando nosso conhecimento sobre o impacto do álcool no fígado, por exemplo? Essa relação tem sido parcialmente atribuída a uma causalidade reversa — as pessoas com maior propensão a morrer não bebem porque já estão doentes (talvez por terem bebido excessivamente no passado). Hoje análises mais criteriosas excluem ex-consumidores e ignoram eventos de saúde adversos ocorridos nos primeiros anos do estudo, uma vez que estes podem se dever a condições preexistentes. Em todo caso, mesmo com essas exclusões parece ainda haver um benefício geral à saúde associado a um consumo moderado de álcool, embora a questão continue a ser controversa.

Outro exercício divertido é tentar inventar uma narrativa de causalidade reversa para qualquer argumento estatístico baseado apenas em correlação. Meu favorito é um estudo que revela uma associação entre o consumo de refrigerantes pelos adolescentes americanos e sua tendência para a violência: embora um jornal tenha reportado o fato sob a manchete "Refrigerantes tornam os adolescentes violentos",[9] quem sabe não é igualmente plausível que a violência provoque sede? De maneira ainda mais plausível, poderíamos pensar em alguns fatores comuns capazes de influenciar ambos os comportamentos, como o pertencimento a um grupo particular de amigos. Causas comuns potenciais que nós não mensuramos são conhecidas como **fatores ocultos**, assim chamados porque permanecem escondidos no pano de fundo, não são incluídos em nenhum ajuste e ficam à espera de uma oportunidade para ensejar conclusões ingênuas a partir de dados observacionais.

Eis mais alguns exemplos de como seria fácil acreditar num vínculo causal quando existe algum outro fator influenciando os acontecimentos:

- Muitas crianças são diagnosticadas com autismo logo depois de serem vacinadas. A vacinação causa autismo? Não. Esses são eventos que ocorrem mais ou menos na mesma idade, e portanto é inevitável que haja algumas ocorrências coincidentemente próximas.
- Do número total de pessoas que morrem todos os anos, existe uma proporção menor de canhotos do que ocorre na população geral. Será que isso significa que os canhotos vivem mais tempo? Não. Isso acontece porque as pessoas que estão morrendo agora nasceram numa época em que as crianças eram forçadas a escrever com a mão direita, de modo que simplesmente há menos canhotos mais velhos.[10]
- A média de idade na qual morrem os papas é maior que a da população geral. Será que isso significa que ser papa ajuda a pessoa a viver mais tempo? Não. Os papas são escolhidos dentro de um grupo de homens que não morreram jovens (de outro modo não poderiam ser candidatos).[11]

São tantos os truques em que podemos ser apanhados que poderíamos pensar que é praticamente impossível tirar conclusões sobre causalidade a partir de qualquer outra coisa que não estudos randomizados. No entanto, e talvez por ironia do destino, essa visão foi contestada justamente pelo homem responsável pela realização do primeiro estudo clínico randomizado moderno.

Podemos tirar conclusões sobre causalidade a partir de dados observacionais?

O britânico Austin Bradford Hill foi um brilhante expoente da estatística aplicada e esteve na vanguarda de dois avanços científicos que transformaram o mundo: ele não só delineou o estudo clínico com a estreptomicina mencionado no início deste capítulo, que basicamente estabeleceu os padrões para todos os estudos randomizados controlados que vieram depois, como, nos anos 1950, junto com Richard Doll, conduziu a pesquisa que acabou confirmando o elo entre o fumo e o câncer de pulmão. Em 1965, Bradford Hill estabeleceu uma lista de critérios a serem considerados antes que se possa concluir pela relação de causalidade, em um vínculo observado, entre a **exposição** a um evento e um resultado, sendo que essa exposição poderia compreender qualquer coisa, desde substâncias químicas no meio ambiente até hábitos como fumar ou não fazer exercícios físicos.

Esses critérios foram posteriormente muito debatidos; a versão que apresento abaixo foi desenvolvida por Jeremy Howick e colegas, e separada em grupos que eles chamam de evidência direta, mecanicista e paralela.[12]

Evidência direta:

1. O tamanho do efeito é tão grande que não pode ser explicado por nenhum confundidor plausível.
2. Existe apropriada proximidade temporal e/ou espacial, no sentido de que a causa precede o efeito e este ocorre após um intervalo plausível, e/ou a causa ocorre ao mesmo tempo que o efeito.
3. Responsividade e reversibilidade da dose: o efeito aumenta à medida que a exposição aumenta, e a evidência é ainda mais forte se o efeito é reduzido com a redução da dose.

Evidência mecanicista:

4. Existe um mecanismo de ação plausível, que pode ser biológico, químico ou mecânico, com evidência externa para uma "cadeia causal".

Evidência paralela:

5. O efeito se encaixa naquilo que já é conhecido.
6. O efeito é encontrado quando o estudo é replicado.
7. O efeito é encontrado em estudos similares, mas não idênticos.

Essas diretrizes poderiam permitir que a causalidade fosse determinada a partir de evidências circunstanciais, mesmo na ausência de um estudo randomizado. Percebeu-se que úlceras bucais, por exemplo, ocorrem depois que se esfrega aspirina no interior da boca, digamos para aliviar uma dor de dente. O efeito é notável (obedece à diretriz 1), ocorre no local onde se esfrega (2), é uma resposta plausível para um composto ácido (4), não é contradito pela ciência corrente e se assemelha ao efeito conhecido da aspirina como causadora de úlceras estomacais (5), e tem sido observado de maneira repetida em múltiplos pacientes (6). Assim, cinco das sete diretrizes são satisfeitas, sendo que as duas restantes não foram testadas. Logo, é razoável concluir que há uma genuína reação adversa à droga.

Os critérios de Bradford Hill aplicam-se a conclusões científicas gerais para populações. Mas também podemos estar interessados em casos individuais, por exemplo em situações de litígio civil nas quais um tribunal precisa decidir se determinada exposição (digamos o amianto encontrado num trabalho) ocasionou um resultado negativo numa pessoa específica (digamos o câncer pulmonar de John Smith). Jamais será possível determinar com absoluta segurança que o amianto foi a causa do câncer, uma vez que não se pode provar que o câncer não teria ocorrido da mesma forma sem a exposição a ele. Alguns tribunais, no entanto, têm entendido que, no "balanço de probabilidades", um vínculo causal direto é estabelecido quando o risco relativo associado à exposição é maior que dois. Mas por que dois?

Presumivelmente, o raciocínio por trás dessa conclusão é o seguinte:

1. Suponhamos que, em circunstâncias normais, a cada 1000 homens como John Smith, 10 estejam fadados a desenvolver câncer de pulmão. Se o

amianto mais que dobrar esse risco, e se esses 1000 homens forem expostos à substância, então talvez 25 desenvolvam a doença.
2. Assim, entre aqueles que foram expostos à substância e acabaram desenvolvendo o câncer, menos da metade teria tido a doença caso não houvesse ocorrido a exposição.
3. Logo, mais da metade dos casos de câncer pulmonar nesse grupo teria sido causada pela exposição ao amianto.
4. Como John Smith pertence a esse grupo, então, com base no balanço de probabilidades, seu câncer foi causado pela exposição à substância.

Esse tipo de argumento levou ao surgimento de uma nova área de estudos conhecida como **epidemiologia forense**, que busca utilizar evidências derivadas de populações para extrair conclusões sobre o que poderia ter motivado a ocorrência de eventos individuais. Na verdade, o surgimento dessa disciplina foi forçado por pessoas em busca de indenizações, mas trata-se de uma área muito desafiadora para o raciocínio estatístico sobre causalidade.

No CAMPO DA ESTATÍSTICA, continua a não haver consenso sobre a maneira apropriada de lidar com a causalidade, quer diga respeito a medicamentos ou orelhas grandes, e sem estudos randomizados é praticamente impossível chegar a quaisquer conclusões com confiança. Uma abordagem imaginativa tira proveito do fato de que muitos genes estão espalhados essencialmente ao acaso pela população; assim, é como se tivéssemos sido randomizados para a nossa versão específica no momento de nossa concepção. Isso é conhecido como randomização mendeliana, em homenagem a Gregor Mendel, que desenvolveu a ideia moderna de genética.[13]

Outros métodos estatísticos avançados foram desenvolvidos para tentar ajustar o impacto de potenciais confundidores, e assim chegar mais perto de uma estimativa do efeito real de uma exposição. Esses métodos se baseiam, em grande parte, na importante ideia da análise de regressão. E, no que diz respeito a isso, precisamos reconhecer, mais uma vez, a fértil imaginação de Francis Galton.

RESUMO

- Causalidade, no sentido estatístico, significa que, quando fazemos intervenções, as chances de obter resultados diferentes são sistematicamente modificadas.
- É difícil estabelecer a causalidade estatisticamente; para isso, os estudos randomizados bem concebidos são a melhor ferramenta de que dispomos.
- Princípios como teste cego e intenção de tratar permitiram que estudos clínicos em larga escala identificassem efeitos moderados, porém importantes.
- Dados observacionais podem incluir fatores de fundo que influenciam as relações aparentemente observadas entre uma exposição e um resultado; eles podem ser ou confundidores observados ou fatores ocultos.
- Existem métodos estatísticos para ajustar os resultados levando em conta outros fatores, mas é preciso ter sempre cautela quanto ao nível de certeza com que é possível estabelecer uma relação de causalidade.

5. Modelagem de relações usando regressão

As ideias apresentadas nos capítulos anteriores nos permitem visualizar e sintetizar um conjunto único de números, e também examinar associações entre pares de variáveis. Essas técnicas básicas podem nos conduzir por um caminho notavelmente longo, porém os dados modernos costumam ser bem mais complexos. Com frequência haverá uma lista de variáveis possivelmente relacionadas, uma das quais estamos interessados em explicar ou predizer, seja ela o risco de um indivíduo desenvolver câncer ou a população futura de um país. Neste capítulo vamos examinar o importante conceito de **modelo estatístico**, que é uma representação formal das relações entre variáveis, que podemos utilizar para fornecer as explicações ou predições desejadas. Isso inevitavelmente implica introduzir algumas ideias matemáticas, mas os conceitos básicos devem ficar claros sem o uso da álgebra.

Mas primeiro retornemos a Francis Galton, que tinha o clássico e obsessivo interesse dos cientistas da era vitoriana em coletar dados; incitar a sabedoria das multidões para descobrir o peso de um boi foi apenas um exemplo. Galton usou suas observações para fazer previsões meteorológicas, avaliar a eficácia de preces e até mesmo comparar a beleza relativa de jovens moças em diferentes partes do país.* Ele também compartilhava da fixação de seu primo Charles Darwin sobre a hereditariedade, e se propôs a investigar de que forma características pessoais mudam entre as gerações. Estava particularmente interessado na seguinte questão:

---

* Segundo Galton, "encontrei em Londres o mais alto nível de beleza; em Aberdeen, o mais baixo".

Utilizando a altura dos pais, como podemos predizer a altura de um filho adulto?

Em 1886, Galton apresentou os dados de altura de um grande grupo de pais e filhos adultos cuja síntese estatística é mostrada na tabela 5.1.[1] Sua amostra exibia alturas semelhantes às dos adultos contemporâneos (em 2010, a altura média de mulheres e homens adultos no Reino Unido era de respectivamente 1,60 e 1,76 metro), o que sugere que os participantes de seu estudo eram bem-nutridos e de situação socioeconômica mais elevada.

	Número	Média	Mediana	Desvio-padrão
Mães	197	162,5	162,5	6,1
Pais	197	176,0	176,5	6,6
Filhas	433	162,8	162,5	6,1
Filhos	465	175,8	175,8	6,6

TABELA 5.1 Síntese estatística da altura (em centímetros) de 197 pares de pais e sua prole adulta, registrada por Galton em 1886. Mesmo sem colocar os dados num gráfico, a proximidade da média e da mediana sugere uma distribuição simétrica de dados.

A figura 5.1 mostra um gráfico de dispersão da altura de 465 filhos (do sexo masculino) em relação à altura dos pais (homens). Essas alturas estão claramente correlacionadas, com uma correlação de Pearson de 0,39. E se quiséssemos predizer a altura de um filho a partir da altura do pai? Poderíamos começar escolhendo uma linha reta para fazer as nossas predições, uma vez que isso nos possibilitará, para a altura de qualquer pai, fazer um cálculo estimado da estatura do filho. Nossa intuição imediata talvez fosse usar uma linha diagonal de "igualdade", de modo que pudéssemos predizer a altura de um filho adulto como igual à do pai [ver a linha diagonal pontilhada em cinza na figura 5.1]. Mas acontece que podemos melhorar essa escolha.

Para qualquer linha reta que escolhamos, cada ponto de dados originará um **resíduo** (as linhas verticais tracejadas no gráfico), que é o tamanho do erro caso usássemos a reta para predizer a altura de um filho a partir da altura do pai. Queremos uma reta que reduza esses resíduos, e a técnica padrão é escolher uma reta de ajuste de **mínimos quadrados**, para a qual a soma dos quadrados dos resíduos é a menor.* A fórmula para essa reta é objetiva (ver o Glossário) e foi desenvolvida pelo matemático francês Adrien-Marie Legendre e por Carl Friedrich Gauss no final do século XVIII.

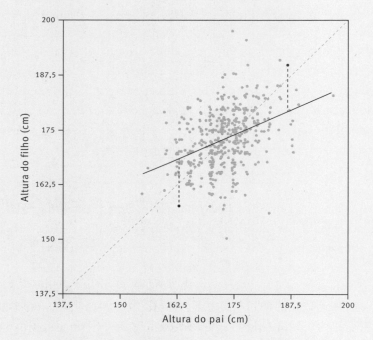

FIGURA 5.1 Gráfico de dispersão das alturas de 465 pais e filhos a partir dos dados de Galton (muitos pais são repetidos, uma vez que têm vários filhos). Introduzimos aqui um leve deslocamento para evitar a sobreposição de pontos, e a linha diagonal tracejada representa a igualdade exata entre as alturas de pai e filho. A linha cheia é a reta-padrão de "melhor ajuste". Cada ponto dá origem a um resíduo (linha vertical tracejada), que é o valor do erro se usássemos a reta para predizer a altura de um filho a partir da altura do pai.

---

* Seria possível ajustar uma reta que minimizasse a soma dos valores absolutos dos resíduos, em vez da soma de seus quadrados, mas isso seria quase impossível sem um computador moderno.

A reta é geralmente conhecida como a predição de "melhor ajuste" que podemos fazer sobre a altura de um filho, conhecendo a altura do pai.

A reta de predição dos mínimos quadrados na figura 5.1 passa pelo meio da nuvem de pontos, representando os valores médios para as alturas de pais e filhos, mas não segue a reta diagonal da "igualdade": está claramente abaixo da reta de igualdade para pais que são mais altos que a média, e acima da reta de igualdade para pais mais baixos do que a média. Isso significa que pais altos tendem a ter filhos ligeiramente mais baixos, enquanto pais baixos tendem a ter filhos ligeiramente mais altos. Galton chamou esse fenômeno de "regressão à mediocridade", mas ele é hoje conhecido como **regressão à média**, e vale também para mães e filhas: mães mais altas tendem a ter filhas mais baixas, e vice-versa. Isso explica a origem do termo que aparece no título deste capítulo: qualquer processo de ajuste de retas ou curvas aos dados acabou vindo a ser chamado de "regressão".

Na análise básica de regressão, a variável dependente é a grandeza que queremos predizer ou explicar, geralmente compondo o eixo vertical y de um gráfico, e sendo também conhecida como variável resposta. Por outro lado, a variável independente é a grandeza que usamos para fazer a predição ou explicação, em geral compondo o eixo horizontal x de um gráfico, e sendo também conhecida como variável explicativa. O gradiente — ângulo de inclinação — também é conhecido como **coeficiente de regressão**.

A tabela 5.2 mostra as correlações entre as alturas de pais e mães e as de seus filhos e filhas, e os gradientes das retas de regressão.* Existe uma relação simples entre os gradientes, o coeficiente de correlação de Pearson e os desvios-padrão das variáveis.** Na verdade, os desvios-padrão das variáveis independente e dependente são os mesmos, de modo que o gradiente é simplesmente o coeficiente de correlação de Pearson, o que explica sua semelhança na tabela 5.2.

---

* Por exemplo, prediríamos a altura de uma filha pela fórmula: altura média de todas as filhas + 0,33 × (altura da mãe − altura média de todas as mães).
** Ver, no Glossário, a entrada para mínimos quadrados.

	Correlação de Pearson	Gradiente de regressão da prole em relação ao genitor
Mães e filhas	0,31	0,33
Pais e filhos	0,39	0,45

TABELA 5.2 Correlações entre a altura da prole adulta e do genitor do mesmo gênero, e gradientes de regressão da prole em relação à altura do genitor.

O significado desses gradientes depende inteiramente das nossas premissas sobre a relação entre as variáveis sendo estudadas. Para dados de correlação, o gradiente indica quanto seria de esperar que a variável dependente se alterasse, em média, se observarmos a diferença de uma unidade para a variável independente. Por exemplo, se Alice for um centímetro mais alta que Betty, podemos predizer que a filha adulta de Alice será 0,33 centímetro mais alta do que a filha adulta de Betty. É claro que não devemos esperar que essa predição corresponda precisamente à diferença real de alturas, mas é o melhor palpite que podemos dar com os dados disponíveis.

Se, no entanto, assumíssemos uma relação *causal*, então o gradiente teria uma interpretação muito diferente — seria a alteração esperada na variável dependente caso interviéssemos e mudássemos a variável independente para um valor uma unidade acima. Esse não é decididamente o caso para alturas, uma vez que estas não podem ser alteradas por meios experimentais, ao menos em adultos. Mesmo com os critérios de Bradford Hill delineados anteriormente, os estatísticos costumam relutar em atribuir relações de causalidade sem que tenha havido um experimento — muito embora o cientista da computação Judea Pearl e outros tenham feito um grande progresso no estabelecimento de princípios para a construção de modelos de regressão causal a partir de dados observacionais.[2]

Retas de regressão são modelos

A reta de regressão que ajustamos entre as alturas de pais e filhos é um exemplo bem básico de modelo estatístico. O Federal Reserve dos Estados

Unidos define um modelo como uma "representação de algum aspecto do mundo que se baseia na simplificação de premissas": em essência, trata-se da representação matemática de algum fenômeno, em geral embutida num software de computador, para produzir uma versão simplificada e "simulada" da realidade.[3]

Modelos estatísticos possuem duas componentes principais. Primeiro, uma fórmula matemática que expressa uma componente determinista, previsível, por exemplo a linha reta ajustada que nos permite prever a altura de um filho a partir da altura do pai. Mas a parte determinista de um modelo não será uma representação perfeita do mundo observado. Como vimos na figura 5.1, há uma grande dispersão de alturas em volta da reta de regressão, e a diferença entre o que o modelo prediz e o que realmente acontece é a segunda componente de um modelo, conhecida como **erro residual** — embora seja importante lembrar que "erro", em modelagem estatística, não significa um engano, mas a inevitável incapacidade de um modelo de representar exatamente o que observamos. Assim, em suma, presumimos que

$$\text{observação} = \text{modelo determinista} + \text{erro residual}$$

Essa fórmula pode ser interpretada como uma afirmação de que, no mundo estatístico, o que observamos e medimos ao nosso redor pode ser considerado como a soma de uma forma matemática idealizada e alguma contribuição aleatória que ainda não pode ser explicada. Essa é a clássica **ideia do sinal e do ruído**.

Radares de velocidade reduzem acidentes?

Esta seção contém uma lição simples: o fato de agirmos e alguma coisa ser modificada não quer dizer que fomos responsáveis pelo resultado. Os seres humanos parecem ter dificuldade em apreender essa verdade simples — estamos sempre dispostos a elaborar narrativas para explicar as coisas, e ainda mais se estivermos no centro delas. É claro que às vezes essas interpretações são verdadeiras — se você liga um interruptor e a luz acende, então geralmente é você o responsável. Mas às vezes fica claro que nossas ações não são responsáveis por um resultado: se você sai sem guarda-chuva e começa a chover, a culpa não é sua (embora a sensação possa ser essa). As consequências de muitas de nossas ações, no entanto, não são tão bem definidas. Suponhamos que você tenha uma dor de cabeça, tome uma aspirina e a dor de cabeça passe. Como é possível ter a certeza de que ela não teria passado mesmo que você não tivesse tomado o comprimido?

Temos uma forte tendência psicológica de atribuir mudanças a intervenções, o que torna traiçoeiras comparações do tipo "antes e depois". Um exemplo clássico são os radares de velocidade, que no Reino Unido tendem a ser instalados em locais nos quais houve acidentes recentes. Quando o índice de acidentes cai logo em seguida, essa mudança é atribuída à presença dos radares. Mas será que os índices não teriam caído de qualquer maneira?

Sequências de sorte (ou azar) não se prolongam para sempre, e no final as coisas acabam se ajeitando — isso também pode ser considerado como uma regressão à média, exatamente como pais altos com tendência a ter filhos mais baixos. Mas, se acreditarmos que essas sequências de sorte ou azar representam um estado constante de coisas, então concluiremos equivocadamente que a reversão ao normal é consequência de alguma intervenção que fizemos. Talvez tudo isso pareça bastante óbvio, mas essa ideia simples tem desdobramentos notáveis, tais como:

- Técnicos de futebol que são demitidos após uma sequência de derrotas, só para ver seus sucessores levando o crédito pela volta ao normal.
- Gerentes de fundos de investimentos cuja performance vai caindo depois que recebem gratificações (talvez na forma de enormes bônus) após alguns anos bons.
- A "Maldição da *Sports Illustrated*", na qual atletas aparecem na capa de uma revista importante logo após uma série de conquistas e em seguida veem seu desempenho desmoronar.

A sorte tem um papel considerável na posição ocupada pelos times na tabela de um campeonato, e uma consequência da regressão à média significa que é de se esperar que as equipes tenham bom desempenho num ano e declinem no ano seguinte, e que aquelas com mau desempenho melhorem a sua posição, sobretudo se forem relativamente bem equilibradas. De modo inverso, se vemos esse padrão de mudança, então podemos suspeitar que a regressão à média esteja operando, e não dar muita atenção às alegações da influência de, digamos, novos métodos de treinamento.

Mas não são apenas as equipes esportivas que são classificadas em tabelas de desempenho. Vejamos o exemplo das tabelas de educação do Programa Internacional de Avaliação de Alunos, que compara sistemas escolares de diferentes países em termos de matemática. Uma mudança de posição na tabela entre 2003 e 2012 tinha uma forte correlação negativa com a posição inicial, isto é: os países no topo tendiam a cair, e os da base, a subir. A correlação era de −0,60, enquanto cálculos teóricos mostram que, se a classificação fosse completamente ao acaso e somente a regressão à média estivesse operando, seria de se esperar que fosse de −0,71, não muito diferente do observado.[4] Isso sugere que as diferenças entre os países eram muito menores do que o alegado, e que mudanças de posição na tabela tinham pouco a ver com mudanças na filosofia de ensino.

A regressão à média também se aplica aos estudos clínicos. No capítulo anterior, vimos a necessidade de realizar estudos randomizados controlados para avaliar de maneira adequada a efetividade de novos medicamentos, uma vez que benefícios são observados até mesmo entre as pessoas no grupo de controle — o chamado efeito placebo. Muitas vezes, a interpretação para esse fenômeno é que o simples ato de tomar um comprimido de açúcar (de preferência vermelho) na verdade já é suficiente para provocar um efeito benéfico sobre a saúde das pessoas. Mas grande parte da melhora observada em pessoas que não receberam qualquer tratamento ativo pode ter a ver com a regressão à média, uma vez que pacientes são recrutados para ensaios clínicos quando exibem sintomas, muitos dos quais teriam passado de qualquer maneira.

Assim, se quisermos descobrir o efeito genuíno de instalar radares de velocidade em locais de acidentes, devemos seguir a abordagem usada para avaliar medicamentos e dar o ousado passo de alocar aleatoriamente os radares. Quando estudos desse tipo foram feitos, estimou-se que cerca de dois terços do aparente benefício advindo dos radares devia-se na verdade à regressão à média.[5]

Lidar com mais de uma variável explicativa

Desde as primeiras pesquisas de Galton, houve muitas extensões para a ideia básica de regressão, amplamente auxiliadas pela computação moderna. Esses desenvolvimentos incluem:

- ter muitas variáveis explicativas;
- variáveis explicativas que são categorias em vez de números;
- ter relações que não são linhas retas e adaptam-se flexivelmente ao padrão dos dados;
- variáveis de resposta que não são variáveis contínuas, tais como proporções e contagens.

Como exemplo de mais de uma variável explicativa, podemos examinar como a altura de um filho ou filha está relacionada com a altura do pai *e* da mãe. A dispersão dos pontos de dados é apresentada agora em três dimensões, e torna-se muito mais difícil desenhá-la numa página; ainda assim, podemos usar a ideia de mínimos quadrados para elaborar a fórmula que melhor prediga a altura da prole. Isso é conhecido como **regressão linear múltipla**.* Quando tínhamos apenas uma variável explicativa, a relação com a variável resposta era sintetizada por um gradiente, que também pode ser interpretado como um coeficiente numa equação de regressão; essa ideia pode ser generalizada para mais de uma variável explicativa.

Os resultados para as famílias de Galton são mostrados na tabela 5.3. Como podemos interpretar os coeficientes aqui mostrados? Primeiro, eles são parte de uma fórmula que poderia ser usada para predizer a altura

---

* O termo "linear" refere-se ao fato de que essa equação consiste em uma soma ponderada das variáveis explicativas, ponderada pelos seus coeficientes de regressão, e este é conhecido como um modelo linear.

Variável dependente	Interseção (altura média da prole)	Coeficiente de regressão múltipla para altura da mãe	Coeficiente de regressão múltipla para altura do pai
Altura da filha	162,8	0,30	0,40
Altura do filho	175,8	0,33	0,41

TABELA 5.3 Resultados de uma regressão linear múltipla relacionando a altura da prole adulta com a altura dos genitores. A "interseção" é a altura média da filha ou do filho (tabela 5.1). Os coeficientes de regressão múltipla indicam a variação predita na altura da prole adulta para cada variação de um centímetro na altura média do pai ou da mãe.

da prole adulta para uma mãe ou pai particular.* Mas também ilustram a ideia de ajuste de uma relação aparente, levando em conta um terceiro fator, uma variável de confusão.

Vimos na tabela 5.2 que o gradiente de regressão da altura das filhas em relação à altura das mães era de 0,33 — lembre-se de que o gradiente de uma reta ajustada num gráfico de dispersão é simplesmente um outro nome para o coeficiente de regressão. A tabela 5.3 mostra que, se incluirmos na equação o efeito da altura do pai, esse coeficiente se reduz a 0,30. Da mesma forma, ao predizermos a altura de um filho, o coeficiente de regressão para o pai também é reduzido de 0,45 na tabela 5.2 para 0,41 na tabela 5.3, quando levamos em conta a altura da mãe. Assim, a altura de um genitor tem uma associação ligeiramente reduzida com a altura de sua prole adulta quando se considera o efeito do outro genitor. Isso pode ter a ver com o fato de mulheres mais altas serem mais propensas a se casar com homens mais altos, de modo que a altura de cada um dos genitores não é um fator completamente independente. De modo geral, os dados sugerem que um centímetro de diferença na altura de um pai está associado a uma diferença maior na altura da prole adulta do que um centímetro de diferença na altura da mãe. A regressão múltipla é usada com frequência quando os

---

* As variáveis explicativas foram padronizadas subtraindo seu valor médio na amostra. Assim, para predizer a altura de um filho, usaríamos a fórmula: 175,8 + 0,33 (altura da mãe − altura média de todas as mães) + 0,41 (altura do pai − altura média de todos os pais).

pesquisadores estão interessados em uma variável explicativa específica, e outras variáveis precisam ser "ajustadas" para considerar os desequilíbrios.

Voltemos agora ao estudo sueco sobre tumores cerebrais que vimos no capítulo 4 como exemplo de interpretação inadequada de relações de causalidade por parte da mídia. Uma análise de regressão tinha o índice de tumores como a variável dependente, ou de resposta, e a educação como a variável independente, ou explicativa, de interesse. Outros fatores levados em conta na regressão incluíram idade na ocasião do diagnóstico, ano-calendário, região da Suécia, estado civil e renda, todos eles considerados potenciais confundidores. Esse ajuste para as variáveis de confusão é uma tentativa de trazer à tona uma relação mais pura entre educação e tumores cerebrais, mas jamais será perfeito. Sempre restará a desconfiança de que algum outro processo oculto poderia estar operando, tal como pessoas com melhor nível educacional buscando serviços de saúde melhores e diagnósticos mais aprimorados.

Num estudo randomizado, não deve haver necessidade de ajuste para variáveis de confusão, pois a alocação aleatória em teoria garante que todos os demais fatores que não estão sendo estudados estejam balanceados entre o grupo. Mas os pesquisadores muitas vezes realizam análises de regressão de qualquer maneira, para o caso de algum desequilíbrio ter se insinuado no estudo.

Diferentes tipos de variáveis de resposta

Nem todos os dados são medidas contínuas, como por exemplo a altura. Em grande parte da análise estatística, as variáveis dependentes podem ser proporções de eventos que acontecem ou não (por exemplo, a proporção de pessoas que sobrevivem a cirurgias), contagens de números de eventos (por exemplo, quantos casos de câncer ocorrem por ano em determinada área), ou a quantidade de tempo até que um evento ocorra (por exemplo, anos de sobrevida após uma cirurgia). Cada tipo de variável dependente tem sua própria forma de regressão múltipla, com uma interpretação correspondentemente diferente dos coeficientes estimados.[6]

Consideremos os dados sobre cirurgias cardíacas em crianças apresentados no capítulo 2, em especial na figura 2.5(a), que mostra as taxas de sobrevivência e o número de casos tratados em cada hospital entre 1991 e 1995. O gráfico de dispersão é mostrado novamente na figura 5.2, com uma reta de regressão que foi ajustada sem levar em conta o ponto excepcional correspondente a Bristol.

Embora pudéssemos ter ajustado uma reta de regressão linear através desses pontos, uma extrapolação ingênua sugeriria que, se um hospital tratasse uma enorme quantidade de pacientes, sua taxa de sobrevivência seria estimada em mais que 100%, o que é absurdo. Assim, foi desenvolvida uma

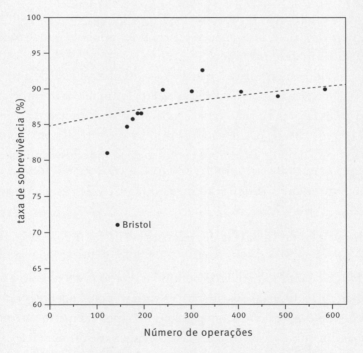

FIGURA 5.2 Modelo de regressão logística ajustado para dados de cirurgias cardíacas em crianças com menos de 1 ano em hospitais do Reino Unido entre 1991 e 1995. Hospitais que tratam mais pacientes têm uma taxa de sobrevivência melhor. A linha é parte de uma curva que nunca atinge 100%, e é ajustada ignorando o ponto discrepante representado por Bristol.

forma de regressão para proporções, chamada **regressão logística**, que assegura uma curva incapaz de subir acima de 100% ou descer abaixo de 0%.

Mesmo sem levar Bristol em conta, os hospitais com mais pacientes tiveram taxas de sobrevivência melhores, e o coeficiente de regressão logística (0,001) significa que o esperado é que a taxa de mortalidade seja cerca de 10% menor (relativamente) para cada 100 operações adicionais realizadas por um hospital em crianças com menos de um ano em um período de quatro anos.* É claro que, para usar uma expressão que agora já se tornou clichê, correlação não significa causalidade, e não podemos concluir que uma quantidade maior de procedimentos seja a razão para um desempenho melhor: como já vimos, pode até mesmo existir uma causalidade reversa, com hospitais de boa reputação atraindo mais pacientes.

Quando divulgado, em 2001, esse achado suscitou controvérsias e contribuiu para prolongadas discussões, ainda não resolvidas, sobre quantos hospitais no Reino Unido deveriam conduzir esse tipo de cirurgia.

Além da modelagem de regressão básica

As técnicas delineadas neste capítulo têm funcionado notavelmente bem desde a sua introdução, mais de um século atrás, mas tanto a disponibilidade de uma grande massa de dados quanto o extraordinário aumento da capacidade computacional permitiram o desenvolvimento de modelos muito mais sofisticados. Em linhas gerais, quatro estratégias principais de modelagem foram adotadas pelas diferentes comunidades de pesquisadores:

- Representações matemáticas bastante simples para associações, tais como as análises de regressão linear neste capítulo, que tendem a ser privilegiadas pelos estatísticos.

---

* O coeficiente de regressão logística significa que se estima que o logaritmo da chance de mortalidade decresça em 0,001 para cada paciente adicional tratado por ano, de modo que ele decresce em 0,1 para cada 100 pacientes adicionais. Isso corresponde a um risco cerca de 10% mais baixo.

Modelagem de relações usando regressão

- Modelos deterministas complexos baseados na compreensão científica de um processo físico, tais como aqueles usados pela meteorologia, que pretendem representar de maneira realística mecanismos subjacentes, e que costumam ser desenvolvidos por profissionais da matemática aplicada.
- Algoritmos complexos usados para tomar decisões ou fazer predições, derivados da análise de uma enorme quantidade de exemplos anteriores (digamos, para recomendar livros a serem comprados em uma livraria on-line) e provenientes do mundo da ciência da computação e da **aprendizagem de máquina**. Esses muitas vezes serão "caixas pretas", no sentido de que é possível que façam boas predições, ainda que possuam uma estrutura interna um tanto inescrutável — ver o próximo capítulo.
- Modelos de regressão que afirmam chegar a conclusões causais, sendo privilegiados pelos economistas.

Essas são generalizações imensas, e felizmente barreiras profissionais estão sendo derrubadas; veremos mais adiante que uma abordagem mais ecumênica da modelagem está sendo desenvolvida. Qualquer que seja a estratégia adotada, porém, questões comuns surgem ao se construir e usar um modelo.

Uma boa analogia é que um modelo é como um mapa, e não o território em si. E todos nós sabemos que alguns mapas são melhores que outros: um mapa simples pode ser bom o bastante para uma viagem de carro entre cidades, mas precisamos de coordenadas mais detalhadas quando caminhamos pelo interior. O estatístico britânico George Box se notabilizou por seu breve mas inestimável aforismo "Todos os modelos são errados, mas alguns são úteis". Essa declaração se baseou numa vida inteira dedicada a trazer a expertise estatística para processos industriais, o que levou Box a apreciar não só o poder dos modelos, como também o perigo de efetivamente começar a acreditar demais neles.

Mas essas advertências são facilmente esquecidas. Uma vez que é aceito, e sobretudo quando está fora das mãos daqueles que o criaram e compreendem suas limitações, um modelo pode começar a atuar como uma espécie de oráculo. A culpa da crise financeira de 2007-8 tem sido atribuída em grande parte à exagerada confiança depositada em modelos financeiros complexos utilizados para determinar o risco de pilhas e pilhas de hipotecas. Esses modelos presumiam uma correlação apenas moderada entre inadimplências hipotecárias, e funcionaram bem enquanto o mercado imobiliário esteve aquecido. Mas, quando as condições mudaram e as hipotecas começaram a deixar de ser pagas, os modelos tenderam a fracassar em massa: subestimaram grosseiramente os riscos, por conta de correlações que acabaram por se revelar bem mais altas do que se supunha. Gestores com grande experiência simplesmente não perceberam a fragilidade da base sobre a qual esses modelos haviam sido construídos, esquecendo que modelos são simplificações do mundo real — eles são *os mapas, não o território*. O resultado foi uma das piores crises econômicas globais da história.

RESUMO
- Modelos de regressão proporcionam uma representação matemática entre um conjunto de variáveis explicativas e uma variável resposta.
- Os coeficientes num modelo de regressão indicam quanto esperamos que a resposta mude quando se observa uma mudança na variável explicativa.
- A regressão à média ocorre quando respostas mais extremas revertem de modo a se aproximar da média no longo prazo, visto que uma contribuição para o seu caráter extremo inicial ocorreu por mero acaso.
- Modelos de regressão podem incorporar diferentes tipos de variáveis de resposta, variáveis explicativas e relações não lineares.
- É preciso cautela ao interpretar modelos, que não devem ser tomados ao pé da letra: "Todos os modelos são errados, mas alguns são úteis".

6. Algoritmos, analítica e predição

ATÉ AQUI, a ênfase deste livro tem sido em como a ciência estatística pode nos ajudar a entender o mundo, seja calculando o dano potencial associado ao consumo de sanduíches de bacon ou a relação entre as alturas de pais e filhos. Basicamente, é disso que trata a pesquisa científica: descobrir o que está de fato acontecendo e o que, nos termos introduzidos no capítulo anterior, é apenas erro residual a ser tratado como variabilidade inevitável, impossível de ser modelada.

Mas as ideias básicas da ciência estatística continuam valendo quando estamos tentando resolver um problema prático, em vez de científico. O desejo elementar de encontrar o sinal no ruído é igualmente relevante quando apenas queremos um método que nos ajude numa decisão específica com a qual nos defrontamos em nossa vida cotidiana. O tema de fundo do presente capítulo é que esses problemas práticos podem ser atacados com a utilização de dados pregressos para construir um algoritmo, uma fórmula mecanicista capaz de gerar automaticamente uma resposta para cada novo caso que se apresente, com intervenção humana adicional mínima, ou, se possível, nenhuma: em essência, isso é "tecnologia" em vez de ciência.

Em linhas gerais, existem duas tarefas para tal algoritmo:

- Classificação (também conhecida como discriminação ou **aprendizagem supervisionada**): determinar o tipo de situação que estamos enfrentando. Por exemplo, as avaliações positivas ou negativas de um cliente on-line, ou se um robô verá determinado objeto como uma criança ou um cachorro.

- Predição: dizer-nos o que vai ocorrer. Por exemplo, como estará o tempo na semana que vem, o que pode acontecer com o preço de determinada ação amanhã, que produtos o cliente poderia comprar ou se aquela criança vai sair correndo na frente do nosso carro de direção autônoma.

Embora sejam distintas em termos de referência ao presente ou ao futuro, essas tarefas têm a mesma natureza subjacente: consistem em recolher um conjunto de observações relevantes para uma situação corrente e mapeá-las de modo a gerar uma conclusão relevante. Esse processo foi denominado **analítica preditiva**, mas aqui estamos entrando no território da **inteligência artificial** (IA), no qual algoritmos incorporados a máquinas são usados ou para executar tarefas que normalmente exigiriam envolvimento humano ou para oferecer a humanos conselhos especializados.

A IA "fraca" diz respeito a sistemas capazes de executar tarefas rigorosamente prescritas, e temos observado exemplos extraordinariamente bem-sucedidos baseados em aprendizagem de máquina, que envolve o desenvolvimento de algoritmos mediante a análise estatística de grandes conjuntos de exemplos históricos. Sucessos notáveis incluem sistemas de reconhecimento de fala embutidos em telefones, tablets e computadores; programas como o Google Tradutor, que não entendem muito de gramática mas aprenderam a traduzir textos a partir de um imenso arquivo publicado; e softwares de visão computadorizada, que utilizam imagens pregressas para "aprender" a identificar, digamos, rostos em fotografias ou outros carros, no caso de veículos autônomos. Também houve um progresso espetacular em sistemas capazes de disputar jogos, tais como o software DeepMind, que aprende as regras de jogos de computador e se torna um hábil jogador, capaz de vencer campeões mundiais de xadrez e Go, e o Watson, da IBM, que derrotou competidores humanos em jogos de perguntas e respostas sobre conhecimentos gerais. Esses sistemas não começaram tentando codificar o conhecimento e a expertise dos seres humanos. Começaram com um vasto número de exemplos, e aprenderam por tentativa e erro, como crianças ingênuas, e até jogando contra si mesmos.

Mais uma vez, porém, devemos salientar que trata-se aqui de sistemas tecnológicos que utilizam dados pregressos para responder a perguntas práticas imediatas, e não de sistemas científicos que buscam compreender como o mundo funciona: eles devem, portanto, ser julgados apenas pela qualidade com que executam a limitada tarefa que lhes é atribuída, e, embora a forma dos algoritmos aprendidos possa proporcionar alguns insights, não se espera deles que tenham imaginação ou habilidades sobre-humanas na vida cotidiana. Isso exigiria uma IA "forte", que está fora do escopo deste livro e, no presente momento, além da capacidade das máquinas.

DESDE QUE EDMUND HALLEY DESENVOLVEU fórmulas para calcular seguros e pecúlios, nos anos 1690, a ciência estatística tem se preocupado em produzir algoritmos para auxiliar as decisões humanas. O desenvolvimento moderno da ciência de dados dá continuidade a essa tradição; o que mudou nos últimos anos foi a escala dos dados que estão sendo coletados, e os imaginativos produtos que estão sendo desenvolvidos; lidamos hoje com o que é conhecido como "big data".

Os conjuntos de dados podem ser grandes de duas maneiras. Primeiro, pelo número de exemplos reunidos, que podem ser indivíduos, mas também estrelas no céu, escolas, viagens de carro ou postagens nas redes sociais. O número de exemplos geralmente é rotulado de n, e nos meus primeiros tempos n era "grande" se fosse maior do que 100; hoje, porém, pode haver dados sobre muitos milhões ou bilhões de casos.

Os dados também podem ser grandes pelo fato de medirem muitos aspectos, ou características, de cada exemplo. Essa grandeza costuma ser conhecida como p, talvez de "parâmetros". Mais uma vez, nos meus tempos de jovem estatístico, era raro que p passasse de 10 — talvez conhecêssemos alguns poucos aspectos do histórico médico de uma pessoa.

Mas então começamos a ter acesso a milhões de genes dessa pessoa, e a genômica se tornou um problema de *n* pequeno e *p* grande, isto é, havia uma enorme quantidade de informação sobre um número relativamente pequeno de casos.

E agora entramos na era dos problemas de *n* grande e *p* grande, nos quais há um imenso número de casos, cada um deles podendo ser muito complexo — pense nos algoritmos que analisam as postagens, curtidas e reações de cada um dos milhões de assinantes do Facebook para decidir com que tipo de anúncios e notícias alimentar cada um.

Esses são desafios novos e excitantes que trouxeram muitas pessoas novas para a ciência de dados. No entanto, para mencionar mais uma vez a advertência feita no início deste livro, esses enormes conjuntos de dados não falam por si sós, e precisam ser manuseados com cuidado e destreza se quisermos evitar as muitas armadilhas potenciais envolvidas no uso ingênuo de algoritmos. Neste capítulo, veremos alguns desastres clássicos. Mas, antes disso, precisamos analisar o problema fundamental de preparar os dados de modo a transformá-los em algo útil.

Encontrando padrões

Uma estratégia para lidar com um número excessivo de casos é identificar grupos semelhantes, num processo conhecido como agrupamento ou **aprendizagem não supervisionada**, uma vez que precisamos aprender sobre esses grupos e não nos é dito de antemão que eles existem. Encontrar esses agrupamentos bastante homogêneos pode ser um fim em si; por exemplo, identificar grupos de pessoas com gostos e aversões similares, que podem então ser caracterizados e receber um rótulo, permitindo a criação de algoritmos para classificar casos futuros. Os agrupamentos identificados podem então ser alimentados com recomendações apropriadas de filmes, anúncios ou propaganda política, a depender da motivação dos criadores do algoritmo.

Mas antes de criar um algoritmo para classificar ou predizer algum evento, pode ser que também tenhamos que reduzir os dados brutos a uma dimensão administrável, em virtude de um p muito grande, isto é, aspectos demais sendo medidos em cada caso. Esse processo é conhecido como **engenharia de características**. Basta pensar na quantidade de medições que poderíamos fazer num rosto humano, e que talvez precisem ser reduzidas a um número limitado de características importantes passíveis de serem usadas por um software de reconhecimento facial e comparadas com uma fotografia num banco de dados. Medições desprovidas de valor para fins de predição ou classificação podem ser identificadas por métodos de visualização ou regressão e descartadas; ou então o número de características pode ser reduzido, com o estabelecimento de medições compostas que incorporem a maior parte da informação.

Desenvolvimentos recentes de modelos extremamente complexos, tais como aqueles rotulados como **aprendizagem profunda** (*deep learning*), sugerem que essa etapa inicial de redução dos conjuntos de dados talvez não seja necessária e que a totalidade do material bruto pode ser processada num único algoritmo.

Classificação e predição

Dispomos atualmente de uma desconcertante gama de métodos alternativos para elaborar algoritmos de classificação e predição. Antigamente, os pesquisadores costumavam promover métodos ligados a seus próprios contextos profissionais: os estatísticos, por exemplo, preferiam modelos de regressão, enquanto os cientistas da computação preferiam modelos lógicos baseados em regras, ou "redes neurais", que eram meios alternativos de tentar imitar a cognição humana. A implementação de qualquer um desses métodos exigia qualificações e softwares especializados, mas agora há programas que oferecem todo um cardápio de técnicas, encorajando assim uma abordagem menos tendenciosa, em que o desempenho é mais importante que a filosofia de modelagem.

Tão logo o desempenho dos algoritmos começou a ser medido e comparado, a competição inevitavelmente aumentou, e agora há concursos de ciência de dados patrocinados por plataformas como a Kaggle.com. Uma organização comercial ou acadêmica fornece um conjunto de dados a ser baixado pelos competidores: os desafios vão de detectar baleias a partir de gravações sonoras a explicar a matéria escura em dados astronômicos e predizer internações em hospitais. Em cada caso, os competidores recebem um conjunto de dados de treinamento a partir do qual devem elaborar seu algoritmo, e um conjunto de teste para avaliar seu desempenho. Uma competição particularmente popular, com milhares de concorrentes, teve como objetivo criar um algoritmo para responder à seguinte pergunta:

Podemos predizer quais passageiros sobreviveram ao naufrágio do *Titanic*?

Em sua viagem inaugural, na noite de 14 de abril de 1912, o *Titanic* se chocou com um iceberg e afundou lentamente. Apenas cerca de setecentos dos mais de 2200 passageiros e tripulantes a bordo chegaram aos botes salva-vidas e sobreviveram. Estudos subsequentes e relatos ficcionais destacaram o fato de que as chances de chegar a um bote salva-vidas e sobreviver dependiam crucialmente da classe na qual o passageiro viajava.

A princípio, um algoritmo para predizer sobrevivência pode parecer uma escolha estranha de Problema dentro do ciclo PPDAC padrão, uma vez que a situação tem pouca probabilidade de se repetir e, portanto, não terá nenhum valor futuro. Mas um indivíduo em especial me proporcionou alguma motivação. Em 1912, Francis William Somerton deixou a cidade de Ilfracombe, no norte do condado de Devon, perto de onde nasci e fui criado, para viajar aos Estados Unidos e lá fazer fortuna. Deixando a esposa e a filha pequena para trás, ele comprou um bilhete de terceira classe, ao custo de pouco mais de oito libras, no novíssimo *Titanic*. Somerton nunca chegou a Nova York — seu túmulo se encontra no adro da igreja em Ilfracombe (figura 6.1). Um algoritmo preditivo

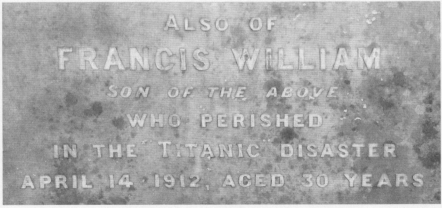

FIGURA 6.1. Túmulo de William Henry Somerton no adro da igreja em Ilfracombe. Lê-se na lápide: "Também de Francis William, filho do supracitado, que pereceu no desastre do *Titanic* em 14 de abril de 1912, aos 30 anos de idade".

acurado será capaz de nos dizer se ele teve azar em não sobreviver ou se suas chances eram de fato exíguas.

O Plano é reunir todos os dados disponíveis e tentar uma gama de diferentes técnicas para produzir algoritmos capazes de predizer quem sobreviveu — esse problema, na verdade, poderia ser considerado mais de classificação do que de predição, uma vez que os eventos já ocorreram. Os Dados compreendem informações públicas sobre 1309 passageiros do *Titanic*: potenciais variáveis de predição incluem nome completo, título, gênero, idade, classe em que viajava (primeira, segunda, terceira), valor pago pela passagem, se viajava em família, local de embarque (Southampton, Cherbourg, Queenstown) e dados limitados sobre alguns números de cabine. A variável resposta é um indicador de sobrevivência (1) ou não (0).

Para a Análise, é crucial dividir os dados num conjunto de treinamento, usado para elaborar o algoritmo, e num conjunto de teste, mantido em separado e usado apenas para avaliar seu desempenho — seria uma grande trapaça olhar o conjunto de teste antes ter o algoritmo pronto. Como na competição da plataforma Kaggle, tomaremos uma amostra aleatória de 897 casos como conjunto de treinamento, e os restantes 412 indivíduos como conjunto de teste.

Estamos falando aqui de um conjunto de dados real, e, portanto, bastante bagunçado. Assim, algum pré-processamento se faz necessário. Não temos informação sobre o tipo de passagem comprado por dezoito passageiros, e assim presumimos que tenham pagado a tarifa mediana para sua classe de viagem. O número de irmãos e pais foi acrescentado de modo a criar uma variável única capaz de sintetizar o tamanho da família. As formas de tratamento precisaram ser simplificadas: "Mlle" e "Ms" foram recodificados como "Miss" e "Mme" como "Mrs.", e uma série de outros títulos foi reunida sob a rubrica "Títulos raros".*

---

* Por exemplo, "dona", "Lady", "condessa", "capitão", "coronel", "dom", "doutor", "major", "reverendo", "Sir".

Algoritmos, analítica e predição 133

Deve estar claro que, além das habilidades de codificação exigidas, algum conhecimento contextual e uma considerável capacidade de julgamento podem ser necessários para deixar os dados prontos para análise; por exemplo, usar qualquer informação disponível sobre as cabines para determinar sua posição no navio. Sem dúvida eu poderia ter feito um trabalho melhor.

A figura 6.2 mostra a proporção das diferentes categorias de passageiros que sobreviveram, para os 897 passageiros no conjunto de treinamento. Todas as características apresentadas na figura têm capacidade preditiva por si sós, com taxas de sobrevivência mais elevadas para os passageiros que viajavam numa classe melhor do navio, eram mulheres, crianças, pagaram mais pela passagem, tinham famílias de tamanho moderado ou título de Mrs., Miss, ou Master. Tudo isso condiz com o que já poderíamos esperar.

Mas essas características não são independentes. Passageiros de classe mais alta presumivelmente pagaram mais pelas suas passagens, e é possível supor que tenham viajado com menos crianças do que emigrantes mais pobres. Muitos homens viajaram sozinhos. E a codificação específica pode ser importante: será que a idade deveria ser considerada uma variável categórica, dividida nas faixas etárias mostradas na figura 6.2, ou uma variável contínua? Os competidores passaram um bom tempo examinando em detalhe essas características e codificando-as de modo a extrair o máximo de informação; já nós seguiremos diretamente para as predições.

Vamos supor que tenhamos feito a predição (demonstravelmente incorreta) de que "Ninguém sobreviveu". Então, como 61% dos passageiros morreram, teríamos uma taxa de 61% de acerto no conjunto de treinamento. Se usássemos uma regra de predição ligeiramente mais complexa — "Todas as mulheres sobreviveram e nenhum homem sobreviveu" —, teríamos classificado corretamente 78% dos casos no conjunto de treinamento. Essas regras ingênuas servem como boas linhas de base a partir das quais podemos medir quaisquer melhoras obtidas com algoritmos mais sofisticados.

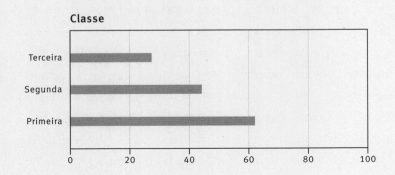

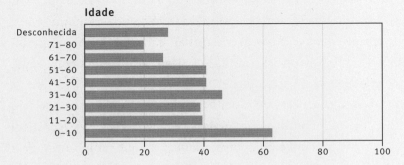

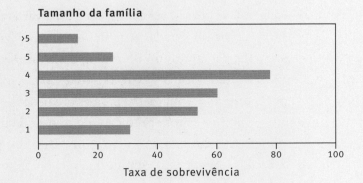

Taxa de sobrevivência

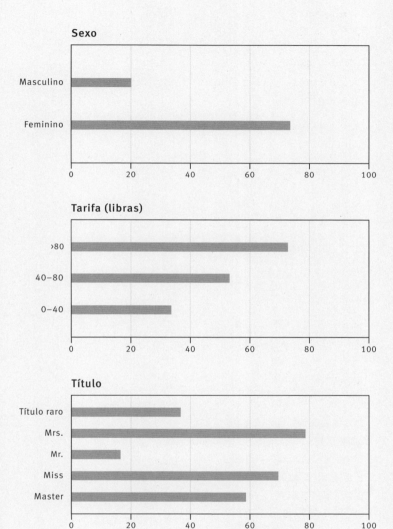

FIGURA 6.2. Síntese estatística das taxas de sobrevivência em diferentes categorias para o conjunto de treinamento de 897 passageiros do *Titanic*.

Árvores de classificação

Uma **árvore de classificação** talvez seja a forma mais simples de algoritmo, uma vez que consiste numa série de perguntas do tipo sim/não em que cada resposta determina a pergunta seguinte a ser feita, até que se chegue a uma conclusão. A figura 6.3 exibe uma árvore de classificação para os dados do *Titanic* na qual os passageiros são alocados para o resultado majoritário no fim do ramo. É fácil ver os fatores que foram escolhidos, e a conclusão final.

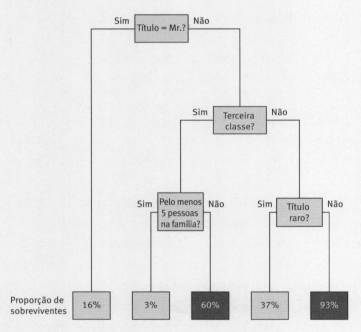

FIGURA 6.3 Árvore de classificação para os dados do *Titanic* na qual uma sequência de perguntas leva um passageiro até o final de um ramo, momento em que se prediz que sobreviverá se a proporção de pessoas semelhantes no conjunto de treinamento que sobreviveram for maior que 50%; essas proporções de sobrevivência são mostradas na base da árvore. As únicas pessoas cuja sobrevivência pode ser predita são mulheres e crianças da terceira classe com famílias pequenas, e todas as mulheres e crianças da primeira e segunda classes, contanto que não tenham títulos raros.

Francis Somerton, por exemplo, tinha o título de "Mr." — assim, na base de dados, entraria no primeiro ramo da esquerda. O final desse ramo contém 58% do conjunto de treinamento, do qual 16% sobrevivem. Com base nessa limitada informação, portanto, poderíamos estimar que Somerton tinha uma chance de 16% de sobrevivência. Nosso algoritmo simples identifica dois grupos com mais de 50% de sobreviventes: mulheres e crianças na primeira e na segunda classes (contanto que não tenham um título raro), das quais 93% sobrevivem. E mulheres e crianças da terceira classe, contanto que venham de famílias menores, caso em que 60% sobrevivem.

Antes de ver como essa árvore é efetivamente construída, precisamos decidir quais medidas de desempenho usar na nossa competição.

Avaliando o desempenho de um algoritmo

Se os algoritmos vão competir para que se decida qual deles é o mais preciso, alguém precisa decidir o que significa "preciso". No desafio do *Titanic* proposto pela Kaggle, trata-se tão somente da porcentagem de passageiros no conjunto de teste que são corretamente classificados. Assim, depois de elaborar seus algoritmos, os competidores transferem suas predições para a variável resposta no conjunto de teste e a Kaggle mede sua precisão.*
Apresentaremos resultados para todo o conjunto de teste de uma só vez (enfatizando que não se trata do mesmo conjunto de teste da Kaggle).

A árvore de classificação mostrada na figura 6.3 tem uma precisão de 82% quando aplicada aos dados de treinamento a partir dos quais foi desenvolvida. Quando o algoritmo é aplicado ao conjunto de teste, a precisão cai ligeiramente para 81%. Os números dos diferentes tipos

---

* Para não ter que esperar até o final da competição (2020, para os dados do *Titanic*) para dar algum feedback aos participantes, a Kaggle divide o conjunto de teste em conjuntos públicos e privados. Os resultados de acurácia dos competidores no conjunto público são publicados numa tabela, que fornece um ranking provisório acessível a qualquer pessoa. Mas é o desempenho no conjunto privado que é utilizado para avaliar os competidores e estabelecer o ranking final no encerramento da competição.

	Conjunto de treinamento			Conjunto de teste		
	Predito não sobreviver	Predito sobreviver		Predito não sobreviver	Predito sobreviver	
Não sobreviveram	475	93	568	228	45	273
Sobreviveram	71	258	329	35	104	139
	546	351	897	263	149	412

Precisão
= $^{(475+258)}/_{897}$ = 82%

Sensibilidade
= $^{258}/_{329}$ = 78%

Especificidade
= $^{475}/_{568}$ = 84%

Precisão
= $^{(228+104)}/_{412}$ = 81%

Sensibilidade
= $^{104}/_{139}$ = 75%

Especificidade
= $^{228}/_{273}$ = 84%

TABELA 6.1 Matriz de erro da árvore de classificação dos dados de treinamento e teste, mostrando precisão (percentual corretamente classificado), sensibilidade (percentual de sobreviventes corretamente classificados) e especificidade (percentual de não sobreviventes corretamente classificados).

de erros cometidos pelo algoritmo são mostrados na tabela 6.1 — trata-se da chamada **matriz de erro**, ou matriz de confusão. Se estamos tentando detectar sobreviventes, a porcentagem dos sobreviventes reais corretamente preditos é conhecida como **sensibilidade** do algoritmo, enquanto a porcentagem de não sobreviventes reais corretamente preditos é conhecida como **especificidade**. Esses termos provêm da testagem de diagnósticos médicos.

Embora seja simples de exprimir, a precisão geral é uma medida de desempenho muito grosseira, que não leva em conta a confiança com que a predição é feita. Quando olhamos para as pontas dos ramos da árvore de classificação, vemos claramente que a discriminação do conjunto de treinamento não é perfeita, e que em todos os ramos existem alguns que sobrevivem e outros que não: a regra de alocação grosseira simplesmente escolhe o resultado da maioria. Mas, em vez disso, poderíamos atribuir a novos casos uma *probabilidade* de sobrevivência correspondente à proporção no conjunto de treinamento. Um homem com o título de "Mr.", por exemplo, poderia ter recebido uma probabilidade de 16% de sobreviver, em vez de uma simples predição categórica de não sobrevivência.

Algoritmos que fornecem uma probabilidade (ou qualquer número) em vez de uma simples classificação são muitas vezes comparados por meio das chamadas **curvas de característica de operação do receptor** (ROC, na sigla em inglês), originalmente desenvolvidas durante a Segunda Guerra Mundial para analisar sinais de radar. A percepção crucial é de que podemos variar o limiar no qual se prediz que as pessoas irão sobreviver. A tabela 6.1 mostra o efeito de usar um limiar de 50% para predizer um "sobrevivente" do *Titanic*, dando uma especificidade e uma sensibilidade no conjunto de treinamento de 0,84 e 0,78, respectivamente. Mas poderíamos ter exigido uma probabilidade mais alta para predizer a sobrevivência de alguém, digamos de 70%, e nesse caso a especificidade e a sensibilidade teriam sido de 0,98 e 0,50, respectivamente — com esse limiar mais rigoroso, identificamos apenas metade dos sobreviventes reais, mas fazemos muito poucas suposições falsas de sobrevivência. Ao considerarmos todos os limiares possíveis para predizer um sobrevivente, os possíveis valores para especificidade e sensibilidade formam uma curva. Note que o eixo da especificidade convencionalmente decresce de 1 para 0 quando se desenha a curva ROC.

A figura 6.4 mostra curvas ROC para os conjuntos de treinamento e teste. Um algoritmo completamente inútil que atribui números ao acaso terá uma curva ROC diagonal, enquanto os melhores algoritmos terão curvas se deslocando para o canto superior esquerdo. Uma maneira tradicional de comparar curvas ROC é medir a área sob a curva até o eixo horizontal — ela será de 0,5 para o algoritmo inútil e de 1 para um algoritmo perfeito que acerte tudo. Para os dados no nosso conjunto de teste do *Titanic*, a área sob a curva ROC é de 0,82. Acontece que existe uma interpretação elegante para essa área: se pegarmos ao acaso um sobrevivente real e um não sobrevivente real, existe uma chance de 82% de que o algoritmo dê ao sobrevivente real uma probabilidade mais alta de sobrevivência do que ao não sobrevivente real. Áreas acima de 0,8 representam bastante bem a capacidade discriminatória.

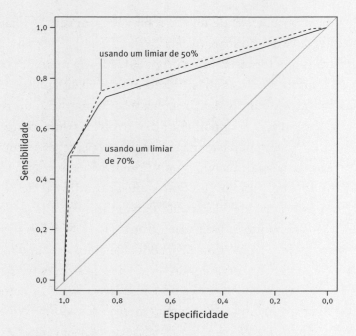

FIGURA 6.4 Curvas ROC para a árvore de classificação da figura 6.3 aplicadas aos conjuntos de treinamento (linha tracejada) e teste (linha cheia). "Sensibilidade" é a proporção de sobreviventes corretamente identificados. "Especificidade" é a proporção de não sobreviventes corretamente identificados. As áreas sob as curvas são de 0,84 e 0,82, respectivamente, para os conjuntos de treinamento e teste.

A área sob a curva ROC é uma maneira de medir a precisão com que um algoritmo separa os sobreviventes dos não sobreviventes, mas não mede a precisão das probabilidades. E as pessoas mais familiarizadas com predições probabilísticas são os meteorologistas.

Como podemos saber até que ponto são boas as previsões de "probabilidade de precipitação"?

Imagine que desejemos prever se vai chover ou não amanhã num momento e num lugar específicos. Algoritmos básicos poderiam produzir apenas uma resposta do tipo sim/não, que poderia acabar se revelando certa ou errada. Modelos mais sofisticados poderiam produzir uma probabilidade de precipitação, permitindo julgamentos mais refinados — a atitude que você toma se o algoritmo der uma chance de 50% de chuva pode ser bem diferente daquela que você toma se a chance for de 5%.

Na prática, as previsões meteorológicas baseiam-se em modelos computadorizados extremamente complexos que englobam fórmulas matemáticas detalhadas representando como o tempo evolui a partir das condições atuais, e a cada vez que se executa o modelo é gerada uma previsão determinista de chuva num lugar e num horário específicos. Assim, para produzir uma **previsão probabilística**, o modelo precisa ser rodado muitas vezes, começando em condições iniciais levemente ajustadas, o que produz uma lista de diferentes "futuros possíveis", em alguns dos quais chove e em outros não. Os meteorologistas rodam um "conjunto" de, digamos, cinquenta modelos, e se chover em cinco desses futuros possíveis, dizem que há uma "probabilidade de precipitação" de 10%.

Mas como podemos saber até que ponto essas probabilidades são boas? Não podemos criar uma matriz de erro simples como na árvore de classificação, uma vez que o algoritmo jamais declara categoricamente se vai chover ou não. Podemos criar curvas ROC, mas estas apenas examinam se os dias em que chove obtêm predições mais altas do que os dias em que não chove. A percepção crítica é que também necessitamos de **calibração**, no sentido de que, se pegarmos todos os dias em que o meteorologista diz que há 70% de chance de chover, então realmente deve chover em cerca de 70% desses dias. Isso é levado muito a sério pelos meteorologistas — probabilidades devem efetivamente corresponder ao que estão dizendo, sem excesso ou falta de confiança.

Os gráficos de calibração nos permitem ver até que ponto as probabilidades declaradas são confiáveis, reunindo, digamos, eventos que receberam uma determinada probabilidade de ocorrência e calculando a proporção dos que de fato ocorreram.

A figura 6.5 mostra o gráfico de calibração para a árvore de classificação simples aplicada ao conjunto de teste. Queremos que os pontos

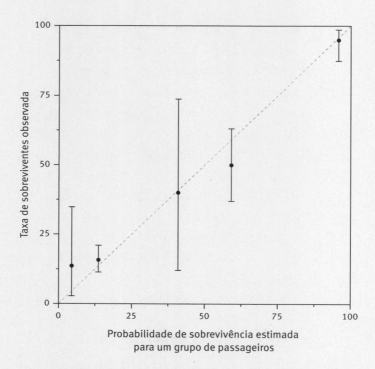

FIGURA 6.5 Gráfico de calibração para a árvore de classificação simples que fornece probabilidades de sobreviver ao naufrágio do *Titanic*, no qual a taxa de sobreviventes observada no eixo y é marcada em relação à proporção predita no eixo x. Queremos que os pontos caiam sobre a diagonal, mostrando que as probabilidades são confiáveis e correspondem de fato ao que estão dizendo.

estejam perto da diagonal, uma vez que é aí que as probabilidades preditas coincidem com as porcentagens observadas. As barras verticais indicam uma região na qual, dispondo de probabilidades preditas confiáveis, esperaríamos que a proporção real fosse de 95% dos casos. Se as barras atravessarem a linha diagonal, como na figura 6.5, podemos considerar que nosso algoritmo está bem calibrado.

Uma medida combinada de "precisão" para probabilidades

Embora a curva ROC avalie até que ponto o algoritmo separa bem os grupos, e o gráfico de calibração verifique se as probabilidades correspondem de fato ao que estão dizendo, o ideal seria encontrar uma medida composta simples que combinasse esses dois aspectos num único número, que poderíamos então usar para comparar algoritmos. Para nossa sorte, os meteorologistas na década de 1950 descobriram exatamente como fazer isso.

Se estivéssemos predizendo uma grandeza numérica, como a temperatura amanhã ao meio-dia num determinado lugar, a precisão geralmente seria sintetizada pelo erro — a diferença entre a temperatura observada e a predita. O sumário usual do erro ao longo de uma série de dias é o **erro quadrático médio** (EQM) — que é a média dos quadrados dos erros, e análogo ao critério dos mínimos quadrados que vimos ser usado na análise de regressão.

O truque para as probabilidades é utilizar o mesmo critério de erro quadrático médio que utilizamos para predizer uma quantidade — atribuindo o valor 1 a uma observação futura de "chuva" e o valor 0 a "não chuva". A tabela 6.2 mostra como isso funcionaria num sistema fictício de previsão meteorológica. Para a segunda-feira é atribuída uma probabilidade de chuva de 0,1, mas o dia acaba se revelando seco (a resposta verdadeira é 0), e então o erro é 0 − 0,1 = −0,1. Esse valor é elevado ao quadrado para dar 0,01, e assim por diante ao longo da semana. Então a média desses erros quadráticos, B = 0,11, é uma medida da (falta) de precisão do previsor.* A média dos erros quadráticos é conhecida como **escore de Brier**, em homenagem ao meteorologista Glenn Brier, que descreveu o método em 1950.

---

*Poderia ser tentador usar o "erro absoluto", o que significa que você perderia 0,1 ao informar uma probabilidade de 10% para um evento que não ocorre, em oposição ao erro quadrático de 0,01. Essa escolha aparentemente inócua seria um equívoco muito, muito grande. Um estudo básico da teoria mostra que essa penalidade "absoluta" levaria as pessoas a exagerarem racionalmente sua confiança a fim de minimizar o erro esperado, e a declarar uma chance de "0%" de precipitação mesmo que genuinamente pensassem que a probabilidade seria de 10%.

	Segunda--feira	Terça--feira	Quarta--feira	Quinta--feira	Sexta--feira	Erro quadrático médio (escore de Brier)
"Probabilidade de precipitação"	0,1	0,2	0,5	0,6	0,3	
Choveu realmente?	Não	Não	Sim	Sim	Não	
Resposta verdadeira	0	0	1	1	0	
Erro	−0,1	−0,2	0,5	0,4	−0,3	
Erro quadrático	0,01	0,04	0,25	0,16	0,09	B = 0,54/5 = 0,11
Probabilidade baseada no clima	0,2	0,2	0,2	0,2	0,2	
Erro baseado no clima	−0,2	−0,2	0,8	0,8	−0,2	
Erro quadrático baseado no clima	0,04	0,04	0,64	0,64	0,04	BC = 1,4/5 = 0,28

TABELA 6.2 Previsões fictícias de "probabilidade de precipitação" informando se vai chover ou não ao meio-dia do dia seguinte num local específico, com o resultado observado de: 1 = choveu; 0 = não choveu. O "erro" é a diferença entre o resultado predito e o observado, e o erro quadrático médio é o escore de Brier (B). O escore de Brier para o clima (BC) baseia-se no uso de proporções médias simples de longo prazo referentes à chuva nessa época do ano como previsões probabilísticas, nesse caso presumidas como sendo de 20% para todos os dias.

Infelizmente, o escore de Brier não é fácil de interpretar por si só, de modo que é difícil ter a sensação de saber se o previsor está se saindo bem ou mal; assim, é melhor compará-lo com um escore de referência derivado de registros históricos do clima. Essas previsões "baseadas no clima", porém, não dão nenhuma atenção às condições correntes: apenas declaram a probabilidade de precipitação com base na proporção de vezes em que choveu em tal dia no passado. Qualquer um pode fazer uma previsão desse tipo, mesmo sem qualificação alguma — na tabela 6.2, assumimos que isso significa citar uma probabilidade de 20% de chuva para cada dia daquela semana. Isso fornece um escore de Brier para o clima (que chamamos de BC) de 0,28.

Qualquer algoritmo de previsão decente deveria ter um desempenho melhor do que previsões baseadas apenas no clima, e o nosso sistema de previsão melhorou o escore em BC − B = 0,28 − 0,11 = 0,17. Os previsores criam então um valor de "habilidade de previsão", que é a redução proporcional do escore de referência: no nosso caso, 0,61,* o que significa que o nosso algoritmo proporcionou uma melhora de 61% em relação a um previsor ingênuo que utiliza somente dados do clima.

É claro que nossa meta é uma habilidade de 100%, mas só poderíamos chegar a esse valor se nosso escore de Brier observado fosse reduzido a 0, o que somente ocorre se predissermos exatamente se vai chover ou não. Isso é esperar muito de qualquer previsor do tempo; na verdade, os escores de habilidade para previsão de precipitação estão hoje em torno de 0,4 para o dia seguinte e 0,2 para uma semana.[1] É claro que a previsão mais preguiçosa consiste em simplesmente dizer que o que ocorreu hoje também vai ocorrer amanhã, o que proporciona um encaixe perfeito nos dados históricos (hoje), mas pode não dar especialmente certo quando se trata de prever o futuro.

Voltando agora ao desafio do *Titanic*, consideremos o algoritmo ingênuo de simplesmente dar a todo mundo uma probabilidade de sobrevivência de 39%, que é a proporção geral de sobreviventes no conjunto de treinamento. Essa previsão não utiliza quaisquer dados individuais, e, em essência, equivale a predizer o tempo usando registros climáticos em vez de informação sobre as circunstâncias correntes. O escore de Brier para essa regra "sem habilidade" é de 0,232.

Por outro lado, o escore de Brier para a árvore de classificação simples é de 0,139, o que representa uma redução de 40% em relação à previsão ingênua, e portanto demonstra uma considerável habilidade. Outra maneira de interpretar o escore de Brier de 0,139 é que este é exatamente o valor que obteríamos se tivéssemos atribuído a todos os sobreviventes uma chance de 63% de sobreviver e a todos os não sobreviventes uma chance de 63% de não sobreviver.

Veremos se é possível melhorar esse escore com alguns modelos mais complicados, mas primeiro precisamos advertir que eles não devem ficar complicados *demais*.

---

* O valor da habilidade de previsão é (BC − B) / BC = 1 − B / BC = 1 − 0,11 / 0,28 = 0,61.

Sobreajuste

Não precisamos parar na árvore de classificação simples mostrada na figura 6.3. Podemos seguir em frente e torná-la cada vez mais complexa com a adição de novos ramos, o que nos permitirá classificar corretamente uma parte maior do conjunto de treinamento à medida que identificamos suas idiossincrasias.

A figura 6.6 mostra uma árvore desse tipo, ampliada de modo a incluir muitos fatores detalhados. Ela tem uma precisão de 83% no conjunto de treinamento, melhor portanto que a da árvore menor. Mas, quando aplicamos o algoritmo aos dados de teste, sua precisão cai para 81%, igual à da árvore pequena, e seu escore de Brier é de 0,150, claramente pior que o da árvore mais simples, que é 0,139. O que acontece é que adaptamos a árvore aos dados de treinamento a tal ponto que sua capacidade preditiva começou a declinar.

Isso é conhecido como **sobreajuste**, e é um dos tópicos mais vitais na construção de algoritmos. Quando tornamos um algoritmo complexo demais, na verdade começamos a ajustar o ruído em vez do sinal. Randall Munroe (o cartunista conhecido pelas tirinhas *xkcd* na web) produziu uma bela ilustração de sobreajuste, ao encontrar "regras" plausíveis que os presidentes americanos obedeceram, só para que cada uma delas fosse quebrada nas eleições seguintes.[2] Por exemplo:

- "Nenhum republicano ganhou sem ganhar a Câmara ou o Senado" — até Eisenhower, em 1952.
- "Católicos não conseguem ganhar" — até Kennedy, em 1960.
- "Ninguém foi eleito presidente depois de um divórcio" — até Reagan, em 1980.

E assim por diante, incluindo algumas regras claramente ultrarrefinadas, tais como:

- "Nenhum democrata sem experiência de combate candidato à reeleição venceu alguém cujo primeiro nome vale mais pontos no Scrabble" — até

Algoritmos, analítica e predição

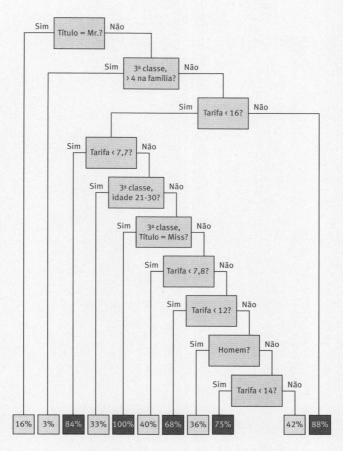

FIGURA 6.6 Árvore de classificação sobreajustada para os dados do *Titanic*. Como na figura 6.3, a porcentagem no fim de cada ramo é a proporção de passageiros no conjunto de treinamento que sobreviveram, e um novo passageiro é predito como sobrevivente se ela for maior que 50%. O estranho conjunto de perguntas sugere que a árvore adaptou uma quantidade excessiva de casos individuais no conjunto de treinamento.

Bill (que vale 6 pontos no jogo) Clinton vencer Bob (7 pontos) Dole em 1996. O sobreajuste se faz necessário quando vamos longe demais na adaptação a circunstâncias locais, num esforço digno, porém mal-orientado, de evitar a "tendenciosidade" e levar em conta toda a informação disponível. Em condições normais, aplaudiríamos esse esforço, mas ao fazer tal refinamento acabamos tendo menos dados para elaborar, de modo que a confiabilidade cai. Assim, o sobreajuste reduz possíveis vieses, mas ao custo de um aumento da incerteza ou da variação nas estimativas, e é por isso que a proteção contra ele é por vezes chamada de **trade-off viés/variância**.

Podemos ilustrar essa ideia sutil imaginando uma enorme base de dados de vidas humanas a ser utilizada para predizer sua saúde futura — digamos, a sua chance de chegar aos oitenta anos. Poderíamos, talvez, buscar pessoas com a mesma idade e situação socioeconômica e ver o que aconteceu com elas — pode haver umas 10 mil pessoas assim, e se 8 mil chegaram aos oitenta anos, poderíamos estimar uma chance de 80% de que pessoas como você cheguem aos oitenta, e ter bastante confiança nesse número, uma vez que ele se baseia em muita gente.

Mas essa avaliação utiliza apenas um par de características para ajustá-lo aos casos na base de dados, e ignora aspectos mais individuais que poderiam refinar nossa predição — por exemplo, não se dá nenhuma atenção à sua saúde atual ou aos seus hábitos. Uma estratégia diferente seria encontrar pessoas que combinassem melhor com você em termos de peso, altura, pressão sanguínea, colesterol, prática de exercícios físicos, hábito de fumar, beber e assim por diante: digamos que continuássemos combinando cada vez mais características até estreitarmos a faixa para apenas duas pessoas na base de dados que representassem uma combinação quase perfeita. Suponhamos que uma tivesse chegado aos oitenta e a outra, não. Estimaríamos então uma chance de 50% de você chegar aos oitenta? Em certo sentido, esse valor de 50% é menos enviesado, uma vez que combina quase perfeitamente com você, mas, como se baseia em apenas duas pessoas, não é uma estimativa confiável (isto é, tem uma grande variância).

De maneira intuitiva, sentimos que existe um meio-termo feliz entre esses dois extremos; encontrar esse equilíbrio é complicado, mas crucial. Técnicas para evitar o sobreajuste incluem a regularização, na qual modelos complexos são incentivados, mas os efeitos das variáveis são puxados na direção de zero. Ao construir o algoritmo, porém, talvez a proteção mais comum seja utilizar a ideia simples, mas poderosa, da **validação cruzada**.

É essencial testar quaisquer predições num conjunto de teste independente, que não tenha sido usado no treinamento do algoritmo, mas isso só acontece no final do processo de desenvolvimento. Assim, embora possa então revelar nosso sobreajuste, ele não nos ajuda a construir um algoritmo melhor. Podemos, no entanto, simular um conjunto de teste independente, removendo, digamos, 10% dos dados de treinamento, desenvolvendo o algoritmo para os 90% restantes, e testando-o em seguida para os 10% removidos. Essa é uma validação cruzada, que pode ser realizada sistematicamente com a remoção de 10% dos dados a cada vez e a repetição do procedimento dez vezes, num processo conhecido como validação cruzada 10-fold.

Todos os algoritmos neste capítulo possuem algum parâmetro passível de ajuste, cuja intenção é controlar a complexidade do algoritmo final. Por exemplo, a maneira mais comum de construir árvores de classificação é primeiro elaborar uma árvore bem profunda, com muitos ramos, deliberadamente sobreajustada, e então podá-la para que se torne algo mais simples e robusto: essa poda é controlada por um parâmetro de complexidade.

Esse parâmetro pode ser escolhido pelo processo de validação cruzada. Para cada uma das dez amostras de validação cruzada, é desenvolvida uma árvore para cada parâmetro de complexidade. Para cada valor de parâmetro, é calculado o desempenho preditivo médio para todos os dez conjuntos de teste de validação cruzada — esse desempenho médio tende a melhorar até certo ponto, e então piora à medida que as árvores se tornam complexas demais. O valor ideal para o parâmetro de complexidade é aquele que resulta no melhor desempenho de validação cruzada, e é então usado para construir uma árvore a partir do conjunto de treinamento completo, a versão final.

A validação cruzada 10-fold foi usada para selecionar o parâmetro de complexidade na árvore da figura 6.3, e para escolher os parâmetros de ajuste em todos os modelos que consideramos a seguir.

Modelo de regressão

Vimos no capítulo 5 que o objetivo de um modelo de regressão é elaborar uma fórmula simples para predizer um resultado. A variável resposta nos dados do *Titanic* é um resultado do tipo sim/não que indica sobrevivência ou não sobrevivência, de modo que uma regressão logística é apropriada, exatamente como no caso dos dados de cirurgias cardíacas em crianças apresentados na figura 5.2.

A tabela 6.3 mostra os resultados obtidos a partir do ajuste de uma regressão logística treinada usando "impulsão", um procedimento iterativo concebido para dar mais atenção a casos difíceis: indivíduos no conjunto de treinamento que são classificados incorretamente numa iteração recebem peso maior na iteração seguinte, com o número de iterações escolhido por meio de validação cruzada 10-fold.

Característica	Escore
Escore inicial	3,20
Terceira classe	−2,30
"Mr."	−3,86
Homem na terceira classe	+1,43
Título raro	−2,73
Idade 51-60 na segunda classe	−3,62
Cada membro da família	−0,38

TABELA 6.3 Coeficientes aplicados a características em regressão logística para dados de sobreviventes do *Titanic*: coeficientes negativos diminuem a chance de sobrevivência, enquanto coeficientes positivos a aumentam.

Os coeficientes para as características de um passageiro específico podem ser somados de modo a fornecer um escore total de sobrevivência. Francis Somerton, por exemplo, começaria com 3,20, subtrairia 2,30 por estar na terceira classe e 3,86 por ter o título de "Mr.", mas receberia de volta 1,43 por ser um homem na terceira classe. Ele perde 0,38 por fazer parte de uma família de uma só pessoa, o que resulta num escore total de –1,91, que se traduz numa probabilidade de 13% de sobreviver, ligeiramente menor que os 16% informados pela árvore de classificação simples.*

Esse é um sistema "linear", mas observe que foram incluídas **interações**, que são essencialmente características combinadas mais complexas; o escore positivo para a interação de estar na terceira classe *e* ser homem, por exemplo, ajuda a compensar os escores extremamente negativos para a terceira classe e "Mr." já levados em conta. Embora estejamos focalizando o desempenho preditivo, esses coeficientes dão de fato uma boa indicação da importância das diferentes características.

Existem muitas abordagens de regressão mais sofisticadas para lidar com problemas grandes e complexos, tais como modelos não lineares e um processo conhecido como Lasso, que estima coeficientes e ao mesmo tempo elimina variáveis desnecessárias de predição relevantes, basicamente estimando que seus coeficientes sejam zero.

Técnicas mais complexas

Árvores de classificação e modelos de regressão surgem a partir de filosofias de modelagem um tanto diferentes: as árvores tentam construir regras simples que identifiquem grupos de casos com resultados esperados semelhantes, ao passo que os modelos de regressão focalizam o peso que deve ser dado a características específicas, independentemente do que mais seja observado num caso.

Os especialistas em aprendizagem de máquina utilizam árvores de classificação e regressões, mas desenvolveram uma ampla gama de métodos alternativos, mais complexos, para a criação de algoritmos. Por exemplo:

---

* Para transformar um escore total S numa probabilidade de sobrevivência p, utiliza-se a fórmula $p = 1 / (1 + e^{-S})$, em que e é a constante exponencial. Esse é o inverso da equação de regressão logística $\log_e p / (1 - p) = S$.

- *Florestas aleatórias* compreendem um grande número de árvores, cada uma das quais produz uma classificação, sendo a classificação final decidida por voto majoritário, num processo conhecido como agregação via bootstrap.
- *Máquinas de vetores de suporte* tentam encontrar combinações lineares de características que separem melhor os diferentes resultados.
- *Redes neurais* compreendem camadas de nós, cada um dos quais ponderado pela camada anterior, como uma série de regressões logísticas empilhadas umas sobre as outras. As ponderações são aprendidas por um procedimento de otimização, e, de forma bastante parecida com as florestas aleatórias, redes neurais múltiplas podem ser construídas e mediadas. Redes neurais com muitas camadas acabaram por ficar conhecidas como modelos de aprendizagem profunda: diz-se que o Inception, o sistema de reconhecimento de imagens do Google, possui mais de vinte camadas e mais de 300 mil parâmetros para estimar.
- *K-ésimo vizinho mais próximo* classifica segundo o resultado majoritário observado em casos parecidos no conjunto de treinamento.

Os resultados da aplicação de alguns desses métodos para os dados do *Titanic*, com parâmetros de ajuste escolhidos usando validação cruzada 10-fold e curvas ROC como critério de otimização, são mostrados na tabela 6.4.

A elevada precisão da regra ingênua "Todas as mulheres sobrevivem, todos os homens não", que ou vence ou fica pouco atrás de algoritmos mais complexos, demonstra a inadequação da "precisão" crua como medida de desempenho. A floresta aleatória produz a melhor discriminação refletida na área sob a curva ROC, embora as probabilidades oriundas da árvore de classificação mais simples, talvez de maneira surpreendente, alcancem melhor escore de Brier. Não existe portanto nenhum algoritmo claramente vencedor. Mais adiante, no capítulo 10, veremos se é possível afirmar com segurança que existe um vencedor propriamente dito em cada um desses critérios, uma vez que as margens de vitória podem ser tão pequenas que poderiam ser explicadas por uma variação casual — quem por acaso ficou no conjunto de treinamento ou no conjunto de teste.

Algoritmos, analítica e predição

Método	Precisão (elevada é bom)	Área sob a curva ROC (elevada é bom)	Escore de Brier (baixo é bom)
Todos têm uma chance de 39% de sobreviver	0,639	0,500	0,232
Todas as mulheres sobrevivem, todos homens não	0,786	0,578	0,214
Árvore de classificação simples	**0,806**	0,819	**0,139**
Árvore de classificação sobreajustada	**0,806**	0,810	0,150
Regressão logística	0,789	0,824	0,146
Floresta aleatória	0,799	**0,850**	0,148
Máquina de vetores de suporte	0,782	0,825	0,153
Rede neural	0,794	0,828	0,146
Rede neural mediada	0,794	0,837	0,142
K-ésimo vizinho mais próximo	0,774	0,812	0,180

TABELA 6.4 O desempenho de diferentes algoritmos nos dados de teste do *Titanic*: o negrito indica os melhores resultados. Algoritmos complexos foram otimizados para maximizar a área sob a curva ROC.

Isso reflete uma preocupação geral de que os algoritmos que vencem as competições da Kaggle tendam a ser muito complexos para atingir essa margem final minúscula necessária para a vitória. Um grande problema é que esses algoritmos tendem a ser caixas-pretas inescrutáveis — eles aparecem com uma predição, mas é quase impossível descobrir o que está acontecendo lá dentro. Isso tem três aspectos negativos. Primeiro, a extrema complexidade exige um grande esforço para implementação e aperfeiçoamento: quando a Netflix ofereceu um prêmio de 1 milhão de dólares para sistemas de predição para recomendação, o vencedor se revelou tão complicado que a empresa acabou optando por não usá-lo. O segundo aspecto negativo é que não sabemos como foi que se chegou à conclusão, ou que confiança devemos ter nela: é uma questão de simplesmente pegar ou largar. Algoritmos mais simples podem ser mais bem entendidos. Por fim, se não sabemos como um algoritmo está produzindo uma resposta, não podemos investigá-lo em busca de vieses implícitos, mas sistemáticos, contra certos membros da comunidade — uma questão que examinarei melhor em seguida.

Tudo isso aponta para a possibilidade de que o desempenho quantitativo talvez não seja o único critério para um algoritmo, e, uma vez que o desempenho seja "suficientemente bom", pode ser razoável abrir mão de pequenos aperfeiçoamentos para manter a simplicidade.

Quem foi a pessoa mais sortuda no *Titanic*?

O sobrevivente com escore de Brier mais elevado depois de tirada a média de todos os algoritmos pode ser considerado o mais surpreendente. E, no caso do *Titanic*, esse sobrevivente foi Karl Dahl, um marceneiro norueguês-australiano de 45 anos que viajava sozinho na terceira classe e pagou a mesma tarifa de Francis Somerton; dois algoritmos chegaram inclusive a lhe dar 0% de chance de sobreviver. Aparentemente, Dahl mergulhou nas águas geladas e escalou um bote salva-vidas, ainda que alguns no bote tenham tentado empurrá-lo de volta para a água. Talvez ele tenha simplesmente usado a força.

O caso de Dahl contrasta fortemente com o de Francis Somerton, de Ilfracombe, cuja morte, como vimos, se encaixou no padrão geral. Em vez de ter um marido bem-sucedido nos Estados Unidos, sua esposa Hannah Somerton acabou ficando com apenas cinco libras, menos do que Francis gastou em seu bilhete.

Desafios de algoritmos

Algoritmos podem apresentar um desempenho notável, mas, à medida que seu papel na sociedade cresce, começam a se destacar também seus problemas potenciais. Quatro preocupações principais podem ser identificadas.

- *Falta de robustez*: Algoritmos são derivados de associações, e, como não entendem os processos subjacentes, podem ser exageradamente sensíveis a mudanças. Mesmo que estejamos preocupados apenas com a precisão, mais do que com a verdade científica, ainda assim temos que nos lembrar dos princípios básicos do ciclo PPDAC e dos estágios que vão desde obter dados de uma amostra até fazer afirmações acerca de uma população-alvo. Para a analítica preditiva, essa população-alvo compreende casos futuros, e, se tudo permanecer igual, então os algoritmos elaborados com base em dados passados devem ter um bom desempenho. Mas o mundo nem sempre permanece igual. Observamos o fracasso dos algoritmos em prever as mudanças no mundo financeiro em 2007-8, e outro exemplo notável foi a tentativa do Google de predizer tendências de gripe com base no padrão de termos de busca introduzidos pelos usuários. A princípio, o algoritmo teve um bom desempenho, mas então, em 2013, começou a prever taxas de gripe dramaticamente exageradas — uma explicação para isso é que as mudanças introduzidas pelo Google no mecanismo de busca levaram a mais termos de busca que apontavam para a gripe.

- *Negligência em relação à variabilidade estatística*: Classificações geradas de forma automática a partir de dados limitados não são confiáveis. Professores nos Estados Unidos têm sido classificados e penalizados pelo desempenho anual de seus alunos, embora turmas com menos de trinta estudantes não forneçam uma base confiável para avaliar o valor agregado de um professor. Isso fica claro quando observamos mudanças implausivelmente drásticas na avaliação anual dos docentes: na Virgínia, o desempenho de um quarto dos professores teve uma variação de mais de quarenta pontos de um ano para outro, numa escala de 1 a 100.*
- *Viés implícito*: Os algoritmos, como já foi dito, se baseiam em associações, e pode acontecer que acabem utilizando características que normalmente consideraríamos irrelevantes para a tarefa que está sendo executada. Um algoritmo de visão pensado para distinguir entre imagens de huskies e de lobos foi (deliberadamente) treinado com imagens de lobos na neve e huskies sem neve, resultando em que imagens de qualquer cão eram

---

* Extraído de *Weapons of Math Destruction* [Armas de destruição matemática], livro de Cathy O'Neal, que oferece muitos exemplos de mau uso de algoritmos.

classificadas como lobo se houvesse neve no plano de fundo.[3] Exemplos menos triviais incluem um algoritmo para identificar beleza que não incluía pele escura e outro que identificava negros como gorilas. Algoritmos com grande impacto na vida das pessoas, como os que avaliam riscos de crédito ou prêmios de seguros, podem ser impedidos de usar o fator raça como variável preditiva, mas estão livres para usar códigos postais e revelar os bairros de moradia das pessoas, que muitas vezes são um forte substituto para o fator raça.

- *Falta de transparência*: Alguns algoritmos podem ser opacos pela sua mera complexidade. Mas até mesmo algoritmos simples baseados em regressão podem se tornar completamente inescrutáveis se sua estrutura for privada, talvez como parte de um produto comercial patenteado. Essa é uma das principais queixas em relação aos chamados algoritmos de reincidência, como o Correctional Offender Management Profiling for Alternative Sanctions (Compas), da Northpointe, ou o Level of Service Inventory — Revised (LSI-R), da MMR.[4] Esses algoritmos produzem um escore de risco ou categoria que pode ser usado para orientar decisões relativas a liberdade condicional e condenação, mas não se sabe ao certo de que maneira ponderam os diferentes fatores. Além disso, uma vez que informações sobre criação e associações criminosas passadas são coletadas, as decisões deixam de se basear somente no histórico criminal pessoal para abarcar fatores pregressos que revelaram vinculação com criminalidade futura, ainda que os fatores subjacentes comuns sejam a pobreza e a privação. É claro que, se tudo o que importasse fosse uma predição acurada, então tudo valeria, e qualquer fator, até mesmo a raça, poderia ser usado. Muitos argumentam, porém, que a correção e a justiça exigem o controle desses algoritmos, que devem ser transparentes e recorríveis.

Mesmo para algoritmos patenteados, algum grau de explicação é possível: basta que possamos experimentá-los com diferentes tipos de inputs. Quando adquirimos um seguro on-line, o prêmio a ser pago é calculado segundo uma fórmula desconhecida sujeita apenas a certas restrições legais: no Reino

Unido, por exemplo, o prêmio dos seguros de automóveis não pode levar em conta o gênero do requerente, o dos seguros de vida não pode considerar fatores como raça ou informação genética (exceto a doença de Huntington) e assim por diante. Mas ainda podemos ter uma ideia da influência de diferentes fatores se mentirmos sistematicamente e observarmos como a cotação muda: isso permite um certo grau de engenharia reversa do algoritmo que nos permite ver o que está norteando o valor do prêmio.

Existe uma demanda cada vez maior pela responsabilização de algoritmos que afetam a vida das pessoas, e a legislação está começando a incluir exigências de explicações compreensíveis para as conclusões tiradas por eles. Essas exigências militam contra caixas-pretas complexas, e podem levar a uma preferência por algoritmos baseados em regressão (bastante antiquados), que deixam claro o peso de cada item de evidência.

Mas, tendo olhado para o lado escuro dos algoritmos, é apropriado terminar este capítulo com um exemplo que parece inteiramente benéfico e empoderador.

Qual é o benefício esperado da terapia adjuvante após uma cirurgia de câncer de mama?

Quase todas as mulheres recém-diagnosticadas com câncer de mama passarão por algum tipo de cirurgia, mesmo que de extensão limitada. Uma questão fundamental após a operação é a escolha da terapia adjuvante para reduzir as chances de recorrência e morte em razão do tumor. As opções de tratamento podem incluir radioterapia, terapia hormonal, quimioterapia e alternativas medicamentosas. No âmbito do ciclo PPDAC, esse é o Problema.

O Plano adotado pelos pesquisadores do Reino Unido foi desenvolver um algoritmo para ajudar nessa decisão, usando Dados de 5700 casos históricos de mulheres com câncer de mama obtidos junto ao serviço de saúde. A Análise abrangeu o desenvolvimento de um algoritmo projetado para utilizar informações detalhadas sobre a mulher e seu tumor e calcular suas chances de sobrevida em até dez anos após a cirurgia, e também para analisar como essas chances se alteravam segundo os diferentes tipos de tratamento. Mas é preciso ter cuidado ao analisar os resultados observados em mulheres que receberam esses tratamentos no passado: os tratamentos foram prescritos por motivos desconhecidos, e não podemos usar os aparentes benefícios observados na base de dados. Em vez disso, um modelo de regressão foi adaptado, tendo a sobrevida como resultado, mas forçando os efeitos dos tratamentos a serem aqueles estimados a partir de análises de estudos clínicos em larga escala. O algoritmo subsequente foi tornado público, e sua discriminação e calibração foram verificadas em conjuntos de dados independentes compreendendo 27 mil mulheres.[5]

O software de computador resultante foi chamado de Predict, e comunica os resultados por meio da proporção de mulheres semelhantes com expectativa de sobrevida de cinco e dez anos para diferentes tratamentos adjuvantes. Alguns resultados para uma mulher fictícia são mostrados na tabela 6.5.

Tratamento	Benefício adicional sobre tratamentos anteriores	Taxa geral de sobrevida
Apenas cirurgia	–	64%
+ Terapia hormonal	7%	70%
+ Quimioterapia	6%	76%
+ Trastuzumabe (Herceptin®)	3%	79%
Para mulheres livres de câncer		87%

TABELA 6.5 Usando o algoritmo do Predict 2.1, a proporção de mulheres com 65 anos com expectativa de sobrevida de dez anos após a cirurgia para câncer de mama, depois de detectado um tumor de grau 2, de dois centímetros no exame de imagem, com dois nódulos positivos, e ER, HER-2 e Ki-67 também positivos. A tabela mostra os benefícios cumulativos esperados para diferentes tratamentos adjuvantes, embora esses tratamentos possam ter efeitos adversos. A taxa de sobrevida para "mulheres livres de câncer" representa a melhor sobrevida que se pode conseguir, dada a idade da mulher.

O Predict não é perfeito, e os números na tabela 6.5 só podem ser usados a título de orientação geral: eles mostram o que poderíamos esperar que acontecesse com mulheres que se encaixam nas características avaliadas

Algoritmos, analítica e predição

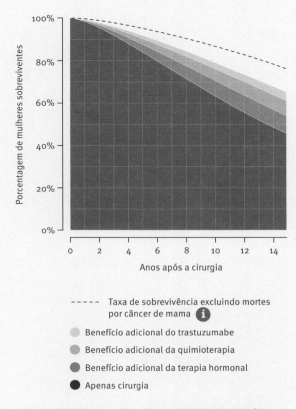

FIGURA 6.7 Curvas de sobrevivência do Predict 2.1 para até quinze anos após a cirurgia, para mulheres com as características listadas na legenda da tabela 6.5, mostrando os anos de sobrevida proporcionados por tratamentos adicionais. A área acima da linha tracejada representa mulheres com câncer de mama que morrem de outras causas.

pelo algoritmo, e portanto fatores adicionais devem ser levados em consideração para mulheres específicas. Ainda assim, o Predict é usado rotineiramente para avaliar dezenas de milhares de casos por mês, tanto em reuniões de equipes multidisciplinares, nas quais são formuladas as opções de tratamento das pacientes, como na comunicação dessa informação para as mulheres. Para aquelas que desejam se envolver plenamente em suas escolhas de tratamento, ele pode fornecer informações habitualmente disponíveis apenas para os médicos, permitindo que elas tenham maior controle sobre a própria vida. O algoritmo é livre de patentes, o software é de fonte aberta e o sistema é atualizado com frequência para incluir novas informações, inclusive efeitos adversos de tratamentos.

Inteligência artificial

Desde o seu primeiro uso, nos anos 1950, a ideia de IA vem suscitando picos de entusiasmo e subsequentes ondas de crítica. Nos anos 1980, eu trabalhava com diagnósticos auxiliados por computador e lidava com a incerteza em torno da IA; na época, grande parte do discurso era formulado em termos de uma competição entre abordagens baseadas em probabilidade e estatística, aquelas que exploravam "regras" de avaliação de especialistas e aquelas que tentavam emular capacidades cognitivas dos seres humanos por meio de redes neurais. O campo agora está maduro, com uma abordagem mais pragmática e ecumênica a sua filosofia subjacente, embora os picos de entusiasmo não tenham desaparecido.

A IA compreende a inteligência demonstrada por máquinas, uma ideia convenientemente abrangente. É um tópico muito mais amplo do que a questão limitada dos algoritmos que discutimos neste capítulo, e a análise estatística é apenas um dos componentes na construção de seus sistemas. Mas, como demonstram as extraordinárias realizações observadas recentemente nos algoritmos de visão, fala, jogos e assim por diante, a aprendizagem estatística desempenha um papel importante nos sucessos da IA "fraca". Sistemas como o Predict, que alguns anos atrás seriam considerados sistemas de suporte de decisões baseados em estatística, poderiam agora, com boa razão, ser chamados de IA.*

Muitos dos desafios que apresentei anteriormente se reduzem a algoritmos que apenas modelam associações, sem fazer ideia dos processos causais subjacentes. Judea Pearl, um dos maiores responsáveis pela intensificação do foco sobre o raciocínio causal em IA, argumenta que esses modelos só nos

---

* Nem que seja para atrair financiamento...

permitem responder a perguntas do tipo "Se observamos x, o que esperamos observar a seguir?", enquanto a IA geral requer um modelo causal para explicar como o mundo realmente funciona, o que lhe permitiria responder a perguntas em nível humano sobre o efeito de intervenções ("E se fizermos x?") e contrafactuais ("E se não tivéssemos feito x?").

A IA ainda está muito longe de ter essa habilidade.

ESTE LIVRO ENFATIZA OS PROBLEMAS estatísticos clássicos de pequenas amostras, vieses sistemáticos (no sentido estatístico) e a falta de capacidade de generalização para novas situações. A lista de desafios para os algoritmos mostra que, embora a disponibilidade de grandes conjuntos de dados possa reduzir a preocupação relativa ao tamanho da amostra, os outros problemas tendem a piorar; e temos agora um problema adicional, que é explicar o raciocínio dos algoritmos.

A disponibilidade de montanhas de dados só aumenta os desafios de produzir conclusões robustas e responsáveis. Uma humildade básica ao construir algoritmos é fundamental.

RESUMO

- Algoritmos construídos a partir de dados podem ser usados para classificar e predizer eventos em aplicações tecnológicas.
- É importante se precaver contra o sobreajuste de um algoritmo aos dados de treinamento, porque ele basicamente ajusta o ruído em vez do sinal.
- Os algoritmos podem ser avaliados por sua precisão de classificação, sua habilidade de discriminar entre grupos e sua precisão preditiva geral.
- Algoritmos complexos podem ser pouco transparentes; talvez valha a pena trocar um pouco de precisão por abrangência.
- O uso de algoritmos e inteligência artificial apresenta muitos desafios; é crucial ter alguma percepção tanto do poder quanto das limitações dos métodos de aprendizagem de máquina.

7. Que grau de certeza podemos ter sobre o que está acontecendo? Estimativas e intervalos

Quantas pessoas estão desempregadas no Reino Unido?

Em janeiro de 2018, o site da bbc News anunciou que, mais de três meses antes do novembro anterior, "o número de desempregados no Reino Unido caiu em 3 mil, para 1,44 milhão". A razão para essa queda foi discutida, mas ninguém questionou se o número era de fato preciso. Um exame meticuloso do Instituto Nacional de Estatísticas do país, no entanto, revelou que a **margem de erro** da queda informada era de ± 77 mil — em outras palavras, podia ter havido algo entre uma queda de 80 mil e um aumento de 74 mil desempregados. Assim, embora jornalistas e políticos parecessem acreditar que esse suposto declínio de 3 mil desempregados era um cálculo fixo, imutável, na verdade tratava-se de uma estimativa imprecisa baseada num levantamento feito com cerca de 100 mil pessoas.* De forma semelhante, quando a Secretaria de Estatísticas Trabalhistas dos Estados Unidos reportou um aumento de 108 mil desempregados de dezembro de 2017 a janeiro de 2018, esse número se baseava numa amostra de cerca de 60 mil lares, e tinha uma margem de erro (mais uma vez bastante difícil de achar) de ± 300 mil.**[1]

---

* Certa vez, quando sugeri a um grupo de jornalistas que isso fosse claramente explicitado em seus artigos, fui recebido com franca incompreensão.
** Alterações no desemprego derivadas de dados de folha de pagamento informados pelos empregadores são um pouco mais precisas, com uma margem de erro de aproximadamente ± 100 mil.

Reconhecer a incerteza é importante. Qualquer um pode fazer uma estimativa, mas ser capaz de avaliar realisticamente um possível erro é um elemento crucial da ciência estatística. Mesmo que isso envolva alguns conceitos desafiadores.

SUPONHA QUE TENHAMOS COLETADO dados precisos, numa pesquisa bem planejada, e queiramos generalizar os achados para a nossa população de estudo. Se tivermos sido cuidadosos e evitado vieses internos, digamos, mediante uma amostra aleatória, então devemos esperar que as sínteses estatísticas calculadas a partir da amostra estejam perto dos valores correspondentes para a população de estudo.

Vale a pena discutir essa importante questão em maiores detalhes. Num estudo bem conduzido, esperamos que a média da nossa amostra esteja perto da média populacional, que o intervalo interquartil esteja próximo do intervalo interquartil da população e assim por diante. Vimos uma ilustração da ideia de síntese populacional com os dados de peso no nascimento apresentados no capítulo 3, em que chamamos a média amostral de estatística, e a média populacional de parâmetro. Em linguagem estatística mais técnica, esses dois valores costumam ser distinguidos pela atribuição de letras romanas e gregas, respectivamente, numa tentativa quiçá malograda de evitar confusão; m, por exemplo, com frequência representa a média amostral, ao passo que a letra grega μ (mi) é usada para a média populacional; e s em geral representa o desvio-padrão da amostra, enquanto σ (sigma) é o desvio-padrão da população.

Muitas vezes, apenas a síntese estatística é comunicada, e em alguns casos isso pode ser suficiente. Por exemplo, vimos que a maioria das pessoas não está ciente de que os números de desemprego no Reino Unido e nos Estados Unidos não se baseiam numa contagem total das pessoas oficialmente registradas como desempregadas, e sim em grandes pesquisas. Se uma dessas pesquisas revela que 7% da amostra estão desempregados, as agências nacionais e os meios de comunicação em geral apresentam esse valor como um simples fato de que 7% de toda a população estão desempregados, em vez de reconhecer que esse número é apenas uma estimativa. Em termos mais precisos, confundem a média amostral com a média populacional.

Isso pode não ter importância se apenas quisermos dar uma ideia geral do que está acontecendo no país e a pesquisa for enorme e confiável. Mas, para pegar um exemplo bastante extremo, suponhamos que você ouviu dizer que apenas cem pessoas foram indagadas se estavam em situação de desemprego, e sete tenham dito que sim. A estimativa seria de 7%, mas você provavelmente não acharia esse número confiável, e não ficaria muito contente se fosse tratado como um valor capaz de descrever a população inteira. E se o tamanho da amostra fosse de mil pessoas, ou de 100 mil? Com um levantamento suficientemente grande, você pode começar a se sentir mais confortável com a qualidade da estimativa. O tamanho da amostra deve afetar nossa confiança na estimativa, e saber exatamente a diferença que ele faz é uma necessidade básica para que possamos fazer inferências estatísticas apropriadas.

Números de parceiros sexuais

Revisitemos agora a pesquisa sobre a qual falamos no capítulo 2, na qual foi perguntado aos participantes quantos parceiros sexuais tiveram na vida. Na faixa etária de 35-44 anos, houve 1215 mulheres e 806 homens entre os respondentes, de modo que tratou-se de um levantamento grande, a partir do qual foram calculadas as sínteses estatísticas mostradas na tabela 2.2, como por exemplo o número mediano de parceiros — oito para os homens e cinco para as mulheres. Como sabemos que a pesquisa se baseou num esquema adequado de amostragem aleatória, é bastante razoável supor que a população do estudo esteja de acordo com a população-alvo, que é a população adulta britânica. A questão crucial é: até que ponto essas estatísticas se aproximam do valor que teríamos encontrado se pudéssemos perguntar ao país inteiro?

Para ilustrar como a precisão da estatística depende do tamanho da amostra, vamos fingir por um momento que os homens da pesquisa na verdade representam a população na qual estamos interessados. O gráfico inferior na figura 7.1 mostra a distribuição para os 760 homens que decla-

Que grau de certeza podemos ter sobre o que está acontecendo?

raram ter feito sexo com mais de cinquenta parceiras. Para ilustrar nosso ponto, pegamos então sucessivas amostras de indivíduos dessa "população" de 760 homens, parando ao chegar a 10, 50 e 200 homens. As distribuições de dados dessas amostras são apresentadas na figura 7.1 — fica claro que as

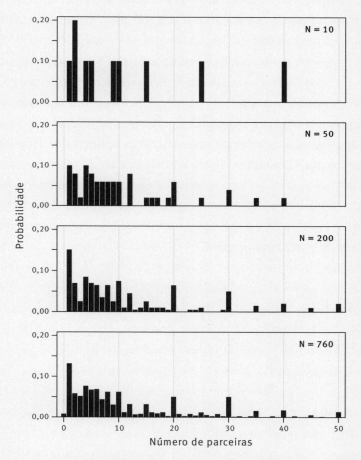

FIGURA 7.1 O gráfico inferior mostra a distribuição de respostas de todos os 760 homens na pesquisa. A partir desse grupo, foram feitas amostras aleatórias de 10, 50 e 200 homens, que produziram as distribuições apresentadas nos três primeiros gráficos. Amostras menores exibem um padrão mais variável, mas, à medida que aumenta, o formato da distribuição vai se aproximando daquele de todo o grupo de 760 homens. Valores acima de cinquenta parceiras não são mostrados.

amostras menores são mais "acidentadas", uma vez que sensíveis a pontos de dados solitários. As sínteses estatísticas para amostras sucessivamente maiores são exibidas na tabela 7.1, mostrando que o número bastante baixo de parceiras (média de 8,3) na primeira amostra de dez indivíduos é constantemente sobrepujado à medida que a estatística vai chegando cada vez mais perto dos números para todo o grupo de 760 homens com o aumento do tamanho da amostra.

Voltemos agora ao problema real que temos diante de nós: o que podemos dizer sobre os números médio e mediano de parceiras em toda a população de estudo de homens entre 35 e 44 anos, com base nas amostras reais apresentadas na figura 7.1? Poderíamos estimar esses parâmetros da população a partir das estatísticas das amostras de cada grupo exibidas na tabela 7.1, presumindo que aquelas baseadas em amostras maiores sejam de alguma forma "melhores": por exemplo, as estimativas do número médio de parceiras estão convergindo para 11,4, e com uma amostra suficientemente grande poderíamos em teoria chegar tão perto quanto desejado da resposta verdadeira.

Tamanho da amostra	Número médio de parceiras	Número mediano de parceiras
10	8,3	9
50	10,5	7,5
200	12,2	8
760	11,4	7

TABELA 7.1 Síntese estatística do número de parceiras sexuais ao longo da vida reportado por homens na faixa etária de 35-44 anos na pesquisa Natsal-3, para amostras aleatórias sucessivamente maiores, e os dados completos sobre 760 homens.

Agora chegamos a um passo crítico. Para calcular o grau de precisão que essas estatísticas podem ter, precisamos pensar em quanto elas poderiam mudar se (em nossa imaginação) repetíssemos o processo de amostragem uma série de vezes. Em outras palavras: se colhêssemos amostras de 760 homens no país repetidamente, quanto variariam as estatísticas calculadas?

Se soubéssemos quanto essas estimativas iriam variar, então isso nos ajudaria a avaliar o grau de precisão de nossa estimativa real. Mas, infelizmente, só poderíamos calcular a variabilidade exata em nossas estimativas se soubéssemos precisamente os detalhes da população. E é isso que não sabemos.

Há duas maneiras de resolver essa circularidade. A primeira é fazer algumas premissas matemáticas sobre o formato da distribuição da população e usar teorias sofisticadas para descobrir a variabilidade que esperaríamos encontrar em nossa estimativa — e, portanto, quão longe podemos esperar que nossa média amostral esteja da média da população. Esse é o método tradicional ensinado nos manuais de estatística, e veremos como ele funciona no capítulo 9.

Existe, porém, uma abordagem alternativa, baseada na premissa plausível de que a população deve ter mais ou menos a mesma aparência que a amostra. E, se não podemos tirar repetidamente uma amostra nova da população, podemos tirar repetidamente novas amostras da nossa amostra!

Podemos ilustrar essa ideia com a nossa amostra anterior de 50, mostrada no gráfico superior da figura 7.2, que tem uma média de 10,5. Imagine que tiremos 50 pontos de dados em sequência, a cada vez substituindo o ponto tirado, e obtenhamos a distribuição de dados mostrada no segundo gráfico, que tem uma média de 8,4.* Observe que essa distribuição só pode conter pontos de dados assumindo os mesmos valores da amostra original, mas conterá números diferentes de cada valor, e portanto o formato da distribuição será ligeiramente diferente, resultando numa média também ligeiramente diferente. Esse processo pode ser repetido, e a figura 7.2 mostra três dessas reamostragens, com médias de 8,4, 9,7 e 9,8.

Assim, através desse processo de reamostragem com substituição, podemos ter uma ideia de como a nossa estimativa varia. Esse processo é conhecido como **bootstrapping** dos dados — a mágica ideia de *bootstrapping*,

---

* Pense num saco com cinquenta bolas, cada uma rotulada como um ponto de dados tirado da nossa amostra de 50; por exemplo, uma teria o rótulo "25", duas o rótulo "30", e assim por diante. Tiramos uma bola ao acaso de dentro do saco, anotamos seu valor, e então a repomos, restaurando o número de bolas no saco para 50. Repetimos esse processo de tirar, anotar e repor um total de 50 vezes, produzindo uma distribuição de pontos de dados como a que vemos em "Boot 1".

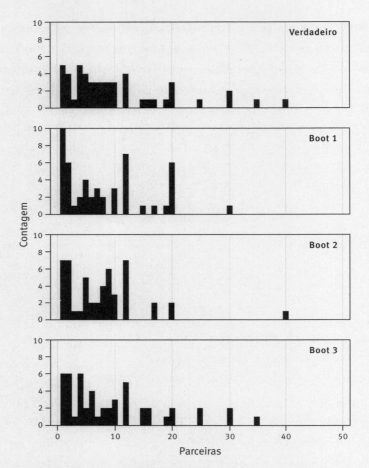

FIGURA 7.2 A amostra original de 50 observações e três reamostragens feitas usando o método "bootstrap", cada uma delas baseada na coleta ao acaso de uma nova amostra de 50 observações a partir do conjunto original. Por exemplo, uma observação de 25 parceiras ocorre apenas uma vez nos dados originais. Esse ponto de dados não aparece nem na primeira nem na segunda reamostragem, mas aparece duas vezes na terceira.

de puxar a si mesmo agarrando os laços das próprias botas, é refletida nessa capacidade de aprender sobre a variabilidade numa estimativa sem que seja preciso fazer quaisquer premissas sobre o formato da distribuição da população.

Que grau de certeza podemos ter sobre o que está acontecendo?

Se repetirmos essa reamostragem, digamos, mil vezes, obteremos mil estimativas possíveis da média — elas são exibidas como histogramas no segundo gráfico da figura 7.3. Outros gráficos mostram os resultados de bootstrapping das demais amostras apresentadas na figura 7.1, cada histo-

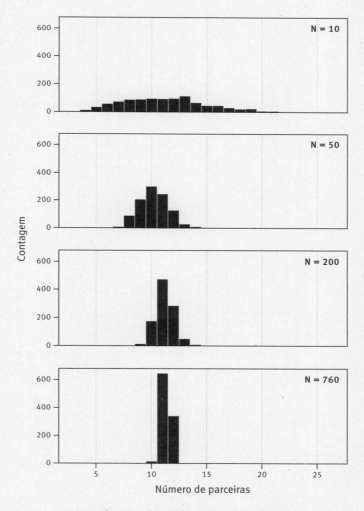

FIGURA 7.3 Distribuição de médias amostrais de mil reamostragens bootstrap, para cada uma das amostras originais de 10, 50, 200 e 760 apresentadas na figura 7.1. A variabilidade das médias amostrais das reamostragens bootstrap decresce com o aumento do tamanho da amostra.

grama exibindo a dispersão das estimativas bootstrap em torno da média amostral original. Estas são conhecidas como **distribuições amostrais** de estimativas, uma vez que refletem a variabilidade nas estimativas que surgem a partir de amostragens repetidas dos dados.

A figura 7.3 exibe algumas características claras. A primeira, e talvez a mais notável, é que quase todo vestígio de distorção das amostras originais desapareceu — as distribuições das estimativas baseadas em dados reamostrados são quase simétricas em torno da média dos dados originais. Esse é um primeiro vislumbre daquele que é conhecido como o teorema do limite central, que diz que a distribuição de médias amostrais tende a uma distribuição normal com o tamanho crescente da amostra, *quase independentemente do formato da distribuição de dados original*. Esse é um resultado excepcional, que veremos mais adiante, no capítulo 9.

De maneira fundamental, essas distribuições bootstrap nos permitem quantificar nossa incerteza acerca das estimativas mostradas na tabela 7.1. Por exemplo, podemos encontrar o intervalo de valores que contém os 95% das médias das reamostragens bootstrap, e chamar isto de intervalo de incerteza de 95% para as estimativas originais, ou, alternativamente, margens de erro. Estas são mostradas na tabela 7.2 — a simetria das distribuições bootstrap significa que os intervalos de incerteza são aproximadamente simétricos em torno da estimativa original.

A segunda característica importante da figura 7.3 é que as distribuições bootstrap vão estreitando à medida que o tamanho da amostra aumenta,

Tamanho da amostra	Número médio de parceiras	Intervalo de incerteza de 95% no bootstrap
10	8,3	5,3 a 11,5
50	10,5	7,7 a 13,8
200	12,2	10,5 a 13,8
760	11,4	10,5 a 12,2

TABELA 7.2 Médias amostrais para quantidade de parceiras sexuais ao longo da vida reportadas por homens de 35 a 44 anos, para amostras aleatórias de 10, 50 e 200, e dados completos de 760 homens, com intervalos de incerteza bootstrap, também conhecidos como margens de erro, de 95%.

o que é refletido nos intervalos de incerteza de 95% constantemente cada vez mais estreitos.

Esta seção introduziu algumas ideias difíceis, mas importantes:

- a variabilidade em estatísticas baseadas em amostras;
- dados de bootstrapping quando não queremos fazer premissas sobre o formato da população;
- o fato de que o formato da distribuição das estatísticas não depende do formato da distribuição original a partir da qual os pontos de dados são retirados.

De forma bastante notável, tudo isso foi conseguido sem qualquer matemática, exceto a ideia de extrair observações ao acaso.

Agora vou mostrar que a mesma estratégia de bootstrap pode ser aplicada a situações mais complexas.

No CAPÍTULO 5 TRACEI RETAS de regressão para os dados de altura coletados por Galton, possibilitando que fossem feitas predições, digamos, da altura de uma filha com base na altura da mãe, usando uma reta com gradiente estimado de 0,33 (tabela 5.2). Mas quanta confiança podemos ter em relação à posição dessa reta? O bootstrapping oferece uma forma intuitiva de responder a essa pergunta sem fazer quaisquer premissas matemáticas sobre a população subjacente.

Para fazer o bootstrapping dos 433 pares filha/mãe mostrados na figura 7.4, é extraída dos dados uma reamostra de 433, com a substituição, e a reta de mínimos quadrados ("melhor ajuste") é ajustada. Esse processo é repetido quantas vezes se desejar: a figura 7.4 mostra as retas ajustadas provenientes de apenas vinte reamostragens para demonstrar a dispersão das linhas. Fica claro que, uma vez que o conjunto de dados original é grande, há relativamente pouca variabilidade nas retas ajustadas, e, quando nos baseamos em mil reamostragens bootstrap, um intervalo de 95% para o gradiente vai de 0,22 a 0,44.

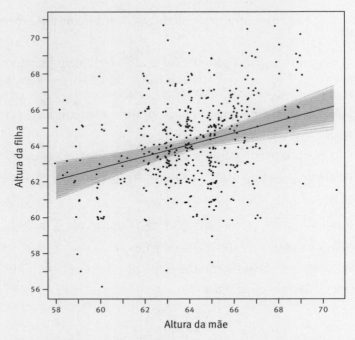

FIGURA 7.4 Retas de regressão ajustadas para vinte reamostragens bootstrap dos dados de altura mãe-filha coletados por Galton superpostos aos dados originais, mostrando a variabilidade relativamente pequena no gradiente devido ao grande tamanho da amostra.

O bootstrapping provê uma forma intuitiva, com intenso uso do computador, de avaliar a incerteza em nossas estimativas, sem que seja necessário fazer fortes premissas ou usar a teoria da probabilidade. Mas a técnica não é viável quando se trata de, digamos, calcular as margens de erro em pesquisas de desemprego com 100 mil pessoas. Embora o bootstrapping seja uma ideia simples, brilhante e extraordinariamente efetiva, o fato é que é complicado demais usá-lo para manejar quantidades tão grandes de dados, sobretudo quando existe uma teoria capaz de gerar fórmulas para a extensão dos intervalos de incerteza. Mas, antes de demonstrar essa teoria no capítulo 9, devemos primeiro encarar a deliciosa, mas desafiadora, teoria da probabilidade.

RESUMO

- Os intervalos de incerteza são um elemento importante na comunicação da estatística.
- O bootstrapping de uma amostra consiste em criar novos conjuntos de dados de mesmo tamanho reamostrando os dados originais, com substituição.
- Estatísticas de amostras calculadas a partir de reamostragens bootstrap tendem a uma distribuição normal para grandes conjuntos de dados, independentemente do formato da distribuição de dados original.
- Intervalos de incerteza baseados em bootstrapping tiram proveito do moderno poder computacional e não requerem premissas sobre a forma matemática da população nem teoria complexa da probabilidade.

8. Probabilidade: a linguagem da incerteza e da variabilidade

NA FRANÇA DOS ANOS 1650, o autoproclamado Chevalier de Méré tinha um problema com o jogo. Não porque jogasse demais (embora isso de fato ocorresse), mas porque queria saber em qual de dois jogos tinha maior chance de ganhar:

Jogo 1: Lançar um dado no máximo quatro vezes e vencer ao tirar um seis.
Jogo 2: Lançar dois dados no máximo 24 vezes e vencer ao tirar um duplo seis.

Qual dos dois jogos era uma aposta melhor?

Seguindo bons princípios estatísticos empíricos, o Chevalier de Méré decidiu jogar ambos uma série de vezes e ver com que frequência ganhava em cada um. Isso exigiu um bocado de tempo e esforço. Porém, num bizarro universo paralelo no qual houvesse computadores, mas não a teoria da probabilidade, o bom Chevalier (na verdade Antoine Gombaud) não teria perdido tanto tempo coletando os dados de seus sucessos — teria simplesmente simulado milhares de jogos.

A figura 8.1 apresenta os resultados de tal simulação, mostrando como a proporção geral de vezes em que ele ganha vai mudando quanto mais ele "joga". Embora durante algum tempo o Jogo 2 pareça ser a melhor aposta, depois de mais ou menos quatrocentas jogadas fica claro que a melhor delas é o Jogo 1; e no (muito) longo prazo sua expectativa de vencer é de aproximadamente 52% no Jogo 1 e de apenas 49% no Jogo 2.

O Chevalier, de forma bastante notável, jogava com tanta frequência que chegou à mesma conclusão: o Jogo 1 era uma aposta ligeiramente melhor. Isso contrariava suas (errôneas) tentativas de calcular as chances

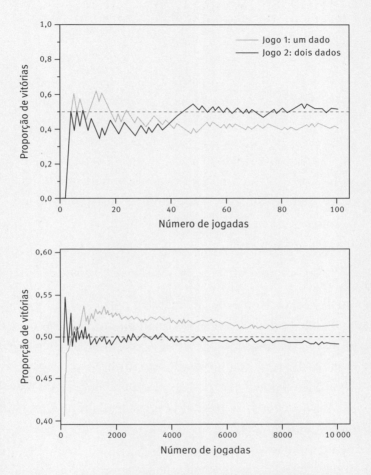

FIGURA 8.1 Uma simulação de computador de 10 mil repetições dos dois jogos. No Jogo 1, a vitória acontece ao se tirar um seis em até quatro lançamentos de um dado; no Jogo 2, ao se tirar um duplo seis em até 24 lançamentos de dois dados. Ao longo das cem primeiras jogadas de cada um deles (gráfico superior), parece haver uma chance maior de vencer no Jogo 2; mas, depois de milhares de jogadas (gráfico inferior), fica claro que o Jogo 1 oferece uma aposta ligeiramente melhor.

de vencer,* e ele então recorreu ao badalado Salon Mersenne em Paris em busca de ajuda. Felizmente, o filósofo Blaise Pascal também era membro do Salon. Pascal, por sua vez, escreveu a seu amigo Pierre de Fermat (aquele do famoso "último teorema") sobre o problema apresentado pelo Chevalier, e juntos eles desenvolveram os primeiros passos da teoria da probabilidade.

Durante milênios os humanos fizeram apostas sobre como pedacinhos de ossos ou dados cairiam ao serem lançados. No entanto, a teoria formal da probabilidade é uma ideia relativamente recente. Depois do trabalho de Pascal e Fermat nos anos 1650, os aspectos matemáticos essenciais foram todos ordenados nos cinquenta anos seguintes, e agora a probabilidade tem aplicações em física, seguros, pensões, finanças, previsões e, é claro, jogos de apostas. Mas por que precisamos usar a teoria da probabilidade ao trabalhar com estatística?

Já vimos o conceito de pontos de dados "escolhidos ao acaso" de uma distribuição populacional — a história do bebê com peso baixo no nascimento mencionada no capítulo 3 foi a nossa primeira introdução à probabilidade. Temos que assumir que qualquer um na população tem a mesma probabilidade de ser escolhido para fazer parte da nossa amostra; lembremos a analogia de Gallup: mexer bem uma sopa antes de prová-la. E vimos que, se quisermos fazer inferências estatísticas sobre aspectos desconhecidos do mundo, previsões inclusive, então nossas conclusões sempre terão algum grau de incerteza.

No capítulo anterior vimos como podemos usar o bootstrapping para descobrir a variação que podemos esperar em nossa síntese estatística se repetirmos o processo de amostragem uma série de vezes, e então usar

---

*Para o Jogo 1, ele pensava que quatro lançamentos, cada um deles com uma chance de sucesso de $1/6$, significariam uma chance geral de vitória de $4 \times 1/6 = 2/3$. Para o Jogo 2, de maneira semelhante, ele achava que 24 lançamentos duplos, cada um com uma chance de sucesso de $1/36$, significavam uma chance geral de vitória de $24 \times 1/36 = 2/3$, a mesma do Jogo 1. Esses ainda são erros comuns cometidos por estudantes. Para mostrar que esse cálculo não pode estar certo, simplesmente considere o seguinte: se o Chevalier fizesse 12 lançamentos no Jogo 1, será que a chance de ganhar seria de $12 \times 1/6 = 2$? O raciocínio correto é fornecido na nota final 2 deste capítulo.

essa variabilidade para exprimir nossa incerteza em relação às características verdadeiras, mas desconhecidas, de toda a população. Para isso, só precisamos da ideia de "escolher ao acaso", que mesmo crianças pequenas entendem que representa uma escolha justa.

Tradicionalmente, um curso de estatística começaria com a probabilidade — foi assim que sempre comecei minhas aulas em Cambridge —, mas essa iniciação cheia de matemática pode atrapalhar a compreensão das ideias importantes que vimos nos capítulos anteriores, que não exigem o entendimento da teoria da probabilidade. Em contraste, este livro é parte do que poderíamos chamar atualmente de "nova onda" no ensino da estatística, na qual a teoria formal da probabilidade como base para a inferência estatística só aparece muito mais tarde.[1] Vimos que as simulações de computador são ferramentas potentes, tanto para explorar possíveis eventos futuros como para usar o bootstrapping em busca de dados históricos; mas são também uma forma um tanto desajeitada e bruta para executar análises estatísticas. Assim, embora tenhamos conseguido evitar a teoria formal da probabilidade por um longo caminho, é hora de encarar seu papel vital em prover "a linguagem da incerteza".

Mas por que a relutância em usar essa brilhante teoria desenvolvida ao longo dos últimos 350 anos? Muitas vezes me perguntam por que as pessoas tendem a achar a probabilidade uma ideia difícil e pouco intuitiva. Costumo responder que, depois de quarenta anos pesquisando e lecionando nessa área, finalmente concluí que é porque a probabilidade é de fato uma ideia difícil e pouco intuitiva. Sou solidário com qualquer pessoa que considere a probabilidade uma coisa traiçoeira. Mesmo após décadas trabalhando como estatístico, quando me fazem uma pergunta escolar básica usando probabilidade preciso me afastar, sentar em silêncio com caneta e papel e tentar abordar o problema de algumas formas diferentes antes de, por fim, anunciar aquela que espero que seja a resposta correta.

Comecemos com a minha técnica favorita de resolução de problemas, que pode ter salvado vários políticos de situações constrangedoras.

As regras da probabilidade tornadas, possivelmente, um pouco mais simples

Em 2012, perguntou-se a 97 membros do Parlamento em Londres: "Se você lançar uma moeda duas vezes, qual é a probabilidade de tirar duas caras?". A maioria, 60 em 97, não foi capaz de dar a resposta correta.* Como é que esses políticos poderiam ter se saído melhor?

Talvez eles devessem conhecer as regras da probabilidade, mas a maioria das pessoas não conhece. Uma alternativa seria usar uma ideia mais intuitiva, que vários experimentos em psicologia provaram melhorar o raciocínio das pessoas em relação à probabilidade.

Essa ideia é a da "frequência esperada". Quando confrontado com o problema das duas moedas, você se pergunta: "O que eu espero que acon-

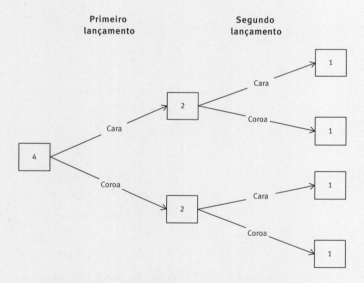

FIGURA 8.2 Árvore de frequências esperadas para dois lançamentos de moeda repetidos quatro vezes. Espera-se, por exemplo, que dois dos quatro primeiros lançamentos deem cara, e então cada um desses dê cara e coroa no segundo lançamento.

---

* Alerta de spoiler: a resposta é ¼, ou 25%, ou 0,25.

teça se tentar o experimento algumas vezes?". Digamos que você tente lançar primeiro uma moeda, e então a outra, num total de quatro vezes. Desconfio que, com um pouquinho de reflexão, até mesmo um político seria capaz de concluir que o esperado seria obter os resultados mostrados na figura 8.2.

Então, 1 em cada 4 vezes, o esperado é tirar duas caras: a probabilidade de que numa tentativa específica sejam tiradas duas caras, portanto, é de 1 em 4, ou ¼. O que, felizmente, é a resposta correta.

Essa árvore de frequência esperada pode ser transformada numa "árvore de probabilidade", bastando para isso rotular cada "ramo" com a fração de ocasiões em que ela ocorre (figura 8.3). Deve então ficar claro que a probabilidade geral para um "ramo" inteiro da árvore — digamos cara seguida de cara — é obtida multiplicando as segmentações ao longo do ramo, de modo que ½ × ½ = ¼.

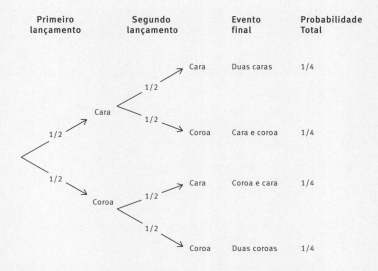

FIGURA 8.3 Árvore de probabilidades para o lançamento de duas moedas. Cada "ramo" é rotulado com a fração correspondente às vezes em que ocorre. A probabilidade para um "ramo" inteiro da árvore é obtida multiplicando as frações dos ramos ao longo de todo o ramo.

Árvores de probabilidades são uma maneira difundida e extremamente efetiva de ensinar probabilidade na escola. De fato, podemos usar esse exemplo simples do lançamento de duas moedas para ver todas as regras da probabilidade, uma vez que a árvore de probabilidades mostra que:

1. *A probabilidade de um evento é um número entre 0 e 1*: 0 para eventos impossíveis (por exemplo, não tirar nem cara nem coroa), 1 para eventos certos (tirar qualquer uma das quatro combinações possíveis).
2. *Regra do complemento*: a probabilidade de um evento ocorrer é igual a 1 menos a probabilidade de o evento não ocorrer. Por exemplo, a probabilidade de "pelo menos uma coroa" é 1 menos a probabilidade de "duas caras": $1 - ¼ = ¾$.
3. *A regra da adição, ou do OU*: some as probabilidades de dois eventos mutuamente excludentes (ou seja, que não podem ocorrer ao mesmo tempo) para obter a probabilidade total. Por exemplo, a probabilidade de "pelo menos uma cara" é ¾, já que compreende "duas caras" ou "cara + coroa" ou "coroa + cara", cada uma com probabilidade de ¼.
4. *A regra da multiplicação, ou do E*: multiplique probabilidades para obter a probabilidade total de que ocorra uma sequência de **eventos independentes** (ou seja, que não afetam um ao outro). Por exemplo, a probabilidade de sair uma cara E uma cara é $½ × ½ = ¼$.

Essas regras básicas nos permitem resolver o problema do Chevalier de Méré, revelando que ele tem de fato uma chance de 52% de ganhar o Jogo 1 e de 49% de ganhar o Jogo 2.[2]

Mas mesmo nesse exemplo simples de lançamento de moedas ainda estamos adotando algumas premissas bastante fortes. Estamos assumindo que a moeda seja honesta e lançada de forma apropriada, não permitindo que se preveja o resultado, que não caia de pé, que não seja atingida por um asteroide após o primeiro lançamento e assim por diante. Essas são considerações sérias (exceto talvez a do asteroide): servem para enfatizar que todas as probabilidades que usamos são *condicionais* — não existe nada que se possa chamar de probabilidade incondicional de um evento; há sempre premissas e outros fatores que podem afetar a probabilidade. E, como vemos agora, precisamos ter cuidado em relação às condições estabelecidas.

Probabilidade condicional: quando nossas probabilidades dependem de outros eventos

Entre os exames para detecção de câncer de mama, a mamografia tem uma taxa de precisão de 90%. Isso significa que 90% das mulheres com câncer e 90% das mulheres sem câncer são diagnosticadas corretamente. Suponhamos que 1% das mulheres examinadas tenham câncer: qual é a probabilidade de que uma mulher escolhida ao acaso tenha uma mamografia positiva? E, se tiver, qual é a chance de que realmente tenha câncer?

No caso do lançamento das duas moedas, os eventos eram independentes, isto é, a probabilidade de dar cara num segundo lançamento não dependia do resultado do primeiro. Na escola, geralmente aprendemos sobre **eventos dependentes** com alguma enfadonha pergunta sobre, digamos, uma série de diferentes meias coloridas sendo tiradas de uma gaveta. O exemplo que estamos vendo aqui é ligeiramente mais relevante na vida real.

Esse tipo de problema costuma figurar nos testes de inteligência, e não é fácil de resolver. Mas, se usarmos a ideia de frequência esperada, ele se torna extraordinariamente mais direto. A ideia crucial é pensar no que se espera que aconteça com um grupo grande de mulheres, digamos 1000, como é mostrado na figura 8.4.

Das 1000 mulheres, 10 (1%) realmente têm câncer de mama. Dessas 10, 9 (90%) têm resultado positivo. Mas das 990 mulheres sem câncer, 99 (10%) recebem falsamente um resultado de mamografia positivo. Somando esses dois números obtemos um total de 108 mamografias positivas, e então a probabilidade de que uma mulher escolhida ao acaso receba um resultado positivo é de $^{108}/_{1000}$, ou cerca de 11%. Mas, dessas 108, somente 9 de fato têm câncer, de modo que a probabilidade de que a mulher realmente tenha câncer é de $^{9}/_{108} = 8\%$.

Esse exercício de probabilidade condicional nos ajuda a entender um resultado muito contraintuitivo: apesar da "precisão de 90%" do exame de imagem, a grande maioria das mulheres que recebem um resultado de mamografia positivo não tem câncer de mama. É fácil confundir a pro-

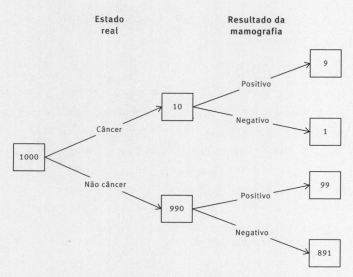

FIGURA 8.4 Árvore de frequência esperada mostrando o que se esperaria que acontecesse com 1000 mulheres sendo examinadas para câncer de mama. Assumimos que 1% das mulheres tenham câncer, e que a mamografia classifique corretamente 90% das mulheres com câncer e 90% das mulheres sem câncer. Assim, no total, deveríamos esperar 9 + 99 = 108 resultados positivos, dos quais 9 indicariam de fato um câncer real.

babilidade de um teste positivo no caso de câncer com a probabilidade de câncer no caso de um teste positivo.

Esse tipo de confusão é popularmente conhecido como **falácia do promotor**, uma vez que é predominante em casos judiciais envolvendo DNA. Um perito forense poderia alegar, por exemplo, que, "se o acusado é inocente, existe apenas uma chance de 1 em 1 bilhão de que seu DNA corresponda ao encontrado na cena do crime". Mas isso é erradamente interpretado como se significasse que, "dada a evidência do DNA, existe apenas uma chance de 1 em 1 bilhão de que o acusado seja inocente".*

---

* Isso também é conhecido como a "lei da condicional transposta", algo que soa deliciosamente obscuro, mas significa apenas que a *probabilidade de A dado B* é confundida com a *probabilidade de B dado A*.

Esse é um erro muito fácil de cometer, mas a lógica é tão errada quanto passar de uma afirmação como "se você é o papa, então você é católico" para "se você é católico, então você é o papa", onde a falha é bem mais fácil de identificar.

De qualquer modo, o que é "probabilidade"?

Na escola, aprendemos a matemática da distância, do peso e do tempo — que podemos medir com uma régua, uma balança ou um relógio. Mas como medir a probabilidade? Não existe um instrumento para isso. É como se ela fosse uma grandeza virtual, que podemos associar a um número, mas jamais medir diretamente.

Ainda mais preocupante é fazer a pergunta óbvia: o que significa probabilidade? Como defini-la de maneira apropriada? Isso pode parecer pedantismo, mas a filosofia da probabilidade não apenas é um tópico cativante em si mesmo como tem um papel fundamental nas aplicações práticas da estatística.

Não espere um consenso claro dos "especialistas". Pode ser que eles concordem em relação à matemática da probabilidade, mas filósofos e estatísticos têm aparecido com todo tipo de diferentes ideias para o significado real desses números fugidios e travado calorosos debates acerca delas. Algumas sugestões populares incluem:

- *Probabilidade clássica*: É aquela que nos ensinam na escola, baseada na simetria das moedas, baralhos de cartas e assim por diante, e pode ser definida como "A razão entre o número de resultados que favorecem o evento e o número total de resultados possíveis, assumindo que os resultados sejam todos igualmente prováveis". Por exemplo, a probabilidade de tirar um "dois" num lançamento de dado é de ⅙, uma vez que o dado tem seis faces. Mas essa definição é um tanto circular, pois requer uma definição de "igualmente prováveis".

- *Probabilidade "enumerativa"*:* Suponha que haja três meias brancas e quatro meias pretas numa gaveta. Tiramos uma meia ao acaso; qual é a probabilidade de que seja branca? É de 3/7, valor obtido quando se enumeram as oportunidades. Muitos de nós foram obrigados a sofrer com perguntas desse tipo na escola, e elas são basicamente uma extensão da ideia clássica descrita acima, que requer a noção de uma "escolha ao acaso" a partir de um conjunto físico de objetos. Temos usado essa ideia extensivamente, ao descrever um ponto de dados sendo escolhido ao acaso de uma população.
- *Probabilidade de "frequência de longo prazo"*: Esta se baseia na proporção de vezes que um evento ocorre numa sequência infinita de experimentos idênticos, exatamente como descobrimos quando simulamos os jogos do Chevalier. Ela pode parecer razoável (pelo menos em teoria) para eventos que se repetem infinitamente, mas o que acontece em ocasiões únicas, como corridas de cavalo, ou o tempo amanhã? Na verdade, quase nenhuma situação realista é infinitamente repetível, nem mesmo em princípio.
- *Propensão ou "chance"*: É a ideia de que existe alguma tendência objetiva de uma situação produzir um evento. Na superfície, ela é sedutora — se você fosse um ser onisciente, talvez pudesse dizer que há uma probabilidade particular de seu ônibus chegar logo, ou de você ser atropelado por um carro hoje —, mas não parece prover nenhuma base para que nós, simples mortais, possamos estimar essa "chance real" bastante metafísica.
- *Probabilidade subjetiva ou "pessoal"*: É um julgamento específico, sobre uma ocasião específica, que uma pessoa faz com base no seu conhecimento, e é grosseiramente interpretada em termos de "chances" de apostas (para riscos pequenos) que ela acharia razoável. Assim, se me pagam 1 libra para fazer malabarismos com três bolas durante cinco minutos, e estou disposto a oferecer 60 pence (não restituíveis) de risco para a aposta, então minha probabilidade para esse evento é de 0,6.

---

* Sou grato a Philip Dawid por, aparentemente, inventar esse termo.

Cada "especialista" tem a sua própria preferência entre essas alternativas, e no meu caso prefiro a última — a probabilidade subjetiva. Isso significa que, do meu ponto de vista, qualquer probabilidade numérica é essencialmente *construída* a partir do que se sabe na situação em questão — na verdade, a probabilidade não "existe" de fato (exceto talvez no nível subatômico). Essa abordagem forma a base para a escola **bayesiana** de inferência estatística, que veremos em maior detalhe no capítulo 11.

Felizmente, porém, ninguém precisa concordar com a minha posição (bastante controversa) de que probabilidades numéricas não existem como fatos objetivos. Tudo bem assumir que moedas e outros dispositivos de randomização sejam objetivamente aleatórios, no sentido de que dão origem a dados tão imprevisíveis que é impossível distingui-los daqueles que esperaríamos surgirem a partir de probabilidades "objetivas". Assim, costumamos agir *como se* as observações fossem aleatórias, mesmo quando sabemos que isso não é estritamente verdadeiro. Os exemplos mais extremos disso são os geradores de números pseudoaleatórios, que na verdade se baseiam em cálculos lógicos e completamente previsíveis. Eles não contêm nenhuma aleatoriedade, mas seu mecanismo é tão complexo que os números que geram são na prática indistinguíveis de sequências verdadeiramente aleatórias — digamos, aquelas obtidas de uma fonte de partículas subatômicas.*

Essa capacidade um pouco bizarra de agir como se algo fosse verdade, quando se sabe que na realidade não é, geralmente seria considerada perigosamente irracional. No entanto, ela se torna prática quando se trata de usar a probabilidade como base para análise estatística de dados.

CHEGAMOS AGORA AO CRUCIAL mas difícil estágio de apresentar a ligação geral entre teoria da probabilidade, dados e descobertas sobre qualquer que seja a população-alvo em que estejamos interessados.

---

* Isso pressupõe que o gerador seja bem concebido, e que os números sejam usados em modelagem estatística ou algo do tipo. Eles não são suficientemente bons para aplicações criptográficas, em que a previsibilidade poderia ser usada para quebrar a encriptação.

A teoria da probabilidade naturalmente entra em jogo naquela que chamaremos de situação 1:

1. Quando o ponto de dados pode ser considerado como tendo sido *gerado* por algum dispositivo de randomização, por exemplo quando lançamos dados, moedas ou alocamos aleatoriamente um indivíduo para um tratamento médico usando um gerador de números pseudoaleatórios, e então registramos os resultados do seu tratamento.

Mas, na prática, podemos nos defrontar com a situação 2:

2. Quando um ponto de dados preexistente é *escolhido* por um dispositivo de randomização, como por exemplo ao selecionar pessoas para participar de uma pesquisa.

E grande parte do tempo nossos dados surgem a partir da situação 3:

3. Quando não existe absolutamente nenhuma aleatoriedade, mas agimos como se os pontos de dados fossem de fato gerados por algum processo aleatório; por exemplo, ao interpretar o peso no nascimento do bebê da nossa amiga.

A maior parte das exposições não deixa essas distinções claras: a probabilidade costuma ser ensinada com a utilização de dispositivos de randomização (situação 1), e a estatística por meio da ideia de "amostragem aleatória" (situação 2), mas na verdade a maioria das aplicações da estatística não envolve qualquer dispositivo aleatório, nem qualquer amostragem aleatória (situação 3).

Mas consideremos primeiramente as situações 1 e 2. Pouco antes de colocar em operação o dispositivo de randomização, assumimos ter um conjunto de resultados possíveis de serem observados, junto com suas respectivas probabilidades — por exemplo, uma moeda pode dar cara ou coroa, cada resultado com probabilidade de ½. Se associarmos cada um desses resultados possíveis a um número, digamos neste caso 0 para coroa e 1 para cara, então dizemos ter uma **variável aleatória** com uma distribuição de probabilidade. O dispositivo de randomização assegura que a observação seja constatada ao acaso a partir dessa distribuição, e que, ao ser observada, a aleatoriedade desapareça e todos esses futuros potenciais colapsem na observação real.* Da mesma forma, na situação 2, se tirarmos um indivíduo ao acaso para, digamos, medir sua renda, então essencialmente tiramos uma observação ao acaso de uma distribuição populacional de rendas.

Assim, a probabilidade claramente importa quando temos um dispositivo de randomização. Mas, na maior parte do tempo, apenas consideramos todas as medições que nos estejam disponíveis. Elas podem ter sido coletadas de maneira informal ou, como vimos no capítulo 3, representar toda a observação possível: pense nas taxas de sobrevivência para cirurgias cardíacas em crianças em diferentes hospitais ou em todos os resultados de exames para crianças britânicas — ambos compreendem todos os dados disponíveis, e não houve nenhuma amostragem aleatória.

No capítulo 3 discutimos a ideia de uma população *metafórica*, compreendendo as eventualidades que poderiam ter ocorrido, mas não ocorreram. Agora precisamos nos preparar para um passo aparentemente irracional: temos que agir *como se* os dados tivessem sido gerados por um mecanismo aleatório a partir dessa população, mesmo sabendo muito bem que não foi isso que ocorreu.

Se observamos tudo, onde entra a probabilidade?

Com que frequência esperamos ver sete ou mais casos diferentes de homicídio na Inglaterra e no País de Gales num único dia?

Quando eventos extremos como desastres de avião ou catástrofes naturais ocorrem em rápida sucessão num curto espaço de tempo, temos uma propensão natural a sentir que eles de alguma forma estão interligados. Assim,

---

* Isso pode ser considerado análogo à situação em mecânica quântica na qual o estado presente de, digamos, um elétron é definido como uma função de onda que colapsa num estado único ao ser efetivamente observado.

torna-se importante calcular em que medida esses eventos são incomuns, e o exemplo a seguir nos mostra como podemos fazer isso.

Para avaliar até que ponto um "agrupamento" de pelo menos sete homicídios num único dia é raro, podemos examinar os dados para os três anos (1095 dias) entre abril de 2013 e março de 2016, nos quais foram registradas 1545 ocorrências de homicídio na Inglaterra e no País de Gales, uma média de $^{1545}/_{1095} = 1,41$ por dia.* Ao longo desse período não houve dias com sete ou mais ocorrências, mas seria muito ingênuo concluir que algo assim seria impossível. Se pudermos construir uma distribuição de probabilidade razoável para o número de homicídios por dia, então talvez possamos responder à pergunta formulada.

Mas qual é a justificativa para construir uma distribuição de probabilidade? O número de homicídios registrados a cada dia num país é um simples fato — não houve amostragem, e não há nenhum elemento explícito aleatório gerando cada desafortunado evento. Apenas um mundo imensamente complexo e imprevisível. Mas, qualquer que seja a nossa filosofia pessoal para explicar a sorte ou o destino, o fato é que agir *como se* esses eventos fossem produzidos por algum processo aleatório que pode ser modelado pela probabilidade é bastante útil.

Talvez também seja útil imaginar que no começo de cada dia temos uma população grande de pessoas, cada uma das quais com uma possibilidade muito pequena de ser vítima de homicídio. Dados desse tipo podem ser representados como observações tiradas de uma **distribuição de Poisson**, desenvolvida inicialmente por Siméon Denis Poisson nos anos 1830, na França, para representar o padrão de condenações injustas por ano. Desde então ela tem sido usada para modelar de tudo, desde a quantidade de gols marcados por um time de futebol num jogo até o número de bilhetes de loteria premiados por semana, passando pela quantidade de oficiais prussianos que morreram por ano escoiceados

---

*Uma "ocorrência de homicídio" é quando se suspeita que uma mesma pessoa (ou grupo de pessoas) tenha cometido um ou mais homicídios correlacionados. Um assassinato em massa ou ataque terrorista, portanto, contaria como apenas uma ocorrência.

por seus cavalos. Em cada uma dessas situações há um grande número de oportunidades para que um evento ocorra, mas cada um com uma chance muito baixa de ocorrência, e isso dá origem à extraordinariamente versátil distribuição de Poisson.

Enquanto a distribuição normal (gaussiana) no capítulo 3 exigia dois parâmetros — a média e o desvio-padrão da população —, a distribuição de Poisson depende apenas da média. No nosso exemplo atual, esta é o número esperado de ocorrências de homicídio a cada dia, que assumimos ser 1,41, o número médio por dia ao longo do período de três anos. Devemos, no entanto, checar cuidadosamente se Poisson é uma premissa razoável, de modo que seja razoável agir como se o número de homicídios por dia fosse uma observação aleatória tirada de uma distribuição de Poisson com média 1,41.

Por exemplo, pelo simples fato de conhecer essa média, podemos usar a fórmula para a distribuição de Poisson, ou um software padrão, para calcular que haveria uma probabilidade de 0,01134 de exatamente cinco homicídios ocorrerem em um dia, o que significa que em mais de 1095 dias esperaríamos 1095 × 0,01134 = 12,4 dias nos quais haveria precisamente cinco ocorrências de homicídio. Surpreendentemente, o número real de dias num período de três anos nos quais houve cinco homicídios foi... 13.

A figura 8.5 compara a distribuição esperada do número diário de ocorrências de homicídio com base numa premissa de Poisson e a real distribuição dos dados empíricos ao longo desses 1095 dias — a semelhança é de fato muito grande, e no capítulo 10 mostrarei como testar formalmente se a premissa de Poisson é justificada.

Na resposta à pergunta formulada no início desta seção, podemos calcular a partir da distribuição de Poisson a probabilidade de obter sete ou mais ocorrências em um dia, que acaba sendo de 0,07%, o que significa que podemos esperar que tal evento ocorra em média a cada 1535 dias, ou aproximadamente uma vez a cada quatro anos. Podemos concluir que esse evento é bastante improvável de acontecer na sequência natural das coisas, mas não impossível.

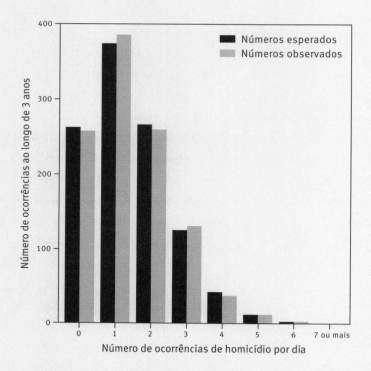

FIGURA 8.5 Número diário observado e esperado (assumindo uma distribuição de Poisson) de ocorrências de homicídio registradas, de 2013 a 2016, na Inglaterra e no País de Gales.[3]

O ajuste dessa distribuição matemática de probabilidade com os dados empíricos é quase perturbadoramente bom. Mesmo que haja uma história única por trás de cada um desses eventos trágicos, os dados atuam como se fossem efetivamente gerados por algum mecanismo aleatório. Uma visão possível é pensar que outras pessoas poderiam ter sido assassinadas, mas não foram — observamos um entre os muitos mundos que poderiam ter ocorrido, exatamente como quando lançamos moedas e observamos uma das muitas sequências possíveis.

Adolphe Quételet foi um astrônomo, estatístico e sociólogo na Bélgica em meados dos anos 1800, e um dos primeiros a chamar a atenção para a impressionante previsibilidade de padrões gerais compostos de eventos individualmente imprevisíveis. Ele ficava intrigado com a ocorrência de distribuições normais em fenômenos naturais, como a distribuição de peso em recém-nascidos que vimos no capítulo 3, e cunhou a ideia de *"l'homme moyen"*, o homem médio, que assumia o valor médio de todas essas características. Além disso, Quételet desenvolveu a ideia de "física social", uma vez que a regularidade das estatísticas da sociedade parecia refletir um processo subjacente quase mecanicista. Assim como as moléculas aleatórias de um gás se juntam para formar propriedades fisicamente previsíveis, o funcionamento imprevisível de milhões de vidas individuais se junta para produzir, por exemplo, taxas nacionais de suicídio que pouco variam de ano a ano.

FELIZMENTE, não temos que acreditar que os eventos sejam realmente guiados por aleatoriedade pura (o que quer que seja isso). É que a simples premissa de "acaso" envolve toda a inevitável imprevisibilidade do mundo, ou aquilo que às vezes é denominado *variabilidade natural*. Estabelecemos, portanto, que a probabilidade proporciona o alicerce matemático apropriado tanto para a aleatoriedade "pura", que ocorre com partículas subatômicas, moedas, dados e assim por diante, quanto para a variabilidade inevitável, "natural", como peso ao nascer, sobrevivência após cirurgias, resultados de exames, homicídios e todo e qualquer outro fenômeno que não seja totalmente previsível.

No próximo capítulo chegamos a um desenvolvimento realmente notável na história da compreensão humana: como esses dois aspectos da probabilidade podem ser reunidos para prover uma base rigorosa para a inferência estatística formal.

RESUMO
- A teoria da probabilidade fornece uma linguagem matemática formal para lidar com fenômenos aleatórios.
- As implicações da probabilidade não são intuitivas, mas as percepções podem ser aprimoradas usando a ideia de frequências esperadas.
- As ideias da probabilidade são úteis até mesmo quando não há uso explícito de um dispositivo de randomização.
- Muitos fenômenos sociais apresentam uma impressionante regularidade em seus padrões gerais, enquanto eventos individuais são completamente imprevisíveis.

9. Juntando probabilidade e estatística

Advertência. Este talvez seja o capítulo mais desafiador deste livro, mas perseverar neste importante tópico proporcionará uma valiosa compreensão da inferência estatística.

Numa amostra aleatória de 100 pessoas, descobrimos que 20 são canhotas. O que podemos dizer sobre a proporção de canhotos na população?

No capítulo anterior, discutimos a ideia de uma variável aleatória — um único ponto nos dados extraído de uma distribuição de probabilidade descrita por parâmetros. Mas é raro que estejamos interessados em apenas um ponto de dados — geralmente temos um conjunto de dados que é sintetizado, oferecendo médias, medianas e outras grandezas estatísticas. O passo fundamental que daremos neste capítulo é considerar essas estatísticas como sendo elas próprias variáveis aleatórias, tiradas de suas próprias distribuições.

Esse é um grande avanço, um avanço que não só tem desafiado gerações de estudantes de estatística, mas também gerações de estatísticos que tentaram determinar as distribuições das quais devemos assumir que essas estatísticas sejam tiradas. E dada a discussão do bootstrap no capítulo 7, seria razoável indagar por que precisamos de toda essa matemática, quando podemos determinar intervalos de incerteza e assim por diante usando abordagens bootstrap baseadas em simulações. Por exemplo, a pergunta formulada no começo deste capítulo poderia ser respondida pegando nossos dados observados de 20 indivíduos canhotos e 80 destros, reamostrando repetidamente 100 observações a partir desse conjunto de dados e verificando a distribuição da proporção observada de pessoas canhotas.

Mas essas simulações são desajeitadas e consomem tempo, especialmente com grandes conjuntos de dados, e em circunstâncias mais complexas não é tão óbvio determinar o que deve ser simulado. Em contraste, fórmulas derivadas da teoria da probabilidade fornecem entendimento e conveniência, e sempre levam à mesma resposta, já que não dependem de uma simulação particular. Mas o outro lado é que esta teoria se baseia em premissas, e devemos ter o cuidado de não nos deixar iludir pela impressionante álgebra e aceitar conclusões injustificadas. Mais adiante examinaremos melhor essa questão. Antes disso, já tendo visto o valor das distribuições normal e de Poisson, precisamos introduzir outra importante distribuição de probabilidade.

Suponha que tiremos amostras de diferentes tamanhos de uma população contendo exatamente 20% de pessoas canhotas e 80% de pessoas destras, e que calculemos a probabilidade de observar diferentes proporções possíveis de canhotos. É claro que esse é o processo inverso errado — queremos usar a amostra conhecida para descobrir mais sobre a população desconhecida —, mas só podemos chegar a essa conclusão explorando primeiro como uma população conhecida dá origem a diferentes amostras.

O caso mais simples é uma amostra de um indivíduo, quando a proporção observada deve ser 0 ou 1, dependendo de termos selecionado uma pessoa destra ou canhota — e esses eventos ocorrem com probabilidade de 0,8 e 0,2, respectivamente. A distribuição de probabilidade resultante é mostrada na figura 9.1(a).

Se pegarmos dois indivíduos ao acaso, então a proporção de canhotos será 0 (ambos destros), 0,5 (um canhoto e um destro) ou 1 (ambos canhotos). Esses eventos ocorrerão com probabilidades de 0,64, 0,32 e 0,04, respectivamente,* e essa distribuição de probabilidade para as proporções observadas

---

* Para deduzir essa distribuição, podemos calcular a probabilidade de dois canhotos como $0,2 \times 0,2 = 0,04$, a probabilidade de dois destros como $0,8 \times 0,8 = 0,64$, e assim a probabilidade de um de cada deve ser $1 - 0,04 - 0,64 = 0,32$.

Juntando probabilidade e estatística

é mostrada na figura 9.1(b). De maneira similar, podemos usar a teoria para determinar a distribuição de probabilidade para as proporções observadas de canhotos nas amostras de 5, 10, 100 e 1000 pessoas, todas mostradas na figura 9.1. Essas distribuições se baseiam na **distribuição binomial**, e também podem nos dizer a probabilidade, por exemplo, de obter pelo menos

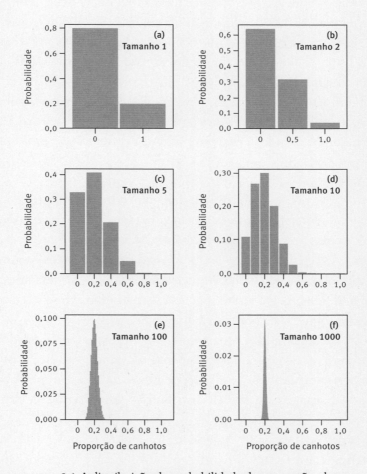

FIGURA 9.1 A distribuição de probabilidade da proporção observada de pessoas canhotas em amostras aleatórias de 1, 2, 5, 10, 100 e 1000 pessoas, onde a verdadeira proporção subjacente de canhotos na população é de 0,2. A probabilidade de obter pelo menos 30% de canhotos na amostra é obtida somando toda a probabilidade nas barras à direita de 0,3.

30% de pessoas canhotas se tivermos uma amostra de 100, conhecida como área da cauda.

A média de uma variável aleatória também é conhecida como sua expectativa, e em todas essas amostras esperamos uma proporção de 0,2 ou 20%: todas as distribuições mostradas na figura 9.1 têm 0,2 como média. O desvio-padrão para cada uma é dado por uma fórmula que depende da proporção subjacente, nesse caso 0,2, e do tamanho da amostra. Note que o desvio-padrão de uma estatística é geralmente denominado **erro-padrão**, para se distinguir do desvio-padrão da distribuição da população da qual ele deriva.

A figura 9.1 tem algumas características especiais. Primeiro, as distribuições de probabilidade tendem a uma forma regular, simétrica e normal à medida que aumenta o tamanho da amostra, exatamente como observamos usando simulações bootstrap. Segundo, a distribuição fica mais apertada à medida que o tamanho da amostra aumenta. O próximo exemplo mostra como uma aplicação simples dessas ideias pode ser usada para identificar rapidamente se uma alegação estatística é razoável ou não.

É mesmo verdade que certas regiões no Reino Unido têm taxa de mortalidade por câncer de cólon três vezes maior que a das outras regiões?

A manchete no respeitado site de notícias da BBC em setembro de 2011 era alarmante: "Variação de até 300% nas taxas de mortalidade por câncer de cólon no Reino Unido". O artigo explicava que diferentes áreas do país tinham taxas de mortalidade por câncer de cólon acentuadamente diferentes, e um comentarista sugeria que era de "extrema importância que as organizações locais do Serviço Nacional de Saúde examinem a informação em suas áreas de atendimento, e que a utilizem para comunicar potenciais mudanças na prestação de serviços".

Uma diferença de 300% soa dramática. Mas, quando se deparou com o artigo, o blogueiro Paul Barden se perguntou: "Será que pessoas em diferentes partes do país exibem diferenças realmente significativas no seu risco de morrer de câncer de cólon? O que causaria uma discrepância assim?". Ele achou a ideia tão implausível que resolveu investigar. Felizmente, os dados estavam disponíveis na internet, e Paul descobriu que eles consubstanciavam o que a matéria da BBC havia dito: em 2008, tinha havido uma variação de mais de 300% entre as taxas de mortalidade anuais de pessoas com câncer de cólon. Os números variavam de 9 por 100 mil pessoas em Rossendale, Lancashire, a 31 por 100 mil habitantes em Glasgow.[1]

Mas esse não foi o fim da investigação. Paul colocou num gráfico as taxas de mortalidade em relação à população em cada distrito, o que resultou no quadro mostrado na figura 9.2. Fica claro que os pontos (todos com exceção do exemplo extremo de Glasgow) formam uma espécie de funil, no qual as diferenças entre distritos aumentam à medida que a população diminui. Paul adicionou então **limites de controle**, que mostram onde deveríamos esperar que os pontos caíssem se as diferenças entre as taxas observadas se devessem apenas à variabilidade natural e inevitável nos números daqueles que morrem de câncer de cólon todo ano, e não a alguma variação sistemática nos riscos subjacentes experimentados em diferentes distritos. Esses limites de controle são obtidos assumindo-se que o número de mortes por câncer de cólon em cada área seja observado a partir de uma distribuição binomial com um tamanho de amostra igual à população adulta da área, e uma probabilidade subjacente de 0,000176 de que qualquer pessoa particular possa morrer de câncer de cólon a cada ano: esse é o risco individual médio para todo o país. Os limites de controle são estabelecidos de modo a conter respectivamente 95% e 99,8% da distribuição de probabilidade. Esse tipo de gráfico é chamado de **gráfico de funil**, e é amplamente utilizado quando se examinam múltiplas autoridades ou instituições de saúde, uma vez que permite a identificação de pontos fora da curva sem criar tabelas espúrias.

Os dados caem bastante bem dentro dos limites de controle, o que significa que as diferenças entre os distritos são essencialmente o que seria de se esperar devido somente à variabilidade aleatória. Distritos menores têm menos casos, e assim são mais vulneráveis ao papel do acaso e tendem a ter resultados mais extremos — o índice em Rossendale baseou-se em apenas

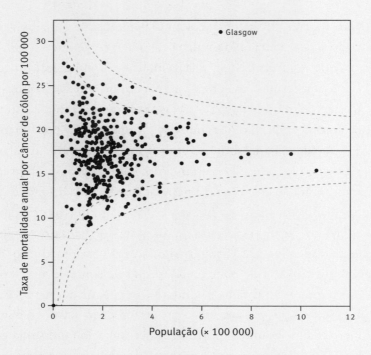

FIGURA 9.2 Taxas anuais de mortalidade por câncer de cólon por 100 mil habitantes em 380 distritos no Reino Unido (exceto País de Gales), num gráfico em relação à população do distrito. Os dois conjuntos de linhas tracejadas indicam as regiões nas quais seria de se esperar que caíssem 95% e 99,8% dos distritos, se não houvesse diferença real entre os riscos, e são derivados de uma premissa subjacente de distribuição binomial. Somente Glasgow mostra alguma evidência de um risco subjacente que é diferente da média. Essa maneira de apresentar os dados é chamada "gráfico de funil".

sete mortes, então poderia ser drasticamente alterado por apenas alguns casos a mais. Assim, apesar da dramática manchete da BBC, não há grande novidade nessa matéria — poderíamos esperar uma variabilidade de até 300% nas taxas observadas mesmo que o risco subjacente em diferentes distritos fosse precisamente o mesmo.

Existe uma lição crucial nesse exemplo simples. Mesmo numa era de dados abertos, de ciência de dados e jornalismo de dados, ainda precisamos de princípios estatísticos básicos para não nos deixarmos enganar por aparentes padrões nos números.

Esse gráfico revela que a única observação minimamente interessante é o ponto fora da curva correspondente a Glasgow. Será o câncer de cólon um fenômeno particularmente escocês? Será que esse ponto nos dados está mesmo correto? Dados mais recentes para o período de 2009-11 revelam que a mortalidade por câncer de cólon para a Grande Glasgow foi de 20,5 por 100 mil pessoas, na Escócia em geral de 19,6, e na Inglaterra de 16,4: esses achados, ao mesmo tempo que lançam dúvida sobre o valor específico de Glasgow, mostram que a Escócia tem taxas mais altas que a Inglaterra. É natural que conclusões tiradas num ciclo de resolução de problemas despertem outras perguntas, e que então o ciclo recomece.

O teorema do limite central

Pontos de dados individuais podem ser tirados de uma ampla variedade de distribuições de população, algumas das quais podem ser altamente tendenciosas, com grandes caudas, como as de renda ou parceiros sexuais. Mas agora tomamos a crucial decisão de considerar distribuições de estatísticas em vez de pontos de dados individuais, e essas estatísticas geralmente serão algum tipo de média. Já vimos no capítulo 7 que a distribuição de médias amostrais em reamostragens bootstrap tende a uma forma simétrica bem-comportada, seja qual for a forma da distribuição original dos dados, e podemos agora ir além disso e explorar uma ideia mais profunda e bastante notável, estabelecida cerca de trezentos anos atrás.

O exemplo dos canhotos mostra que a variabilidade na proporção observada diminui à medida que aumenta o tamanho da amostra — é por isso que o funil da figura 9.2 vai ficando mais estreito em torno da média. Essa é a clássica **lei dos grandes números**, que foi estabelecida pelo matemático suíço Jacob Bernoulli no começo do século XVIII — quando lançamos uma moeda, assumindo 1 se der cara e 0 se der coroa, temos um ensaio de Bernoulli e uma **distribuição de Bernoulli**. Se continuarmos lançando a moeda, e realizando cada vez mais ensaios de Bernoulli, então a proporção de cada resultado chegará cada vez mais perto de 50% de caras e 50% de coroas — dizemos que a proporção observada converge para a verdadeira chance subjacente de dar cara. É claro que no começo da sequência a razão pode estar um pouco longe de $^{50}/_{50}$; após, digamos, uma sequência de caras, a tentação é acreditar que agora "devem" aparecer mais coroas, de modo que a proporção se equilibre — isso é conhecido como "falácia do jogador", e é um viés psicológico (pela minha experiência pessoal) difícil de superar. Mas a moeda não tem memória — o importante é entender que ela não pode *compensar* desequilíbrios passados, mas apenas *sobrepujá-los* por meio de repetidos lançamentos novos, independentes.

No capítulo 3 introduzimos a clássica "curva do sino", também conhecida como distribuição normal ou gaussiana, mostramos que ela descrevia bem a distribuição dos pesos no nascimento da população dos Estados Unidos e argumentamos que isso ocorre porque o peso no nascimento depende de um enorme número de fatores, todos os quais exercem alguma influência — quando somamos todos esses pequenos fatores obtemos uma distribuição normal.

Esse é o raciocínio por trás daquele que é conhecido como o **teorema do limite central**, provado pela primeira vez em 1733 pelo matemático francês Abraham de Moivre para o caso particular da distribuição binomial. Mas não é apenas a distribuição binomial que tende a uma curva normal com o aumento do tamanho da amostra — é um fato notável que, praticamente *qualquer que seja* a forma da distribuição da população da qual cada uma das medidas originais é tirada, para grandes tamanhos de amostras sua média pode ser considerada como tendo sido tirada de uma curva normal.* Esta terá uma média igual à média da distribuição original, e um desvio-padrão com uma relação simples com o desvio-

---

* Há exceções importantes para isso — algumas distribuições têm caudas tão longas e "pesadas" que suas expectativas e seus desvios-padrão não existem, então as médias não têm para onde convergir.

-padrão da distribuição da população original, que, como já foi mencionado, é frequentemente conhecido como erro-padrão.*

Além de seus trabalhos sobre sabedoria das multidões, correlação, regressão e quase tudo mais, Francis Galton também considerava uma verdadeira maravilha que a distribuição normal, na época conhecida como a Lei da Frequência do Erro, pudesse surgir de forma tão ordenada a partir de um aparente caos:

> Não sei de quase nada tão apto a impressionar a imaginação quanto a maravilhosa forma de ordem cósmica expressa pela "Lei da Frequência do Erro". Ela teria sido personificada pelos gregos e deificada, se eles a tivessem conhecido. Ela reina discreta e serena em meio à mais bárbara confusão. Quanto maior o populacho, e a aparente anarquia, mais perfeito é o seu movimento. Ela é a lei suprema da Não Razão. Sempre que uma grande amostra de elementos caóticos é tomada em consideração e comandada na ordem de sua magnitude, uma forma insuspeita e extremamente bela de regularidade prova ter estado latente o tempo todo.

Ele estava certo — é de fato uma extraordinária lei da natureza.

Como essa teoria nos ajuda a determinar a precisão das nossas estimativas?

Toda essa teoria é ótima para provar coisas sobre distribuições de estatísticas baseadas em dados tirados de populações conhecidas, mas não é nisso que estamos mais interessados. Temos que encontrar um jeito de reverter o processo: em vez de partir de populações conhecidas para dizer algo sobre possíveis amostras, precisamos partir de uma única amostra e dizer

---

* Se pudermos assumir que todas as nossas observações são independentes e provêm da mesma distribuição populacional, o erro-padrão de sua média é simplesmente o desvio-padrão da distribuição da população dividido pela raiz quadrada do tamanho da amostra.

algo sobre a possível população. Esse é o processo de inferência indutiva delineado no capítulo 3.

Suponhamos que eu tenha uma moeda e lhe pergunte que probabilidade você acha que ela tem de dar cara. Você alegremente responde "$^{50}/_{50}$", ou algo assim. Então eu lanço a moeda, cubro o resultado antes que algum de nós o veja, e pergunto novamente qual é a sua probabilidade de o lançamento dar cara. Se você for como a maioria das pessoas que eu conheço, talvez murmure, depois de uma pausa, "$^{50}/_{50}$". Então dou uma olhada rápida na moeda, sem mostrar a você, e repito a pergunta. Mais uma vez, se você for como a maioria das pessoas, acabará murmurando "$^{50}/_{50}$".

Esse exercício simples revela uma distinção importante entre dois tipos de incerteza: aquela que é conhecida como **incerteza aleatória** *antes* de eu lançar a moeda — a "chance" de um evento imprevisível — e aquela que é conhecida como **incerteza epistêmica** *depois* de eu lançar a moeda — uma expressão da nossa ignorância pessoal sobre um evento que já está fixado, mas é desconhecido. A mesma diferença existe entre um bilhete de loteria (onde o resultado depende do acaso) e uma raspadinha (onde o resultado já está decidido, mas você não sabe qual é).

A estatística é usada quando temos uma incerteza epistêmica acerca de alguma grandeza do mundo. Por exemplo, conduzimos uma pesquisa quando não sabemos a verdadeira proporção numa população daqueles que se consideram religiosos, ou fazemos um experimento farmacêutico quando não sabemos o verdadeiro efeito médio de um medicamento. Como vimos, essas grandezas fixadas, mas desconhecidas, são chamadas de parâmetros e geralmente identificadas por uma letra grega.* Como no meu exemplo sobre o lançamento da moeda, *antes* de fazermos esses experimentos temos uma incerteza aleatória sobre quais poderão ser os resultados, por conta da amostragem aleatória de indivíduos ou da alocação aleatória de pacientes a um medicamento ou um placebo. Então, *depois* que fazemos o estudo e obtemos os dados, usamos esse modelo de

---

* Veremos no capítulo 12 que os praticantes da estatística bayesiana ficam felizes em usar probabilidades para incerteza epistêmica em relação a parâmetros.

probabilidade para lidar com a nossa presente incerteza epistêmica, como se estivéssemos preparados para dizer "⁵⁰⁄₅₀" em relação à moeda já lançada porém encoberta. Assim, a teoria da probabilidade, que nos diz o que esperar no futuro, é usada para nos dizer o que podemos aprender a partir daquilo que observamos no passado. Essa é a base (bastante extraordinária) da inferência estatística.

O procedimento para deduzir um intervalo de incerteza em torno da nossa estimativa, ou, de maneira equivalente, uma margem de erro, baseia-se nessa ideia fundamental. Há três etapas:

1. Usamos a teoria da probabilidade para calcular, para qualquer parâmetro particular da população, o intervalo no qual esperamos que a estatística observada tenha 95% de probabilidade. Esses são intervalos de predição de 95%, como os exibidos no funil interno da figura 9.2.
2. Então observamos uma estatística particular.
3. Por fim (e aí vem a parte difícil), calculamos a gama de parâmetros populacionais possíveis para os quais nossa estatística esteja dentro de seus intervalos de predição de 95%. A isto chamamos "**intervalo de confiança** de 95%".
4. Esse intervalo de confiança recebe o rótulo de "95%", uma vez que, com repetida aplicação, 95% desses intervalos devem conter o valor real.*

Tudo claro? Caso não, talvez seja um consolo saber que sua perplexidade é compartilhada por gerações de estudantes. Fórmulas específicas são fornecidas no Glossário, mas os detalhes são menos importantes do que o princípio fundamental: um intervalo de confiança é a gama de parâmetros populacionais para os quais a nossa estatística observada é uma consequência plausível.

---

* A rigor, um intervalo de confiança de 95% *não* significa que haja uma probabilidade de 95% de que esse intervalo particular contenha o valor real, embora na prática as pessoas interpretem desse jeito.

Calculando intervalos de confiança

O princípio dos intervalos de confiança foi formalizado nos anos 1930 na University College de Londres por Jerzy Neyman, um brilhante matemático e estatístico polonês, e Egon Pearson, filho de Karl Pearson.* O trabalho de deduzir as distribuições de probabilidade necessárias de coeficientes de correlação e de regressão estimados vinha ocorrendo havia décadas antes deles, e em cursos de estatística acadêmica padrão os detalhes matemáticos dessas distribuições seriam fornecidos, e até mesmo deduzidos desses princípios iniciais. Felizmente, os resultados de todo esse trabalho estão agora registrados em software estatístico, de modo que os praticantes podem focar nas questões essenciais em vez de encarar fórmulas complexas.

Vimos no capítulo 7 como o bootstrapping pode ser usado para obter intervalos de 95% para o gradiente de regressão de Galton no caso da altura das filhas em relação à das mães. É muito mais fácil obter intervalos exatos baseados na teoria da probabilidade e calculados por software, e a tabela 9.1 mostra que os resultados são muito semelhantes. Os intervalos "exatos" baseados na teoria da probabilidade exigem mais premissas do que a abordagem bootstrap e, a rigor, só estariam precisamente corretos se a distribuição populacional subjacente fosse normal. Mas, segundo o teorema do limite central, com uma amostra tão grande é razoável assumir que nossas estimativas tenham distribuição normal, de modo que os intervalos exatos são aceitáveis.

	Gradiente de regressão da filha em relação à mãe		
	Estimado	Erro-padrão	Intervalo de 95%
Exato	0,33	0,05	0,23 a 0,42
Bootstrap	0,33	0,06	0,22 a 0,44

TABELA 9.1 Estimativas de coeficientes de regressão sintetizando a relação entre alturas de mães e filhas, com erros-padrão exatos e de bootstrap, e intervalos de confiança de 95% — o cálculo bootstrap é baseado em 1000 reamostragens.

---

* Tive o prazer de conhecer ambos em seus anos mais avançados.

É comum usar intervalos de 95%, que geralmente são estabelecidos como mais ou menos dois erros-padrão, mas intervalos mais estreitos (por exemplo, 80%) ou mais largos (por exemplo, 99%) às vezes são adotados.* A Secretaria de Estatísticas Trabalhistas dos Estados Unidos usa intervalos de 90% para o desemprego, enquanto o Instituto Nacional de Estatísticas do Reino Unido usa 95%: é fundamental deixar claro qual intervalo está sendo usado.

Margens de erro nas pesquisas

Quando fica claro que uma afirmação se baseia numa pesquisa, como uma pesquisa de opinião, é praxe informar a margem de erro. As estatísticas de desemprego apresentadas no capítulo 7 tinham margens de erro surpreendentemente grandes, com variação estimada de 3000, e margem de erro de ± 77000. Isso tem um forte efeito sobre a interpretação do número original — nesse caso a margem de erro revela que não podemos sequer ter certeza se o desemprego subiu ou caiu.

Uma regra prática simples é que, se você está estimando a porcentagem de pessoas que preferem, digamos, café em vez de chá para o desjejum e faz essa pergunta a uma amostra aleatória da população, então sua margem de erro (em %) é de no máximo mais ou menos 100 dividido pela raiz quadrada do tamanho da amostra.[2] Assim, para uma pesquisa com 1000 pessoas (o padrão da indústria), a margem de erro é geralmente mencionada como de ± 3%:** se 400 disseram preferir café, e 600 disseram preferir chá, então seria possível estimar grosseiramente a porcentagem subjacente de pessoas na população que preferem café como 40 ± 3%, ou entre 37% e 43%.

---

* Mais precisamente, intervalos de confiança de 95% costumam ser estabelecidos com mais ou menos 1,96 erro-padrão, havendo uma distribuição de amostragem normal precisa para a estatística.

** Com 1000 participantes, a margem de erro (em %) é de no máximo $\pm 100/\sqrt{1000} = 3\%$. Pesquisas podem ter formulações mais complexas do que pegar uma simples amostra aleatória de uma população, mas as margens de erro não são fortemente afetadas.

É claro que isso só é acurado se a pesquisa de fato reuniu uma amostra aleatória, se todos responderam à pesquisa, manifestaram alguma opinião e disseram a verdade. Então, embora possamos calcular margens de erro, devemos lembrar que elas só valem se nossas premissas estiverem corretas. Mas será que podemos confiar nessas premissas?

Devemos acreditar nas margens de erro?

Antes da eleição geral no Reino Unido em junho de 2017, foram publicadas numerosas pesquisas de opinião sobre as intenções de voto de cerca de 1000 entrevistados. Se tivessem sido pesquisas perfeitamente aleatórias nas quais os participantes tivessem dado respostas verdadeiras, então a margem de erro de cada uma deveria ser igual a no máximo ± 3%, e então a variabilidade das pesquisas em torno da sua média deveria ter ficado nesse intervalo, já que supostamente todas estariam medindo a mesma população subjacente. Mas a figura 9.3, baseada num gráfico usado pela BBC, mostra que a variabilidade foi muito maior que isso, o que significa que as margens de erro poderiam não estar corretas.

Já vimos muitas das razões que levam as pesquisas a serem inacuradas, além da inevitável margem de erro devida à variabilidade aleatória. Nesse caso a variabilidade excessiva poderia ser atribuída aos métodos de amostragem, em particular o uso de pesquisas por telefone com uma taxa muito baixa de respostas, talvez entre 10% e 20%, e principalmente pelo uso de telefones fixos. Minha heurística pessoal, bastante cética, é que qualquer margem de erro citada numa pesquisa deveria ser duplicada para levar em conta erros sistemáticos cometidos no processo.

Poderíamos não esperar uma precisão completa em pesquisas pré--eleitorais, mas seria de se esperar mais de cientistas tentando medir fatos físicos sobre o mundo, como a velocidade da luz. No entanto, há um longo histórico de alegadas margens de erro de tais experimentos que mais tarde foram consideradas irremediavelmente inadequadas: na primeira parte do século XX, os intervalos de incerteza em torno de estimativas da velocidade da luz não incluíam o valor aceito atualmente.

Juntando probabilidade e estatística

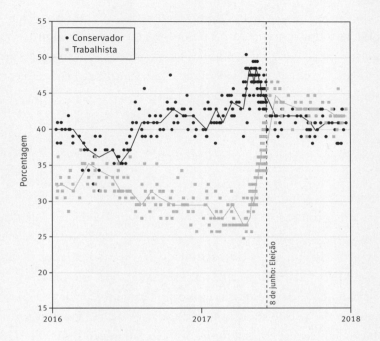

FIGURA 9.3 O estilo de visualização de dados de pesquisas de opinião usado pela BBC antes da eleição geral no Reino Unido em 8 de junho de 2017.[3] A linha cheia é a mediana das sete pesquisas anteriores. Cada pesquisa se baseou em cerca de 1000 entrevistados, e portanto alegava ter uma margem de erro de no máximo ± 3%. Mas a variabilidade entre as pesquisas excedia em muito essa margem. Afora Conservador e Trabalhista, outros partidos não são mostrados.

Isso levou organizações ligadas à *metrologia*, a ciência da medição, a especificar que as margens de erro devem ser sempre baseadas em dois componentes:

- Tipo A: as medidas estatísticas padrão discutidas neste capítulo, que se espera que se reduzam com um número maior de observações.
- Tipo B: erros sistemáticos que não se espera que se reduzam com um número maior de observações, e que precisam ser tratados usando meios não estatísticos, como o julgamento de especialistas ou evidências externas.

Essas percepções devem nos incentivar a ter humildade em relação aos métodos estatísticos que podemos trazer para uma única fonte de dados. Se houver problemas fundamentais com a forma como os dados foram coletados, então nenhuma quantidade de métodos, por mais inteligentes que sejam, poderá eliminar esses vieses, e temos que usar nosso conhecimento e experiência anteriores para temperar nossas conclusões.

O que acontece quando possuímos todos os dados disponíveis?

Parece natural usar a teoria da probabilidade para estabelecer margens de erro para resultados de pesquisas, uma vez que os indivíduos foram amostrados aleatoriamente de uma população maior, de modo que há uma maneira clara pela qual o acaso entra na produção dos dados. Porém, mais uma vez, fazemos a pergunta: e se a estatística citada for uma contagem completa de tudo que aconteceu? Por exemplo, todo ano um país conta seus homicídios. Assumindo que não haja erro na contagem real (e que haja concordância sobre o significado de "homicídio"), então trata-se de estatísticas simplesmente descritivas, sem margem de erro.

Mas suponha que quiséssemos fazer alguma afirmação relativa às tendências subjacentes no decorrer do tempo, digamos "a taxa de assassinatos no Reino Unido está aumentando". O Instituto Nacional de Estatísticas, por exemplo, reportou a ocorrência de 497 homicídios entre abril de 2014 e março de 2015, e de 557 no ano seguinte. Com toda a certeza o número de homicídios aumentou, mas sabemos que o número de assassinatos varia de ano para ano sem razão aparente, então será que isso representa uma mudança real na taxa anual de homicídios? Queremos fazer uma inferência sobre essa grandeza desconhecida, então precisamos de um modelo de probabilidade para as nossas contagens observadas de homicídios.

Felizmente, vimos no capítulo anterior que as ocorrências diárias de homicídios atuam como observações aleatórias extraídas com uma distribuição de Poisson de uma população metafórica de histórias alternativas possíveis. Isso significa, por sua vez, que o total ao longo de um ano inteiro pode ser considerado como uma única observação a partir de uma distribuição de Poisson com média m igual à "verdadeira" (bastante hipotética) taxa anual subjacente. Nosso interesse é saber se m varia de ano para ano.

O desvio-padrão dessa distribuição de Poisson é a raiz quadrada de m, que se escreve $\sqrt{m}$, e que é também o erro-padrão da nossa estimativa. Isso nos permite criar um intervalo de confiança, se soubermos o valor de m. Mas não sabemos (e esse é todo o ponto do exercício). Consideremos o período 2014-5, quando houve 497 homicídios, que é a nossa estimativa para a taxa subjacente m nesse ano. Podemos usar essa estimativa de m para estimar o erro-padrão $\sqrt{m}$ com $\sqrt{497} = 22,3$. Isso dá uma margem de erro de $\pm 1,96 \times 22,3 = 43,7$. Então podemos finalmente chegar ao nosso intervalo aproximado de 95% para m como $497 \pm 43,7 = 453,3$ a $540,7$. Como frequentemente se assume que intervalos de confiança de 95% têm mais ou menos 1,96 erro-padrão, podemos ter 95% de "confiança" de que durante esse período a verdadeira taxa subjacente de homicídios esteja entre 453 e 541 por ano.

A figura 9.4 mostra o número observado de homicídios na Inglaterra e no País de Gales entre 1998 e 2016, com intervalos de confiança de 95% para a taxa subjacente. Está claro que, embora haja uma variação inevitável entre as contagens anuais, os intervalos de confiança mostram que precisamos ser cautelosos em tirar conclusões sobre variações no decorrer do tempo. Por exemplo, o intervalo de 95% em torno da contagem de 557 para 2015-6 vai de 511 a 603, com uma sobreposição substancial com o intervalo de confiança do ano anterior.

Então como podemos decidir se houve uma mudança real no risco subjacente de ser vítima de um homicídio, ou se as variações observadas são apenas fruto da inevitável variação aleatória? Se os intervalos de confiança não se sobrepõem, então podemos certamente ter uma confiança de pelo menos 95% de que houve uma mudança real. Mas esse é um critério bastante rigoroso, e devemos de fato criar um intervalo de 95% para a variação nas taxas subjacentes. Então, se esse intervalo incluir 0, não podemos ter confiança de que tenha havido alguma mudança real.

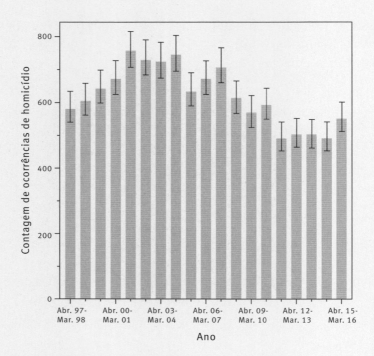

FIGURA 9.4 Número de homicídios a cada ano na Inglaterra e no País de Gales entre 1998 e 2016, e intervalos de confiança de 95% para a taxa subjacente "real" de homicídios.[4]

Houve um aumento de 557 – 497 = 60 no número de homicídios entre 2014-5 e 2015-6. Percebe-se que um intervalo de confiança de 95% em torno dessa variação observada vai de –4 a 124, o que (simplesmente) inclui 0. Tecnicamente isso significa que não podemos concluir com 95% de confiança que a taxa subjacente variou, mas como estamos exatamente em cima da margem não seria razoável proclamar que chegou a haver alguma variação.

Os intervalos de confiança em torno das contagens de homicídios na figura 9.4 são de natureza totalmente distinta das margens de erro em torno, digamos, dos números de desemprego. Estes últimos são uma expressão da nossa incerteza epistêmica sobre a quantidade real de pessoas desempregadas, enquanto os intervalos em torno das contagens de homicídios não expressam incerteza sobre o número real de homicídios — presumimos que eles tenham sido contados corretamente —, mas sobre os riscos subjacentes na sociedade. Esses dois tipos de intervalo podem parecer similares, e até mesmo usar matemática similar, mas têm interpretações fundamentalmente diversas.

Este capítulo apresentou material desafiador, o que não chega a ser surpresa, uma vez que essencialmente apresentou toda a fundamentação formal da inferência estatística baseada em modelagem de probabilidade. Mas o esforço valeu a pena, pois agora podemos usar essa estrutura para ir além da descrição básica e da estimativa de características do mundo, começar a ver como a modelagem estatística pode ajudar a responder a perguntas importantes sobre como o mundo realmente funciona, e assim prover uma base sólida para descobertas científicas.

RESUMO
- A teoria da probabilidade pode ser usada para deduzir a distribuição amostral de sínteses estatísticas, das quais podem ser deduzidas fórmulas para intervalos de confiança.
- Um intervalo de confiança de 95% é o resultado de um procedimento que, se em 95% dos casos estiver ancorado em premissas corretas, conterá o verdadeiro valor do parâmetro. Não se pode afirmar que um intervalo específico tenha 95% de probabilidade de conter o valor verdadeiro.
- O teorema do limite central implica presumir que médias amostrais e outras sínteses estatísticas tenham uma distribuição normal para amostras grandes.
- Margens de erro costumam não incorporar erro sistemático devido a causas não aleatórias — é necessário conhecimento e julgamento externo para avaliar essas causas.
- Intervalos de confiança podem ser calculados mesmo quando observamos todos os dados, que então representam incerteza sobre os parâmetros de uma população metafórica subjacente.

10. Respondendo a perguntas e enunciando descobertas

Nascem mais meninos que meninas?

John Arbuthnot, médico que se tornou clínico da rainha Anne em 1705, se propôs a responder a essa pergunta. Ele examinou dados sobre os batismos em Londres por 82 anos, entre 1629 e 1710, e os resultados que obteve são mostrados na figura 10.1 em termos do que agora se conhece como razão sexual, que é o número de meninos nascidos para cada 100 meninas.

Arbuthnot descobriu que todo ano houvera mais batismos de garotos que de garotas, com uma razão sexual de 107, variando entre 101 e 116 ao longo do período. Mas ele queria enunciar uma lei mais geral, e argumentou que na verdade não havia diferença nas taxas subjacentes de nascimento de meninos e meninas, de modo que haveria todo ano uma chance de $50/50$ de nascerem mais meninos que meninas, ou mais meninas que meninos, exatamente como ao lançar uma moeda.

Mas obter um número maior de meninos ano após ano seria como lançar uma moeda 82 vezes seguidas e obter cara toda vez. A probabilidade de que isto aconteça é de $1/2^{82}$, que é um número realmente muito pequeno, com 24 zeros depois da vírgula decimal. Se observássemos algo assim num experimento real, poderíamos afirmar com segurança que havia algum problema com a moeda. De maneira semelhante, Arbuthnot concluiu que alguma força operava para produzir mais garotos, e julgou que isso ocorresse para contrabalançar a maior mortalidade de homens: "Para reparar a Perda, a providente Natureza, por Disposição de seu sábio Criador, traz mais Homens que Mulheres; e isto em proporção quase constante".[1]

Respondendo a perguntas e enunciando descobertas

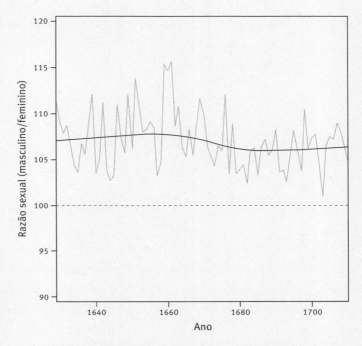

FIGURA 10.1 A razão sexual (número de meninos por 100 meninas) para batismos em Londres entre 1629 e 1710, publicada por John Arbuthnot em 1710. A linha tracejada representa número igual de meninos e meninas; a curva está ajustada aos dados empíricos. Em todos os anos houve mais meninos batizados que meninas.

Os dados de Arbuthnot foram submetidos a repetidas análises, e embora possam conter erros, e incluírem apenas batismos anglicanos, sua descoberta básica ainda vale: a razão sexual "natural" é hoje estimada em 105, o que significa que para cada 20 meninas nascem 21 garotos. O título do artigo que ele publicou utiliza seus dados como evidência estatística direta para a existência de intervenção sobrenatural: "Um argumento para a providência divina, tirado da regularidade constante observada nos nascimentos de ambos os sexos". Seja essa uma conclusão justificada ou não, e embora não soubesse disso na época, ele tinha entrado para a história ao conduzir o primeiro teste de significância estatística do mundo.

Chegamos talvez à parte mais importante do ciclo de resolução de problemas, na qual buscamos respostas para perguntas específicas sobre como o mundo funciona. Por exemplo:

1. O número diário de homicídios no Reino Unido segue uma distribuição de Poisson?
2. A taxa de desemprego no Reino Unido variou recentemente?
3. Tomar estatinas reduz o risco de ataques cardíacos e AVCs em pessoas como eu?
4. A altura das mães tem relação com a altura dos filhos, levada em conta a altura dos pais?
5. O bóson de Higgs existe?

A lista mostra que podem ser feitos tipos de pergunta muito diferentes, variando de transientes a eternas:

1. Homicídios e distribuição de Poisson: uma regra geral que não é de grande interesse do público, mas ajuda a responder se houve variação em taxas subjacentes.
2. Variação de desemprego: uma pergunta específica sobre determinado tempo e lugar.
3. Estatinas: uma afirmação científica, mas específica para um grupo.
4. Altura das mães: possivelmente de interesse científico geral.
5. Bóson de Higgs: poderia modificar as ideias básicas das leis físicas do universo.

Temos dados que podem nos ajudar a responder a algumas dessas perguntas, das quais já fizemos alguns esboços exploratórios e tiramos conclusões informais no tocante a um modelo estatístico apropriado. Mas agora chegamos a um aspecto formal da parte de Análise do ciclo PPDAC geralmente conhecida como **teste de hipótese**.

O que é uma "hipótese"?

Uma hipótese pode ser definida como uma proposta de explicação para um fenômeno. Não é a verdade absoluta, mas uma premissa de trabalho, provisória; talvez a melhor imagem seja a de um potencial suspeito para um caso criminal.

Quando discutimos regressão no capítulo 5, vimos a alegação de que

$$\text{observação} = \text{modelo determinista} + \text{erro residual}$$

Isso representa a ideia de que modelos estatísticos são representações matemáticas daquilo que observamos, combinando um componente determinista com um componente "estocástico", este último representando a imprevisibilidade ou "erro" aleatório, geralmente expresso em termos de uma distribuição de probabilidade. Na ciência estatística, uma hipótese é considerada uma premissa particular sobre um desses componentes do modelo estatístico, sendo portanto provisória, e não "a verdade".

Por que precisamos de um teste formal da hipótese nula?

Não são apenas cientistas que valorizam descobertas — o deleite de encontrar algo novo é universal. Na verdade, é tão desejável que existe uma tendência inata de sentir que encontramos algo mesmo quando não encontramos. Antigamente, usava-se o temo *apofenia* para descrever a capacidade de ver padrões onde eles não existem, e houve quem tenha sugerido que essa tendência poderia até mesmo conferir uma vantagem evolucionária — aqueles que fugiam ao ver arbustos se movendo sem esperar para descobrir se era um tigre podem ter tido maior probabilidade de sobreviver.

Mas enquanto essa atitude talvez sirva bem a caçadores-coletores, não funciona em ciência — na verdade, todo o processo científico é enfraquecido se alegações são apenas produtos da nossa imaginação. Deve haver um jeito de nos proteger contra falsas descobertas, e o teste de hipótese tenta desempenhar esse papel.

A ideia de uma **hipótese nula** torna-se agora central: ela é a forma simplificada de modelo estatístico com o qual iremos trabalhar até termos evidência suficiente contra ele. Nas perguntas listadas acima, as hipóteses nulas poderiam ser:

1. O número diário de homicídios no Reino Unido segue *sim* uma distribuição de Poisson.
2. A taxa de desemprego no Reino Unido *permaneceu inalterada* ao longo do último trimestre.
3. Estatinas *não reduzem* o risco de ataques cardíacos e AVCs em pessoas como eu.
4. A altura das mães *não tem efeito* sobre a altura dos filhos, levada em conta a altura dos pais.
5. O bóson de Higgs *não existe*.

A hipótese nula é o que estamos dispostos a assumir que ocorre até prova em contrário. Ela é implacavelmente negativa, negando todo e qualquer progresso e mudança. Mas isso não significa que realmente acreditemos que ela seja literalmente verdadeira: deve ficar claro que nenhuma das hipóteses listadas acima poderia de forma plausível ser precisamente correta (exceto talvez a da não existência do bóson de Higgs). Assim, nunca podemos dizer que a hipótese nula tenha sido de fato provada: nas palavras de outro grande estatístico britânico, Ronald Fisher, "a hipótese nula nunca é provada ou estabelecida, mas pode ser refutada no curso de uma experimentação. Pode-se dizer que todo experimento existe apenas para dar aos fatos a chance de refutar a hipótese nula".[2]

Há uma forte analogia com julgamentos criminais no sistema judicial inglês: um réu pode ser considerado culpado, mas ninguém jamais é considerado inocente, simplesmente não há prova de culpa. Da mesma forma, veremos que é possível rejeitar a hipótese nula; mas, se não tivermos evidência suficiente para fazê-lo, isso não significa que podemos aceitá-la como verdadeira. Ela é apenas uma premissa de trabalho até aparecer algo melhor.

Cruze os braços. Qual dos dois está por cima, o esquerdo ou o direito?
Estudos mostram que aproximadamente metade da população põe
o braço direito por cima, e aproximadamente metade o esquerdo.
Mas será que isso tem relação com o fato de ser homem ou mulher?

Embora talvez não seja uma pergunta científica muito importante, essa foi uma questão que investiguei enquanto lecionava no Instituto Africano de Ciências Matemáticas, em 2013 — era um bom exercício de classe, e eu estava genuinamente interessado na resposta.* Obtive dados de 54 alunos de pós-graduação originários de toda a África. A tabela 10.1 mostra o total de respostas por gênero e qual braço estava por cima. Esse tipo de tabela é conhecido como tabulação cruzada, ou tabela de contingência.

	Mulher	Homem	Total
Braço esquerdo por cima	5	17	22
Braço direito por cima	9	23	32
Total	14	40	54

TABELA 10.1 Tabela de contingência dos gêneros e posição dos braços cruzados para 54 alunos de pós-graduação.

De modo geral, a maioria punha o braço direito por cima ($32/54$ = 59%). No entanto, uma proporção mais elevada de mulheres ($9/14$ = 64%) que de homens ($23/40$ = 57%) fazia parte desse grupo: a diferença observada nas proporções é 64% − 57% = 7%. Nesse caso, a hipótese nula seria que não existe de fato nenhuma associação entre a posição no cruzamento dos braços e o gênero, e seria de se esperar que a diferença observada nas proporções entre os gêneros fosse de 0%. Mas é claro que a inevitável variabilidade

---

* Talvez uma pergunta mais natural seja a relação entre cruzar os braços e mão predominante, mas havia muito poucos canhotos para investigar a questão.

aleatória entre pessoas, mesmo sob essa premissa nula, implica que a diferença observada não será precisamente 0%. A pergunta crucial é se a diferença observada de 7% é suficiente para fornecer evidência contra a hipótese nula.

Para responder a isso, precisamos saber qual seria a diferença esperada nas proporções no caso de uma simples variação aleatória — isto é, se a hipótese nula fosse realmente verdadeira e o cruzamento de braços fosse inteiramente independente do gênero. Para pôr em termos mais formais, será que essa diferença observada de 7% é compatível com a hipótese nula?*

Essa é uma ideia traiçoeira, mas crucial. Quando Arbuthnot estava testando sua hipótese nula de que o nascimento de meninos e de meninas era igualmente provável, pôde deduzir com facilidade que seus dados não eram nem de longe compatíveis com a premissa nula — a chance de meninos excederem meninas durante 82 anos, se tudo estivesse sendo operado apenas pelo acaso, era absolutamente minúscula. Em situações mais complexas não é tão fácil deduzir se os dados são compatíveis com a hipótese nula, mas o **teste de permutação** a seguir ilustra um procedimento de grande eficácia que evita a matemática complexa.

Imagine todos os 54 estudantes alinhados numa fila; os primeiros 14 são mulheres e os 40 seguintes são homens, e cada um recebe um número de 1 a 54. Imagine que cada um esteja também segurando um cartão dizendo se o braço que põem por cima é o "direito" ou o "esquerdo". Agora imagine pegar todos esses cartões, misturá-los num chapéu e distribuí-los aleatoriamente entre os estudantes. Esse é um exemplo de como seria de esperar que a natureza funcionasse se a hipótese nula fosse verdadeira, já que então o cruzamento de braços estaria completamente não relacionado com o gênero.

Mesmo que o comportamento ao cruzar os braços esteja agora alocado ao acaso, a proporção de "direitos" não será exatamente a mesma para

---

* Poderíamos escolher outra estatística que sintetizasse associações, como a razão de chance, mas obteríamos basicamente o mesmo resultado.

mulheres e homens, pelo simples efeito do acaso, e podemos calcular a diferença observada nas proporções para essa rerrotulação aleatória dos estudantes. Então poderíamos repetir o processo de alocar aleatoriamente o comportamento ao cruzar de braços, digamos, 1000 vezes, e ver que distribuição de diferenças seria gerada. Os resultados são apresentados na figura 10.2(a), e mostram uma dispersão das diferenças observadas — algumas favorecendo os homens, outras as mulheres — com centro numa diferença de zero. A diferença observada real se encontra perto do centro dessa distribuição.

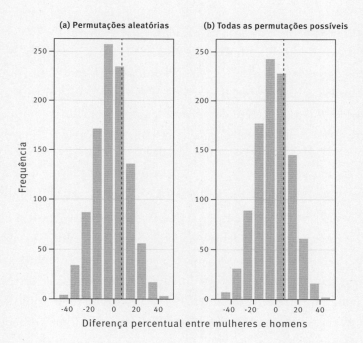

FIGURA 10.2 Distribuição empírica da diferença nas proporções de mulheres e homens que cruzam os braços mantendo o direito por cima: (a) de 1000 permutações aleatórias do cruzamento de braços, (b) de todas as permutações possíveis igualmente prováveis da resposta sobre o cruzamento de braços. A diferença observada nas proporções (7%) é indicada por uma linha tracejada vertical.

Uma abordagem alternativa, se tivéssemos bastante tempo, seria trabalhar sistematicamente com todas as permutações possíveis dos cartões indicativos do comportamento ao cruzar de braços, em vez de simplesmente fazer 1000 simulações. Cada uma dessas permutações geraria uma diferença observada nas proporções de homens e mulheres "destros", e ao colocar os resultados num gráfico obteríamos uma distribuição mais regular do que para apenas 1000 simulações.

Infelizmente há um número enorme dessas permutações, e até mesmo se calculadas com a rapidez de um milhão por segundo, a quantidade de anos necessários para passar por todas elas teria 57 zeros.[3] Felizmente não precisamos realizar todos esses cálculos, já que a distribuição de probabilidade para a diferença observada nas proporções sob a hipótese nula pode ser deduzida em teoria, e é mostrada na figura 10.2(b) — ela se baseia no que é conhecido como **distribuição hipergeométrica**, que fornece a probabilidade para uma célula particular na tabela assumir cada valor possível sob permutações aleatórias.

A figura 10.2 mostra que a diferença observada real nas proporções de "direitos" (7% em favor das mulheres) fica bem perto do centro da distribuição de diferenças observadas que esperaríamos encontrar se de fato não houvesse nenhuma associação. Precisamos de uma medida para sintetizar a proximidade do nosso valor em relação ao centro, e uma dessas sínteses é a "área da cauda", à direita da linha tracejada mostrada na figura 10.2, que é de 45% ou 0,45.

Essa área da cauda é conhecida como **p-valor**, um dos conceitos mais proeminentes da estatística na forma como é praticada hoje, e que portanto merece uma definição formal no texto: *um p-valor é a probabilidade de obtermos um resultado pelo menos tão extremo como o que tivemos se a hipótese nula (e todas as outras premissas da modelagem) for realmente verdadeira.*

A questão, obviamente, é o que entendemos por "extremo"? Nosso p-valor atual de 0,45 é **unicaudal**, uma vez que só mede a probabilidade de termos observado tal valor extremo em favor das mulheres, no caso de a hipótese nula ser realmente verdadeira. Esse p-valor corresponde àquilo que é conhecido como **teste unilateral**. Mas uma proporção observada em favor dos homens também teria nos levado a desconfiar de que a hipótese nula não se sustentava. Deveríamos portanto calcular também a chance de obter uma diferença observada de pelo menos 7% em *qualquer* direção. Isso é conhecido como **p-valor bicaudal**, correspondendo ao **teste bilateral**. Essa área caudal total acaba sendo de 0,89 e, como é próximo de 1, indica que o valor observado está perto do centro de distribuição da diferença observada, em sendo verdadeira a hipótese nula. É claro que isso poderia ser visto imediatamente com a figura 10.2, mas os gráficos nem sempre estão disponíveis e precisamos de um número para sintetizar formalmente os extremos dos nossos dados.

Arbuthnot forneceu o primeiro exemplo registrado desse processo: pela hipótese nula de que meninos e meninas tinham a mesma probabilidade de nascer, a probabilidade de meninos excederem meninas em todos os 82 anos era de $½^{82}$. Isso só define nossos extremos em termos de meninos excedendo meninas, e também duvidaríamos da hipótese nula se as meninas excedessem os meninos, então deveríamos dobrar esse número para $½^{81}$ para dar a probabilidade de um resultado tão extremo em qualquer uma das direções. Então $½^{81}$ poderia ser considerado o primeiro p-valor bilateral registrado, embora o termo não tenha sido usado nos duzentos e cinquenta anos seguintes.

A propósito, minha pequena amostra não indicou nenhum vínculo entre gênero e comportamento ao cruzar os braços, e outros estudos, mais científicos, não encontraram relação entre comportamento ao cruzar os braços e gênero, mão predominante ou qualquer outra característica.

Significância estatística

A ideia de **significância estatística** é imediata: se um p-valor é suficientemente pequeno, então dizemos que os resultados são estatisticamente significativos. A expressão foi popularizada por Ronald Fisher na década de 1920 e, apesar das críticas que veremos adiante, continua a desempenhar um importante papel na estatística.

Ronald Fisher era um homem extraordinário, porém difícil. Extraordinário porque foi uma figura pioneira em dois campos distintos — genética e estatística. Todavia, tinha um temperamento forte e podia ser extremamente crítico com quem questionasse suas ideias. Ao mesmo tempo, seu apoio à eugenia e sua crítica pública à evidência de associação entre o fumo e o câncer pulmonar prejudicaram sua posição. Sua reputação pessoal sofreu um abalo quando foram reveladas as ligações financeiras que mantinha com a indústria do tabaco. Porém sua reputação científica não diminuiu, uma vez que suas ideias estão sempre encontrando novas aplicações na análise de grandes conjuntos de dados.

Como mencionei no capítulo 4, Fisher desenvolveu a ideia de randomização em testes agrícolas enquanto trabalhava na Estação Experimental de Rothamsted. E ilustrou as ideias de randomização em planificação experimental com seu famoso teste da prova de chá, no qual uma mulher (que se acredita ser uma certa Muriel Bristol) alegava ser capaz de dizer, ao provar uma xícara de chá, se o leite havia sido adicionado antes ou depois de o chá ser vertido na xícara.

Foram preparadas quatro xícaras com o leite antes, e quatro com o chá antes, e as oito xícaras foram apresentadas em ordem aleatória; foi dito a Muriel que havia quatro de cada, e ela teve de adivinhar em quais delas o leite fora vertido antes. Conta-se que ela acertou todas. Isso, se aplicarmos a distribuição hipergeométrica, mostra uma probabilidade de 1 em 70 para a hipótese nula de que ela estivesse simplesmente chutando. Esse é um exemplo de p-valor, e por convenção seria considerado pequeno, de modo que os resultados poderiam ser declarados como evidência estatisticamente significativa de que ela era de fato capaz de dizer se o leite fora vertido antes ou não.

Resumindo, descrevi os seguintes passos:

1. Definir uma pergunta em termos de uma hipótese nula que queremos verificar. A ela se dá geralmente a notação H_0.
2. Escolher uma estatística de teste que estime algo que, se acabar se revelando suficientemente extremo, nos leve a duvidar da hipótese nula

(com frequência valores mais altos indicam incompatibilidade com a hipótese nula).
3. Gerar uma distribuição amostral dessa estatística de teste, onde a hipótese nula é verdadeira.
4. Verificar se a estatística observada está numa das caudas dessa distribuição e sintetizar essa observação por meio de um p-valor: a probabilidade, caso a hipótese nula seja verdadeira, de observar uma estatística tão extrema. O p-valor é, portanto, uma área caudal particular.
5. É preciso definir cuidadosamente "extremo" — se, digamos, valores grandes, positivos e negativos, da estatística de teste forem considerados incompatíveis com a hipótese nula, então o p-valor deve levar isso em conta.
6. Declarar o resultado com significância estatística se o p-valor estiver abaixo de algum limiar crítico.

Ronald Fisher usou $p < 0,05$ e $p < 0,01$ como limiares críticos convenientes para indicar significância e produziu tabelas de valores críticos de estatística de teste para chegar a esses níveis de significância. A popularidade dessas tabelas levou a que 0,05 e 0,01 se tornassem convenções estabelecidas, embora recomende-se atualmente que sejam informados os p-valores exatos. E é importante enfatizar que o p-valor exato é condicionado não só pela verdade da hipótese nula, mas também por todas as outras premissas subjacentes ao modelo estatístico, tais como ausência de viés sistemático, observações independentes e assim por diante.

Todo esse processo veio a ser conhecido como teste de significância da hipótese nula, e, como veremos abaixo, tornou-se fonte de importante controvérsia. Mas primeiro devemos examinar como as ideias de Fisher são usadas na prática.

Usando a teoria da probabilidade

Talvez o componente mais desafiador no teste de significância da hipótese nula seja o Passo 3 — estabelecer a distribuição da estatística de teste escolhida para a hipótese nula. Podemos sempre recorrer a métodos de simulação intensivamente computadorizados, como no teste de permutações para os dados sobre o cruzar os braços, mas é muito mais conveniente usar a teoria da probabilidade para determinar diretamente as áreas caudais da estatística de teste, como fez Arbuthnot num caso simples, e Fisher com a distribuição hipergeométrica.

Muitas vezes utilizamos aproximações que foram desenvolvidas pelos pioneiros da **inferência estatística**. Por volta de 1900, por exemplo, Karl Pearson desenvolveu uma série de estatísticas para testar associações em tabelas de contingência como a tabela 10.1, a partir da qual se desenvolveu o clássico **teste de associação qui-quadrado**.*

Essas estatísticas de teste envolvem calcular a quantidade esperada de eventos em cada célula da tabela caso seja verdadeira a hipótese nula de não associação, e então uma estatística qui-quadrado para medir a discrepância total entre as contagens esperada e observada. A tabela 10.2 mostra o número esperado nas células da tabela, assumindo a hipótese nula: por exemplo, o número esperado de mulheres que cruzam o braço esquerdo por cima do direito é o total do número de mulheres (14) vezes a proporção total de "canhotas" ($22/54$), o que resulta em 5,7.

	Mulher	Homem	Total
Braço esquerdo por cima	5 (5,7)	17 (16,3)	22
Braço direito por cima	9 (8,3)	23 (23,7)	32
Total	14	40	54

TABELA 10.2 Contagens observada e esperada (entre parênteses) de cruzamento de braços por gênero: as contagens esperadas são calculadas para a hipótese nula de que o cruzar de braços não está associado ao gênero.

Fica claro pela tabela 10.2 que as contagens observada e esperada são bem semelhantes, refletindo que os dados são simplesmente aqueles que esperaríamos obter para a hipótese nula. A estatística qui-quadrado é uma

---

* "Qui" refere-se à letra grega χ.

Respondendo a perguntas e enunciando descobertas

medida geral da dessemelhança entre as contagens observada e esperada (sua fórmula é dada no Glossário), e tem o valor de 0,02. O p-valor correspondente a essa estatística, obtido por meio de software padrão, é de 0,90, não mostrando nenhuma evidência contra a hipótese nula. É confortante que esse p-valor seja essencialmente o mesmo que o do teste "exato" baseado na distribuição hipergeométrica.

O desenvolvimento e o uso de estatísticas de teste e p-valores costumam formar grande parte de um curso de estatística padrão, e infelizmente associaram ao campo a reputação de que se trata de escolher a fórmula certa e usar as tabelas certas. Embora este livro tente adotar uma perspectiva mais ampla sobre o assunto, é importante revisitarmos os exemplos que discutimos ao longo do texto no tocante à sua significância estatística.

---

1. O número diário de homicídios no Reino Unido segue uma distribuição de Poisson?

A figura 8.5 mostra, para a Inglaterra e o País de Gales entre 2014 e 2016, as contagens observadas de dias com diferentes números de homicídios. Houve um total de 1545 ocorrências ao longo de 1095 dias, uma média de 1,41 por dia, e para a hipótese nula de uma distribuição de Poisson com essa média esperaríamos as contagens mostradas na última coluna da tabela 10.3. Adaptando a abordagem usada para a análise na tabela 10.2, a discrepância entre as contagens observadas e esperadas pode ser sintetizada pelo **teste de associação qui-quadrado, ou teste de bondade do ajuste** — mais uma vez, ver o Glossário para detalhes.

O p-valor observado de 0,96 não é significativo, então não há evidência para rejeitar a hipótese nula (na verdade, o ajuste é tão bom que chega a ser suspeito). É claro que não devemos então assumir que a hipótese nula seja necessariamente verdadeira, mas deve ser razoável usá-la como premissa ao avaliar, por exemplo, as variações das taxas de homicídio no capítulo 9.

Número de ocorrências de homicídio por dia	Dias observados	Dias esperados para a hipótese nula
0	259	267,1
1	387	376,8
2	261	265,9
3	131	125,0
4	40	44,1
5	13	12,4
6 ou mais	3	3,6
Total	1095	1095

TABELA 10.3 Dias observados e esperados com número específico de ocorrências de homicídio na Inglaterra e no País de Gales, abril de 2013 a março de 2016. Um teste qui-quadrado tem p-valor de 0,96, não indicando nenhuma evidência contra a hipótese nula de uma distribuição de Poisson.

2. A taxa de desemprego no Reino Unido variou recentemente?

No capítulo 7 vimos que uma mudança trimestral de 3 mil no desemprego tinha uma margem de erro de ± 77 mil, com base em ± 2 erros-padrão. Isso significa que o intervalo de confiança de 95% vai de –80 mil para +74 mil, e claramente contém o valor 0, correspondendo a nenhuma variação no desemprego. Mas o fato de esse intervalo de 95% incluir 0 é logicamente equivalente ao fato de a estimativa pontual (–3 mil) ser menor que 2 erros-padrão a partir do 0, o que significa que a variação não é significativamente diferente de 0.

Isso revela a identidade essencial entre testes de hipótese e intervalos de confiança:

- Um p-valor bilateral é menos que 0,05 se o intervalo de confiança de 95% não incluir a hipótese nula (geralmente 0).
- Um intervalo de confiança de 95% é o conjunto de hipóteses nulas que não são rejeitadas em p < 0,05.

Essa ligação íntima entre testes de hipótese e intervalos de confiança deveria fazer com que as pessoas parassem de interpretar de maneira incorreta resultados que não são significativamente diferentes de 0 do ponto de vista estatístico — isso não significa que a hipótese nula seja verdadeira, apenas que um intervalo de confiança para o valor verdadeiro inclui 0. Infelizmente, como veremos adiante, essa lição é com frequência ignorada.

---

3. Tomar estatinas reduz o risco de ataques cardíacos e AVCs em pessoas como eu?

A tabela 10.4 repete os resultados do EPC, o Estudo de Proteção Cardíaca, mostrados anteriormente na tabela 4.1, mas adiciona colunas mostrando a confiança com que os benefícios foram estabelecidos. Há uma relação próxima entre os erros-padrão, os intervalos de confiança e os p-valores. Os intervalos de confiança para a redução do risco são estimados em aproximadamente ± 2 erros-padrão (note que o EPC arredonda as reduções relativas para números inteiros). Os intervalos de confiança excluem facilmente a hipótese nula de 0%, correspondente a nenhum efeito da estatina, e assim os p-valores são muito pequenos — na verdade, o p-valor para a redução de 27% em ataques cardíacos é de aproximadamente 1 em 3 milhões. Essa é a consequência de realizar um estudo tão enorme.

Evento	Porcentagem em 10 269 pessoas que receberam estatina	Porcentagem em 10 267 pessoas que receberam placebo	% de redução de risco (relativo) naqueles que receberam estatina	Erro-padrão da redução de risco	Intervalo de confiança para % de redução	p-valor
Ataque cardíaco	8,7	11,8	27%	4%	21% a 33%	p < 0,0001
AVC	4,3	5,7	25%	5%	15% a 34%	p < 0,0001
Morte por qualquer causa	12,9	14,7	13%	4%	6% a 19%	p = 0,0003

TABELA 10.4 Os resultados reportados ao final do Estudo de Proteção Cardíaca (EPC), mostrando os efeitos relativos estimados, seus erros-padrão, intervalos de confiança e p-valores testando a hipótese nula de "nenhum efeito".

Outras sínteses estatísticas podem ser usadas, como a diferença em riscos absolutos, mas devem dar p-valores semelhantes. Os pesquisadores do EPC focalizam a redução proporcional porque ela é bem constante através dos subgrupos, constituindo, portanto, uma boa medida sintética única. Há várias maneiras de calcular os intervalos de confiança, embora todas devam produzir pequenas diferenças, sem importância.

---

4. A altura das mães tem relação com a altura dos filhos, levada em conta a altura dos pais?

No capítulo 5 apresentamos uma regressão linear múltipla com a altura do filho como variável resposta (dependente) e a altura da mãe e do pai como variáveis explicativas (independentes). Os coeficientes foram mostrados na tabela 5.3, mas sem qualquer discussão sobre se poderiam ser considerados significativamente diferentes de zero. Para ilustrar a maneira como esses resultados aparecem em softwares estatísticos, a tabela 10.5 reproduz os resultados obtidos com o popular (e gratuito) programa R.

	Estimativa	Erro-padrão	valor-t	pr(>|t|)
(Interseção)	175,84120	0,27087	649,168	‹ 2 e −16***
Altura da mãe	0,33355	0,04600	7,252	1,74 e −12***
Altura do pai	0,41175	0,04668	8,820	‹ 2 e −16***

Códigos de significância: *** = 0,001   ** = 0,01   * = 0,05

TABELA 10.5 Uma reprodução do resultado em R de uma regressão múltipla usando os dados de Galton, com a altura do filho como variável resposta e as alturas da mãe e do pai como variáveis explicativas. O valor-t é a estimativa dividida pelo erro-padrão. A coluna intitulada pr(>|t|) representa um p-valor bilateral; a probabilidade de obter um valor-t tão grande, seja positivo ou negativo, para a hipótese nula de que a verdadeira relação é 0. A notação "2 e −16" significa que o p-valor é inferior a 0,0000000000000002 (isto é, quinze zeros). A última linha mostra as interpretações dos asteriscos em termos de p-valores.

Como na tabela 5.3, a interseção é a média das alturas dos filhos, e os coeficientes (intitulados "Estimativas" no resultado) representam a variação esperada na altura por centímetro de diferença na altura de suas mães e pais em relação à média geral. Esse erro-padrão é calculado a partir de uma fórmula conhecida, e é claramente pequeno em relação ao tamanho dos coeficientes.

O valor-t, também conhecido como **teste t**, é um importante foco de atenção, uma vez que é o elo que nos diz se a associação entre uma variável explicativa e a resposta tem significância estatística. O valor-t é um caso especial daquilo que é conhecido como teste t de Student. "Student" era o pseudônimo de William Gosset, que desenvolveu o método em 1908, enviado para a University College de Londres pela cervejaria Guinness de Dublin — eles queriam preservar o anonimato de seu funcionário. O valor-t é simplesmente a estimativa/erro-padrão (isso pode ser verificado pelos números na tabela 10.5), e assim pode ser interpretado como a distância da estimativa em relação ao 0, medida em erros-padrão. Dado um valor-t e o tamanho da amostra, o software pode fornecer um p-valor preciso; para amostras grandes, os valores-t maiores que 2 ou menores que –2 correspondem a $p < 0,05$, embora esses limiares sejam maiores para tamanhos de amostras menores. O programa R usa um sistema simples de asteriscos para p-valores, de um * (indicando $p < 0,05$) até três *** (indicando $p < 0,001$). Na tabela 10.5, os valores-t são tão grandes que os p-valores quase desaparecem de tão minúsculos.

No capítulo 6, vimos que um algoritmo poderia vencer uma competição de predição por uma margem muito pequena. Ao predizer a sobrevivência no conjunto de teste do *Titanic*, por exemplo, a simples árvore de classificação conseguiu o melhor escore de Brier (erro quadrático médio de predição), de 0,139, só um pouco mais baixo que o da rede neural média, de 0,142 (ver tabela 6.4). É razoável indagar se essa pequena margem de vitória de –0,003 é estatisticamente significativa, no sentido de poder ou não ser explicada por variações casuais.

Isso é fácil de checar, e o teste t acaba se revelando de −0,54, com um p-valor bilateral de 0,59.* Logo, não existe boa evidência de que a árvore de classificação seja de fato o melhor algoritmo! Esse tipo de análise não é habitual em competições como a da Kaggle, mas parece importante saber que o status de vitória depende da seleção aleatória de casos no conjunto de teste.

Pesquisadores passam a vida escrutinando o tipo de resultado computadorizado mostrado na tabela 10.5, na esperança de ver o piscar de estrelas indicando um resultado significativo que possam então apresentar em seu próximo artigo científico. Mas, como vemos agora, a busca obsessiva por significância estatística pode facilmente levar a ilusões de descoberta.

O perigo de realizar muitos testes de significância

Os limiares-padrão para declarar "significância", $p < 0,05$ e $p < 0,01$, foram escolhas bastante arbitrárias de Ronald Fisher para suas tabelas, nos idos dias em que calcular p-valores exatos não era possível usando as calculadoras mecânicas e elétricas disponíveis. Mas o que acontece quando realizamos muitos testes de significância, verificando todas as vezes se o p-valor é menor que 0,05?

Suponha que uma droga realmente não funcione; que a hipótese nula seja verdadeira. Se fizermos um ensaio clínico, vamos declarar o resultado como estatisticamente significativo se o p-valor for menor que 0,05, e, como a droga é inefetiva, a chance de isso acontecer é de 0,05, ou 5% — essa é a definição de um p-valor. Esse resultado seria considerado um **falso positivo**, já que acreditamos incorretamente que a droga é efetiva. Se fizermos dois ensaios, e olharmos o mais extremo, a chance de obter

---

* O truque é calcular, para cada um dos 412 indivíduos do conjunto de teste, a diferença entre os erros de predição quadráticos para os dois algoritmos; esse conjunto de 412 diferenças tem uma média de −0,0027 e um desvio-padrão de 0,1028. O erro-padrão da estimativa da diferença "verdadeira" é portanto de $0,1028 = 0,0050$, e a estatística de teste é a estimativa/erro-padrão $= -0,0027/0,0050 = -0,54$. Isso é conhecido como teste t pareado, já que se baseia no conjunto de diferenças entre pares de números.

pelo menos um resultado significativo — e portanto falso positivo — é próxima de 0,10, ou 10%.* A chance de obter pelo menos um resultado falso positivo aumenta rapidamente à medida que fazemos mais ensaios; se fizermos dez ensaios de drogas inúteis, a chance de obter pelo menos um significativo, com $p < 0{,}05$, chega a 40%. Isso é conhecido como o problema das **comparações múltiplas**, e ocorre sempre que muitos testes de significância são realizados e relata-se o resultado mais significativo.

Um problema em particular costuma acontecer quando os pesquisadores dividem os dados em muitos subconjuntos, fazem testes de hipótese em cada um e examinam o mais significativo. Uma demonstração clássica foi um estudo realizado em 2009 por pesquisadores respeitáveis, que envolvia mostrar a um sujeito uma série de fotografias de pessoas expressando diferentes emoções, enquanto exames cerebrais de imagem por ressonância magnética funcional (fMRI) eram realizados para mostrar que regiões do cérebro exibiam resposta significativa, adotando $p < 0{,}001$.

A pegadinha era que o "sujeito" era um salmão do Atlântico de dois quilos, que "não estava vivo por ocasião do escaneamento". De um total de 8064 locais no cérebro desse grande peixe morto, 16 mostraram uma resposta estatisticamente significativa às fotografias. Em vez de concluir que o salmão morto tinha dons miraculosos, a equipe identificou corretamente o problema das comparações múltiplas — mais de 8000 testes de significância tendem a provocar resultados falsos positivos.[4] Mesmo usando um critério rigoroso de $p < 0{,}001$, poderíamos esperar 8 resultados significativos motivados somente pelo acaso.

Um jeito de contornar esse problema é requerer um p-valor muito baixo no qual a significância é declarada, e o método mais simples, conhecido como a **correção de Bonferroni**, é usar um limiar de $0{,}05/n$, onde n é o número de testes feitos. Então, por exemplo, os testes em cada local do cérebro do salmão poderiam ser realizados requerendo um p-valor de $0{,}05/8000 = 0{,}00000625$, ou 1 em 160 mil. Essa técnica tornou-se prática

---

* A chance exata de que pelo menos um ensaio seja significativo é $1 -$ (probabilidade de que ambos sejam não significativos) $= 1 - 0{,}95 \times 0{,}95 = 0{,}0975$, que podemos arredondar para 0,10.

padrão ao vasculhar o genoma humano em busca de locais associados a doenças: como existem aproximadamente 1 milhão de locais para os genes, um p-valor menor que $0{,}05/1\,000\,000 = 1$ em 20 milhões é rotineiramente exigido antes que se reivindique uma descoberta.

Assim, quando grandes números de hipóteses estão sendo testados ao mesmo tempo, como nas imagens do cérebro ou na genômica, o método de Bonferroni pode ser usado para decidir se os achados mais extremos são significativos. Também têm sido desenvolvidas técnicas simples que relaxam levemente o critério de Bonferroni para o segundo resultado mais extremo, o terceiro mais extremo e assim por diante, que são projetados para controlar a proporção geral de "descobertas" que acabam se revelando alegações falsas — a assim chamada **taxa de falsas descobertas**.

Outra maneira de evitar falsos positivos é exigir a replicação do estudo original, com o experimento de repetição realizado em circunstâncias inteiramente diferentes, mas seguindo em essência o mesmo protocolo. Para que novos produtos farmacêuticos sejam aprovados pela agência de vigilância sanitária dos Estados Unidos, é praxe que dois ensaios clínicos independentes sejam realizados, cada um mostrando benefício clínico significativo com $p < 0{,}05$. Isso significa que a chance geral de aprovar uma droga que na verdade não traga benefício nenhum é de $0{,}05 \times 0{,}05 = 0{,}0025$, ou 1 em 400.

5. O bóson de Higgs existe?

Ao longo do século XX, os físicos desenvolveram um "modelo-padrão" destinado a explicar as forças que operam em nível subatômico. Uma peça desse modelo permaneceu uma teoria não comprovada: o "campo de Higgs" de energia, que permeia o universo e dá massa a partículas como os elétrons por meio de sua própria partícula fundamental, o chamado bóson de Higgs. Quando pesquisadores do Cern por fim reportaram a descoberta do bóson de Higgs em 2012, o fato foi anunciado como um resultado "cinco sigma".[5] Mas provavelmente pouca gente percebeu que se trata de uma expressão de significância estatística.

Quando os pesquisadores puseram num gráfico o índice de ocorrência de eventos específicos para diferentes níveis de energia, descobriu-se que a curva tem uma distinta "corcunda" exatamente onde se esperaria a existência do bóson de Higgs. De maneira crucial, uma forma do teste de bondade do ajuste qui-quadrado revelou um p-valor de menos de 1 em 3,5 milhões para a hipótese nula de que Higgs *não existisse* e a "corcunda" fosse simplesmente o resultado da variação aleatória. Mas por que isso foi reportado como uma descoberta "cinco sigma"?

É padrão em física teórica reportar supostas descobertas em termos de "sigmas", onde um resultado "dois sigma" é uma observação que está dois erros-padrão distante da hipótese nula (lembrando que usamos a letra grega sigma (σ) para representar uma população-padrão): os "sigmas" em física teórica correspondem precisamente ao valor-t no resultado do computador mostrado na tabela 10.5 para o exemplo de regressão múltipla. Como uma observação que dava um p-valor bilateral de 1 em 3,5 milhões — o observado no teste qui-quadrado — estaria a cinco erros-padrão da hipótese nula, o bóson de Higgs foi denominado como um resultado cinco sigma.

A equipe do Cern claramente não quis anunciar sua "descoberta" até o p-valor ser extremamente pequeno. Primeiro, precisaram reconhecer o fato de que testes de significância haviam sido realizados em todos os níveis de energia, não só aquele no teste qui-quadrado final — esse ajuste para comparações múltiplas é conhecido na física como o "efeito de procurar em outro lugar". Mas eles queriam sobretudo ter a certeza de que qualquer tentativa de replicação chegaria à mesma conclusão. Seria simplesmente constrangedor demais fazer uma afirmação incorreta sobre as leis da física.

Para responder à pergunta no início desta seção: agora parece razoável assumir que o bóson de Higgs existe. Esta se torna a nova hipótese nula até que, talvez, seja sugerida uma nova teoria.

Teoria de Neyman-Pearson

Por que o Estudo de Proteção Cardíaca precisou de mais de 20 mil participantes?

O EPC foi imenso, mas não teve um tamanho arbitrário. Ao planejar o estudo, os pesquisadores tiveram que dizer quantas pessoas precisariam receber aleatoriamente estatinas ou não, e esse número precisava ter forte fundamentação estatística para justificar os gastos da pesquisa. O plano era baseado em ideias estatísticas que foram desenvolvidas por Jerzy Neyman e Egon Pearson, que, como vimos, foram os responsáveis pelo desenvolvimento dos intervalos de confiança.

A ideia de p-valores e testes de significância foi desenvolvida por Ronald Fisher na década de 1920 como uma forma de verificar a adequação de uma hipótese específica. Se for observado um p-valor pequeno, então ou aconteceu algo muito surpreendente ou a hipótese nula não é verdadeira: quanto menor o p-valor, maior a evidência de que a hipótese nula poderia ser uma premissa inapropriada. A ideia pretendia ser um procedimento bastante informal, mas nos anos 1930 Neyman e Pearson desenvolveram uma teoria de comportamento indutivo que tentava assentar o teste de hipótese numa base matemática mais rigorosa.

Seu arcabouço requeria especificação não só de uma hipótese nula, mas também de uma hipótese alternativa que representasse uma explicação mais complexa para os dados. Eles consideraram então as possíveis decisões após um teste de hipótese, que são ou rejeitar uma hipótese nula em favor da alternativa ou não rejeitar a hipótese nula.* Dois tipos de erro são, portanto, possíveis: um **erro tipo I** é cometido quando rejeitamos uma hipótese nula quando ela é verdadeira, e um **erro tipo II** é cometido quando não rejeitamos uma hipótese nula nos casos em que a hipótese alternativa é válida. Existe uma forte analogia com a área judicial que é

---

* A teoria original de Neyman e Pearson incluía a ideia de "aceitar" uma hipótese nula, mas essa parte de sua teoria é agora ignorada.

ilustrada na tabela 10.6 — um erro judicial tipo I é condenar de maneira injusta um inocente, e um erro tipo II é considerar "não culpado" aquele que na verdade cometeu o crime.

Verdade	Resultado do teste de hipótese	
	Não rejeitar a hipótese nula (julgar o suspeito "não culpado")	Rejeitar a hipótese nula em favor da alternativa (julgar suspeito culpado)
Hipótese nula (suspeito é inocente)	Correta em não rejeitar a hipótese nula. Considerar corretamente "não culpada" uma pessoa inocente.	Erro tipo I: rejeitar incorretamente a hipótese nula. Condenar injustamente uma pessoa inocente.
Hipótese alternativa (suspeito é culpado)	Erro tipo II: falhar em rejeitar a hipótese nula. Deixar incorretamente de condenar uma pessoa culpada.	Rejeitar corretamente a hipótese nula. Condenar corretamente uma pessoa culpada.

TABELA 10.6 Possíveis resultados de um teste de hipótese, fazendo analogia com um julgamento criminal.

Ao planejar um experimento, Neyman e Pearson sugerem que escolhamos duas grandezas que juntas sejam capazes de determinar o tamanho que ele deve ter. Primeiro, devemos fixar a probabilidade de um erro tipo I, dado que a hipótese nula seja verdadeira, num valor pré-especificado, digamos 0,05; isso é conhecido como **tamanho de um teste**, e geralmente representado pela letra α (alfa). Segundo, dado que a hipótese alternativa seja verdadeira, devemos pré-especificar a probabilidade de um erro tipo II, representada pela letra β (beta). Na verdade, os pesquisadores costumam trabalhar em termos de $1 - \beta$, o que é denominado **potência estatística de um teste**, e é a chance de rejeitar a hipótese nula em favor de uma hipótese alternativa, dado que esta seja verdadeira. Em outras palavras, a potência de um experimento é a chance de que ele detecte corretamente um efeito real.

Existe uma estreita ligação entre o tamanho α e o p-valor de Fisher. Se tomarmos α como o limiar no qual consideramos os resultados significativos, então os resultados que nos levam a rejeitar a hipótese nula serão exatamente aqueles para os quais p é menor que α. Então α pode ser considerado como o limiar do nível de significância — um α de 0,05 significa que rejeitamos a nula para todos os p-valores menores que 0,05.

Existem fórmulas para o tamanho e a potência de diferentes formas de experimentos, e cada uma depende crucialmente do tamanho da amostra. Mas se o tamanho da amostra é fixado, existe uma compensação inevitável: para aumentar a potência, sempre podemos tornar o limiar para "significância" menos rigoroso e assim tornar mais provável a identificação correta do verdadeiro efeito, mas isso significa aumentar a chance de um erro tipo I (o tamanho). Na analogia com a área judicial, podemos afrouxar os critérios para condenação, digamos, afrouxando as exigências de prova "além de uma dúvida razoável", e isso resultará em mais criminosos sendo corretamente condenados, mas ao inevitável custo de mais pessoas inocentes serem incorretamente consideradas culpadas.

A teoria de Neyman-Pearson tem suas raízes no controle de qualidade industrial, mas agora é usada extensivamente em testes de novos tratamentos médicos. Antes de começar um estudo clínico randomizado, o protocolo especificará uma hipótese nula, de que o tratamento não tem efeito, e uma hipótese alternativa, geralmente prevendo um efeito que é considerado ao mesmo tempo plausível e importante. Os pesquisadores então determinam o tamanho e a potência do estudo, frequentemente estabelecendo $\alpha = 0{,}05$ e $1 - \beta = 0{,}80$. Isso significa que exigem um p-valor menor que 0,05 para declarar o resultado significativo e têm 80% de chance de conseguir isso se o tratamento for realmente efetivo: juntos, esses dois fatores permitem obter uma estimativa do número de participantes que são necessários.

Os pesquisadores precisarão ser mais rigorosos se quiserem realizar um estudo clínico definitivo. O Estudo de Proteção Cardíaca, por exemplo, concluiu que

> se a terapia de redução de colesterol reduziu a mortalidade em 5 anos de doença cardíaca coronária em cerca de 25% e a mortalidade por outras causas em cerca de 15%, então um estudo desse tamanho com boa fidelidade teria excelente chance de demonstrar tais efeitos em níveis convincentes de significância estatística (isto é, potência > 90% de conseguir $p < 0{,}01$.

Em outras palavras, se o verdadeiro efeito do tratamento é uma redução de 25% na mortalidade por doença cardíaca e de 15% na mortalidade por outras causas (a hipótese alternativa), o estudo tem aproximadamente $1 - \beta = 90\%$ de potência e tamanho $\alpha = 1\%$. Essas exigências ditaram o tamanho da amostra de mais de 20 mil participantes. Na verdade, como mostra a tabela 10.4, os resultados finais incluíam uma redução de 13% na mortalidade por outras causas, extraordinariamente perto daquilo para o que havia sido planejado.

A ideia de ter uma amostra suficientemente grande a fim de ter potência para detectar uma hipótese alternativa plausível tornou-se totalmente arraigada no planejamento de estudos médicos. Mas estudos em psicologia e neurociência muitas vezes têm tamanhos de amostra escolhidos com base na conveniência ou na tradição, e podem ser pequenos a ponto de incluírem apenas 20 sujeitos por condição a ser estudada. É verdade, e interessante, que hipóteses alternativas podem ser perdidas por conta de estudos pequenos demais, e a necessidade de que outras áreas experimentais comecem a pensar sobre a potência de seus estudos está finalmente sendo reconhecida.

Como veremos no próximo capítulo, Neyman e Pearson tiveram discussões veementes com Fisher, até mesmo abusivas, acerca da forma apropriada de testar hipóteses, e esse conflito nunca foi resolvido numa única abordagem "correta". O Estudo de Proteção Cardíaca mostra que experimentos clínicos tendem a ser projetados de uma perspectiva Neyman-Pearson, mas, a rigor, tamanho e potência são irrelevantes uma vez que o experimento já tenha sido realizado. Nesse ponto o ensaio é analisado usando intervalos de confiança para mostrar valores plausíveis para efeitos do tratamento e os p-valores fisherianos para sintetizar a força da evidência contra a hipótese nula. Assim, uma estranha mistura das ideias de Fisher e de Neyman-Pearson tem se revelado notavelmente efetiva.

Harold Shipman poderia ter sido pego antes?

Vimos na introdução que o dr. Harold Shipman assassinou mais de duzentos de seus pacientes no decorrer de vinte anos antes de ser finalmente pego. As famílias de suas vítimas naturalmente ficaram perplexas com o fato de que ele tivesse conseguido executar seus crimes por tanto tempo sem levantar suspeitas, e um subsequente inquérito público foi encarregado de julgar se ele poderia ter sido identificado mais cedo. Como preparativo para o inquérito, o número de certidões de óbito assinadas por Shipman desde 1977 havia sido somado e comparado com o número que se teria esperado, dada a composição etária dos pacientes "sob os cuidados" de Shipman e as taxas da mortalidade para outros médicos de família na região. Fazer esse tipo de comparação significa que condições locais como mudanças de temperatura e surtos de gripe são fatores controlados. A figura 10.3 mostra os resultados obtidos subtraindo o número esperado do número observado de certidões de óbito assinadas por Shipman desde 1977 até sua prisão em 1998. Essa diferença pode ser denominada seu "excesso" de mortalidade.

Em 1998, o excesso de mortalidade de Shipman para pessoas com 65 anos ou mais foi estimado em 174 mulheres e 49 homens. Esse é quase exatamente o número de pessoas mais velhas posteriormente identificadas pelo inquérito como vítimas, o que mostra a notável precisão dessa análise puramente estatística, para a qual não foi incluído nenhum conhecimento de casos individuais.[6]

Supondo que alguém estivesse monitorando as mortes de Shipman ano a ano e fazendo os cálculos necessários para produzir a figura 10.3, em que ponto essa pessoa poderia ter "dado o alerta"? Ela poderia, por exemplo, ter realizado um teste de significância no final de cada ano. Contagens de mortes, como homicídios, são resultado de muitos indivíduos com pequena probabilidade de sofrer o evento, e pode-se assumir que tenham uma distribuição de Poisson, de modo que a hipótese nula seria que o número cumulativo de mortes observado fosse uma observação de uma distribuição de Poisson com expectativa dada pelas contagens cumulativas esperadas.

Se isso tivesse sido feito usando o total de mortes para homens e mulheres mostrado na figura 10.3, então em 1979, depois de apenas três anos de monitoramento, teria havido um p-valor unilateral de 0,004 surgindo

Respondendo a perguntas e enunciando descobertas 239

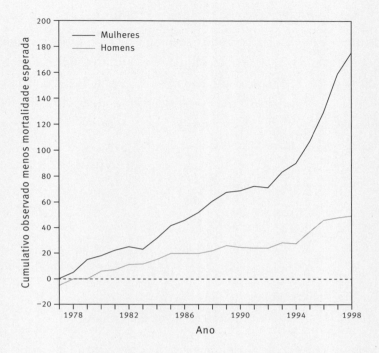

FIGURA 10.3 Número cumulativo de certidões de óbito assinadas por Shipman para pacientes maiores de 65 anos que morreram em casa ou na clínica. O número esperado, dada a composição da lista da clínica de Shipman, foi subtraído.

da comparação de 40 mortes observadas contra apenas 25,3 esperadas.* Os resultados poderiam ter sido declarados "estatisticamente significativos" e Shipman, investigado e pego.

Mas há também dois motivos pelos quais tal procedimento estatístico teria sido grosseiramente inapropriado como forma de monitorar as taxas de mortalidade de médicos de família. Primeiro, a menos que houvesse alguma outra razão para suspeitar de Shipman e montar um processo de

---

* O p-valor é unilateral, uma vez que estamos interessados somente em detectar o aumento da mortalidade, e não sua diminuição. O p-valor é portanto a probabilidade de que uma variável aleatória de Poisson com média 22,5 seja no mínimo 40; uma probabilidade de 0,004, calculada em software padrão.

monitoramento só para ele, estaríamos calculando tais p-valores para todos os pacientes de médicos de família no Reino Unido — perfazendo aproximadamente 25 mil naquela época. Como vimos no caso do salmão morto, sabemos que se realizarmos suficientes testes de significância obteremos sinais falsos. Com 25 mil médicos de família testados num limiar crítico de 0,05, seria de esperar que 1 em cada 20 médicos absolutamente inocentes — cerca de 1300 ao todo — tivesse resultados "significativamente elevados" cada vez que o teste fosse realizado, e seria completamente inapropriado investigar todas essas pessoas. E Shipman talvez ficasse perdido em meio a todos esses falsos positivos.

Uma alternativa é aplicar o método de Bonferroni e exigir um p-valor de $0,05/25000$, ou 1 em 500 mil, para médicos de família mais extremos; para Shipman isso teria ocorrido em 1984, quando ele tinha 105 mortes em comparação com as 59,2 esperadas, um excesso de 46.

Mas nem mesmo este seria um procedimento confiável de se aplicar a todos os clínicos no país. Pois o segundo problema é que estamos executando repetidos testes de significância, e a cada ano são adicionados dados novos e outro teste é realizado. Existe uma teoria notável, porém complexa, conhecida pelo delicioso nome de "lei do logaritmo iterado", que mostra que se realizarmos essas testagens repetidas, mesmo que a hipótese nula seja verdadeira, é *certo* que acabaremos por rejeitá-la em algum momento, em qualquer nível de significância que escolhermos.

Isso é muito preocupante, pois significa que, se testarmos um médico por tempo suficiente, acabaremos pensando ter encontrado evidência de mortalidade excessiva, mesmo que na realidade seus pacientes não estejam sujeitos a qualquer risco em excesso. Felizmente existem métodos estatísticos para lidar com o problema do **teste sequencial**, desenvolvidos pela primeira vez na Segunda Guerra Mundial por equipes de estatísticos que não tinham nada a ver com cuidados médicos, mas trabalhavam no controle de qualidade industrial de armamentos e materiais bélicos.

Itens que saíam da linha de produção eram testados para verificar sua conformidade com um padrão, e todo o processo era monitorado por desvios totais acumulando-se uniformemente, de forma muito parecida com o monitoramento do excesso de mortalidade. Esses cientistas perceberam que, por causa da lei do logaritmo iterado, os repetidos testes de significância acabariam sempre por levar a um alerta de que o processo industrial havia saído do controle estrito, mesmo que na verdade tudo estivesse funcionando bem. Estatísticos nos Estados Unidos e no Reino Unido, trabalhando independentemente, desenvolveram aquele que veio a ser conhecido como teste sequencial da razão de probabilidades (TSRP), que é uma estatística que monitora evidência cumulativa sobre desvios, e pode ser comparada em qualquer momento com limiares simples, assim que um desses limiares é cruzado; então é deflagrado um alerta e a linha de produção é investigada.* Essas técnicas levaram a processos industriais mais eficientes e foram mais tarde adaptadas para uso nos chamados estudos clínicos sequenciais, nos quais resultados acumulados são monitorados repetidamente para ver se foi cruzado algum limiar que indique um tratamento benéfico.

Fiz parte de uma equipe que desenvolveu uma versão do TSRP que podia ser aplicada aos dados de Shipman. Ela é mostrada na figura 10.4 igualmente para homens e mulheres, assumindo uma hipótese alternativa de que Shipman teve o dobro da taxa de mortalidade de seus colegas. O teste tem limiares que controlam a probabilidade de erro tipo I (alfa) e tipo II (beta) para os valores especificados de 1 em 100, 1 em 10 000 e 1 em 1 000 000: o erro tipo I é a probabilidade geral de a estatística de teste cruzar o limiar em algum ponto, considerando que Shipman tivesse as taxas de mortalidade esperadas, e o erro tipo II é a probabilidade geral de a estatística de teste *não* cruzar o limiar em nenhum ponto, considerando que Shipman tinha o dobro da taxa de mortalidade esperada.[7]

---

* Os estatísticos eram liderados por Abraham Wald nos Estados Unidos e George Barnard no Reino Unido. Barnard era um sujeito encantador, um matemático puro (e comunista) antes da guerra, quando, como muitos outros, adaptou suas habilidades para o trabalho estatístico no setor bélico. Posteriormente, desenvolveu o padrão britânico oficial para preservativos masculinos (BS 3704).

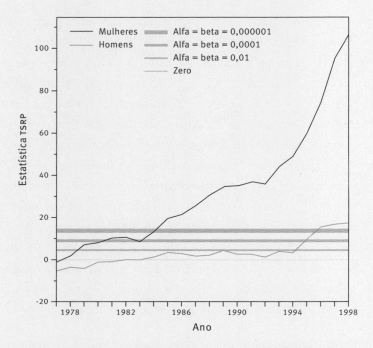

FIGURA 10.4 Teste sequencial da razão de probabilidades (TSRP) para detecção de uma duplicação no risco de mortalidade: pacientes com mais de 64 anos e morrendo em casa/na clínica. As linhas retas indicam limiares para "alerta", que fornecem as taxas de erro gerais tipo I (alfa) e tipo II (beta) que são mostradas — assume-se que sejam iguais. Olhando a linha para mulheres, é visível que Shipman teria cruzado o limiar superior em 1985.

Se pensarmos em cerca de 25 000 médicos de família, então um limiar de p-valor de $0{,}05/25000$, ou 1 em 500 000, poderia ser razoável. Considerando apenas mulheres, Shipman teria cruzado o limiar de alfa mais rigoroso = 0,000001, ou 1 em um milhão, em 1985; combinando mulheres e homens, o teria cruzado em 1984. Então, nesse caso, o teste sequencial correto teria soado o alarme ao mesmo tempo que o ingênuo teste de significância repetido.

Nossa conclusão para o inquérito público foi que se alguém estivesse fazendo esse monitoramento, e Shipman tivesse sido investigado em 1984 e então processado, cerca de 75 vidas poderiam ter sido salvas. Tudo com a aplicação rotineira de um simples procedimento estatístico de monitoramento.

Um sistema de monitoramento para médicos de família foi posteriormente introduzido, e imediatamente identificou um médico com taxas de mortalidade ainda mais altas que as de Shipman! A investigação revelou que esse médico clinicava numa cidadezinha da costa sul com grande número de lares de aposentadoria e gente idosa, e conscientemente ajudava muitos de seus pacientes a se manterem fora do hospital para morrer. Teria sido inapropriado que esse médico recebesse qualquer publicidade pela sua taxa aparentemente alta de assinaturas em certidões de óbito. A lição aqui é que embora os sistemas estatísticos sejam capazes de detectar resultados fora da curva, não são capazes de oferecer razões para isso, devendo ser cuidadosamente implementados para evitar falsas acusações. Outra razão para ter cuidado com algoritmos.

O que pode dar errado com p-valores?

Ronald Fisher desenvolveu a ideia do p-valor como medida da compatibilidade dos dados com alguma hipótese preconcebida. Então, se você calcular um p-valor e achar que é pequeno, isso significa que é improvável que a sua estatística seja tão extrema se a hipótese for verdadeira, e assim, ou aconteceu alguma coisa surpreendente ou a sua hipótese original é falsa. A lógica pode ser tortuosa, mas vimos o quanto essa ideia básica pode ser útil. Então o que pode dar errado?

Na verdade, muita coisa. Fisher visualizou o tipo de situação vista nos primeiros exemplos deste capítulo, com um único conjunto de dados, uma única medida para sintetizar o resultado e um único teste de compatibilidade. Mas nas últimas décadas os p-valores se tornaram a moeda da pesquisa, aparecendo em grande quantidade na literatura científica — um estudo superficial identificou aproximadamente 30 000 estatísticas t, e os p-valores que as acompanhavam, em apenas três anos de artigos em dezoito publicações científicas de psicologia e neurociência.[8]

Então vejamos o que esperar que aconteça com, digamos, 1000 estudos, cada um planejado com tamanho 5% (α) e potência 80% (1 – β), observando-se que na prática a maioria dos estudos tem uma potência consideravelmente inferior a 80%. No mundo real da pesquisa, embora experimentos sejam realizados na esperança de fazer uma descoberta, existe o reconhecimento de que a maioria das hipóteses nulas é (pelo menos aproximadamente) verdadeira. Então suponhamos que apenas 10% das hipóteses nulas testadas sejam falsas: mesmo esse número é provavelmente bem mais alto para novos produtos farmacêuticos, que têm taxas de sucesso notoriamente baixas. Assim como nos exemplos de exames apresentados no capítulo 8, a figura 10.5 mostra a frequência para o que se espera que aconteça com esses 1000 estudos.

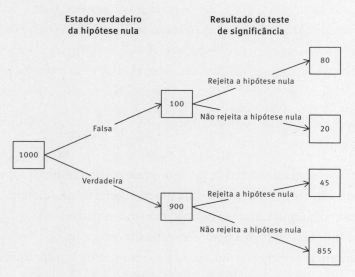

FIGURA 10.5 As frequências esperadas dos resultados de 1000 testes de hipótese realizados com tamanho 5% (erro tipo I, α) e potência 80% (1 – erro tipo II, 1 – β). Somente 10% (100) das hipóteses nulas são falsas, e detectamos corretamente 80% delas (80). Das 900 hipóteses nulas que são verdadeiras, rejeitamos incorretamente 45 (5%). Ao todo, das 125 "descobertas", 36% (45) são falsas.

A figura revela que esperamos reivindicar 125 "descobertas", mas 45 delas são falsos positivos: em outras palavras, 36%, ou mais de um terço, das hipóteses nulas rejeitadas (as "descobertas") são afirmações incorretas. Esse quadro bastante sombrio torna-se ainda pior quando consideramos o que realmente acaba indo parar na literatura científica, uma vez que as publicações são tendenciosas no sentido de publicar resultados positivos. Em 2005, numa análise semelhante de estudos científicos, John Ioannidis, professor de medicina e estatística em Stanford, gerou controvérsia ao afirmar que "a maior parte dos achados de pesquisa publicados é falsa".[9] Voltaremos às razões para sua tão desanimadora conclusão no capítulo 12.

Como todas essas falsas descobertas se basearam em p-valores identificando um resultado "significativo", estes foram se tornando cada vez mais culpados por uma torrente de conclusões científicas incorretas. Em 2015, uma respeitável revista científica de psicologia chegou a anunciar que iria banir o uso do teste de significância da hipótese nula. Por fim, em 2016, a Associação Americana de Estatística (ASA, na sigla em inglês) conseguiu que um grupo de estatísticos concordasse acerca de seis princípios sobre os p-valores.*

O primeiro desses princípios simplesmente aponta o que os p-valores podem fazer:

1. P-valores indicam o quanto os dados são incompatíveis com um modelo estatístico especificado.

Como vimos repetidamente, os p-valores fazem isso medindo o quanto os dados são surpreendentes, dada uma hipótese nula de que algo não existe. Por exemplo, perguntamos se os dados são incompatíveis com uma droga que não funciona. A lógica pode ser intricada, mas é útil.

O segundo princípio tenta remediar erros na sua interpretação:

2. P-valores não medem a probabilidade de que a hipótese estudada seja verdadeira, nem a probabilidade de que os dados tenham sido produzidos apenas por mero acaso.

---

* Uma façanha notável, considerando que já se disse que o substantivo coletivo para estatísticos é "variância".

No capítulo 8, fomos muito cuidadosos em distinguir afirmações apropriadas de probabilidade condicional como "apenas 10% das mulheres sem câncer de mama receberiam uma mamografia positiva", quando o correto é "apenas 10% das mulheres com mamografia positiva não têm câncer de mama". Esse é o erro conhecido como falácia do promotor, e vimos que existem formas de remediá-lo se pensamos no que se espera que aconteça com 1000 mulheres sendo testadas.

Problemas similares podem ocorrer com p-valores, que medem a chance de ocorrência de tais dados extremos, se a hipótese nula for verdadeira, e *não* a chance de que a hipótese nula seja verdadeira, considerando que tais dados extremos tenham ocorrido. Essa é uma diferença sutil, porém essencial.

Quando as equipes do Cern relataram um resultado "cinco sigma" para o bóson de Higgs, correspondendo a um p-valor de aproximadamente 1 em 3,5 milhões, a BBC reportou corretamente a conclusão, informando que isso significava "cerca de uma chance em 3,5 milhões de que o sinal fosse visto se não houvesse partícula de Higgs". Mas praticamente todos os outros veículos de imprensa interpretaram de maneira incorreta o significado desse p-valor. A *Forbes Magazine*, por exemplo, afirmou: "As chances de não haver bóson de Higgs são menores do que 1 em 1 milhão", um exemplo claro de falácia do promotor. O *Independent* foi típico ao declarar que "existe menos de uma chance em um milhão de que seus resultados sejam um feliz acaso estatístico". Esse talvez não seja um erro tão clamoroso quanto o da *Forbes*, mas ainda assim atribui a pequena probabilidade a seus resultados serem "um feliz acaso estatístico", o que do ponto de vista lógico é o mesmo que dizer que essa é a probabilidade da hipótese nula que está sendo testada. É por isso que a ASA tenta enfatizar que o p-valor *não* é "a probabilidade de que os dados tenham sido produzidos apenas por mero acaso".

O terceiro princípio da ASA busca se contrapor à obsessão com a significância estatística:

3. Conclusões científicas, negócios ou decisões políticas não devem se basear apenas no fato de um p-valor superar um limiar específico.

Quando Ronald Fisher começou a publicar tabelas mostrando valores de estatísticas que comporiam os resultados "p < 0,05" ou "p < 0,01", presumivelmente tinha pouca ideia de quanto esses limiares bastante arbitrários viriam a dominar publicações científicas, com os resultados tendendo a ser separados em "significativos" ou "não significativos". Daí é apenas um pequeno passo para considerar resultados "significativos" como descobertas provadas, produzindo um precedente ultrassimplificado e perigoso: ir diretamente dos dados para as conclusões sem parar no caminho para refletir.

Uma conclusão terrível dessa simples dicotomia é a interpretação errônea de "não significativo". Um p-valor não significativo sugere que os dados são compatíveis com a hipótese nula, mas isso não significa que a hipótese nula seja precisamente verdadeira. Afinal, só porque não existe evidência direta de que um criminoso tenha estado na cena do crime, isso não significa que ele seja inocente. Mas é um erro surpreendentemente comum.

Consideremos a importante disputa científica sobre se uma pequena quantidade de álcool, digamos um drinque por dia, faz bem para a saúde. Um estudo afirmou que apenas mulheres mais velhas poderiam se beneficiar de um consumo moderado de álcool, porém um exame mais meticuloso revelou que outros grupos também eram beneficiados, ainda que não de forma estatisticamente significativa, uma vez que os intervalos de confiança em torno do benefício estimado nesses grupos eram de fato muito amplos. Embora os intervalos de confiança incluíssem o 0 e portanto os efeitos não fossem estatisticamente significativos, os dados eram plenamente compatíveis com uma redução de 10% a 20% no risco de mortalidade que fora previamente sugerido. Mas o *Times* alardeou que "Álcool, afinal de contas, não traz benefício algum para a saúde".[10]

Em resumo, é muito enganoso interpretar "não significativamente diferente de 0" como querendo dizer que o verdadeiro efeito realmente *foi* zero, sobretudo em estudos menores com baixa potência e intervalos de confiança amplos.

O quarto princípio da ASA soa bastante inócuo:

4. Inferência apropriada requer total comunicação e transparência.

A necessidade mais óbvia é comunicar de maneira clara quantos testes foram efetivamente realizados, de modo que, se o resultado mais significativo está sendo enfatizado, possamos aplicar alguma forma de ajuste, tal como o de Bonferroni. Mas os problemas com a comunicação seletiva podem ser muito mais sutis que isso, como veremos no próximo capítulo. Somente conhecendo o plano de estudo, e o que foi feito, é que poderemos evitar os problemas com p-valores.

Você PLANEJOU O ESTUDO, coletou os dados, fez a análise e obteve um resultado "significativo". Então é claro que essa deve ser uma descoberta importante, não é? O quinto princípio da ASA adverte contra a arrogância:

5. Um p-valor, ou significância estatística, não mede o tamanho de um efeito ou a importância do resultado.

Nosso próximo exemplo mostra que, sobretudo quando temos amostras grandes, podemos estar razoavelmente confiantes de que existirá uma associação, e ainda assim ficarmos pouco impressionados com sua importância.

"Por que frequentar a universidade aumenta
o risco de desenvolver tumores cerebrais"

Vimos essa manchete no capítulo 4. Depois de fazer ajustes para estado civil e renda numa análise de regressão, os pesquisadores suecos descobriram um aumento relativo de 19% no risco entre um nível de educação mais baixo (apenas escola primária) e o mais alto (diploma universitário), com valores entre 7% e 33% (intervalo de confiança de 95%) — interessante que o artigo não reportava nenhum p-valor, mas como o intervalo de 95% para risco relativo exclui 1, podemos concluir que $p < 0,05$.

A essa altura o leitor deveria estar pronto com uma lista de preocupações potenciais sobre as conclusões, mas os autores previram isso. Junto com os resultados de seu estudo eles reconheceram que:

- não se pôde fazer nenhuma interpretação causal;
- não foi feito nenhum ajuste para confundidores potenciais de estilo de vida, como consumo de álcool;
- pessoas de nível econômico mais alto provavelmente têm maior tendência a buscar cuidados médicos, e portanto pode haver um viés de comunicação.

Mas uma característica importante não foi mencionada: o pequeno tamanho da aparente associação. Um aumento de 19% entre o nível educacional mais baixo e o mais alto é muito menor do que o encontrado em muitos tipos de câncer. O artigo reportou que 3715 tumores cerebrais foram diagnosticados em mais de 2 000 000 homens com mais de 18 anos (aproximadamente 1 em 600), e assim, seguindo o procedimento delineado no capítulo 1, de traduzir riscos relativos em variações no risco absoluto, podemos calcular que:

- entre aproximadamente 3000 homens do nível educacional mais baixo, seria de esperar que fossem diagnosticados cerca de 5 tumores (1 em 660, conforme a base de risco);
- entre 3000 homens do nível educacional mais alto, seria de esperar que fossem diagnosticados 6 tumores (um aumento de 19%).

Isso dá uma impressão um tanto diferente das descobertas, e é de fato reconfortante. Um aumento de risco tão pequeno num câncer raro só poderia ser considerado estatisticamente significativo quando são estudadas quantidades enormes de pessoas: nesse caso, mais de 2 milhões de homens.

As principais lições tiradas desse estudo científico poderiam ser, portanto: (a) os grandes conjuntos de dados podem levar facilmente a descobertas com significância estatística, mas não **significância prática**, e (b) você não deve ficar preocupado com a possibilidade de que estudar para se formar na faculdade possa lhe causar um tumor no cérebro.

O último princípio da ASA é bem mais sutil:

6. Em si, o p-valor não fornece uma boa medida da evidência referente a um modelo ou hipótese. Por exemplo, um p-valor perto de 0,05 oferece apenas uma evidência fraca contra a hipótese nula.

Essa afirmação, em parte baseada no raciocínio "bayesiano" apresentado no próximo capítulo, levou um proeminente grupo de estatísticos a argumentar que o limiar padrão para a "descoberta" de um efeito novo deveria ser mudado para p < 0,005.[11]

Que efeito isso poderia ter? Mudar o critério para "significância" de 0,05 (1 em 20) para 0,005 (1 em 200) na figura 10.5 significaria que, em vez de ter 45 falsas "descobertas", teríamos apenas 4,5. Isso reduziria o número total de descobertas para 84,5, e dessas apenas 4,5 (5%) seriam falsas. O que seria uma melhora considerável em relação a 36%.

A IDEIA ORIGINAL DE FISHER para testar hipóteses tem sido de grande benefício para a prática da estatística e a prevenção de afirmações científicas injustificadas. Mas os estatísticos têm se queixado muito da disposição de alguns pesquisadores em passar displicentemente de p-valores obtidos em estudos mal planejados para confiantes inferências genéricas: uma espécie de alquimia para transformar incerteza em certeza, aplicando mecanicamente testes estatísticos para dividir todos os resultados em "significativos" e "não significativos". Veremos algumas das consequências prejudiciais desse comportamento no capítulo 12. Primeiro, vamos analisar uma abordagem alternativa para a inferência estatística que rejeita completamente qualquer ideia de teste de significância de hipóteses.

Assim, em nome da ciência estatística e para ampliar sua mente, seria muito útil se você pudesse (temporariamente) esquecer tudo que aprendeu até aqui, neste capítulo e nos anteriores.

RESUMO

- Testes de hipóteses nulas — premissas provisórias sobre modelos estatísticos — são parte fundamental da prática estatística.
- Um p-valor é uma medida da incompatibilidade entre os dados observados e uma hipótese nula: formalmente, é a probabilidade de observar tal resultado extremo se a hipótese nula for verdadeira.
- Tradicionalmente, os limiares de 0,05 e 0,01 do p-valor têm sido utilizados para declarar "significância estatística".
- Esses limiares precisam ser ajustados se forem feitas comparações múltiplas, por exemplo em diferentes subconjuntos dos dados ou múltiplas medidas resultantes.
- Existe uma correspondência precisa entre intervalos de confiança e p-valores: se, digamos, o intervalo de confiança exclui o zero, podemos rejeitar a hipótese nula de zero para $p < 0,05$.
- A teoria de Neyman-Pearson especifica uma hipótese alternativa e fixa taxas de erro tipo I e tipo II para os dois tipos possíveis de erro num teste de hipótese.
- Formas separadas de testes de hipótese foram desenvolvidas para testes sequenciais.
- P-valores são com frequência mal interpretados: em particular, não transmitem a probabilidade de que a hipótese nula seja verdadeira, assim como um resultado não significativo não implica que a hipótese nula seja verdadeira.

11. Aprendendo a partir da experiência do jeito bayesiano

> Não tenho certeza alguma de que a "confiança" não seja um "conto do vigário".
>
> ARTHUR BOWLEY, 1934

DEVO AGORA ADMITIR ALGO em nome da comunidade estatística. A base formal para o aprendizado a partir dos dados é uma baita confusão. Embora tenha havido várias tentativas de produzir uma teoria unificada de inferência estatística, nenhuma delas foi totalmente aceita. Não admira que os matemáticos tenham horror a ensinar estatística.

Já vimos as ideias concorrentes de Fisher e Neyman-Pearson. Chegou a hora de explorar uma terceira abordagem para a inferência, a abordagem bayesiana. Ela só alcançou proeminência nos últimos cinquenta anos, mas seus princípios básicos remontam a um pouco antes, na verdade ao reverendo Thomas Bayes, um ministro não conformista de Tunbridge Wells, que se tornou filósofo e teórico da probabilidade, tendo morrido em 1761.*

A boa notícia é que a abordagem bayesiana abre uma série de excelentes possibilidades para tirar o máximo proveito de dados complexos. A notícia ruim é que ela implica deixar de lado quase tudo que você possa ter aprendido neste livro, e em outros, sobre estimativas, intervalos de confiança, p-valores, teste de hipótese e assim por diante.

---

* Bayes faleceu sem ter nenhum conhecimento de seu duradouro legado. Não só seu artigo seminal foi publicado postumamente em 1761, mas seu nome não foi associado a essa abordagem antes do século XX.

O que é a abordagem bayesiana?

A primeira grande contribuição de Thomas Bayes foi usar a probabilidade como expressão da nossa falta de conhecimento sobre o mundo, ou, de maneira equivalente, nossa ignorância sobre o que está acontecendo no momento. Ele mostrou que a probabilidade pode ser usada não só para eventos futuros sujeitos ao acaso — incerteza aleatória, para usar o termo introduzido no capítulo 8 —, mas também para eventos que são verdadeiros e podem ser conhecidos por alguns, mas aos quais não temos acesso — a assim chamada incerteza epistêmica.

Se você pensar um pouco no assunto, vai ver que estamos cercados de incerteza epistêmica sobre coisas que são fixas, mas desconhecidas para nós. Jogadores apostam na próxima carta a ser distribuída, compramos raspadinhas na lotérica, discutimos o possível sexo de um bebê, ficamos intrigados com quem é o assassino numa novela, discutimos sobre o número de tigres na natureza e somos informados sobre o número estimado de migrantes ou desempregados. Tudo isso são fatos ou quantidades que existem no mundo; nós simplesmente não sabemos o que são. Para enfatizar mais uma vez, a partir de uma perspectiva bayesiana não há problema em usar probabilidades para representar nossa ignorância pessoal acerca desses fatos e números. Poderíamos até pensar em colocar probabilidades para teorias científicas alternativas, mas isso é mais controverso.

Essas probabilidades dependerão, é claro, do nosso conhecimento atual: lembre-se do capítulo 8, de como a probabilidade de uma moeda dar cara ou coroa depende de termos olhado para ela ou não! Logo, essas probabilidades bayesianas são necessariamente subjetivas — dependem da nossa relação com o mundo exterior, não são propriedades do mundo em si, e devem mudar à medida que recebemos informação nova.

O que nos traz à segunda principal contribuição de Bayes: um resultado na teoria da probabilidade que nos permite revisar continuamente nossas probabilidades à luz de evidência nova. Isso ficou conhecido como **teorema de Bayes**, e basicamente provê um mecanismo formal para aprender a partir da experiência, o que é uma conquista extraordinária para um obscuro clérigo de uma pequena estância termal inglesa. O legado de Bayes é a percepção fundamental de que os dados não falam por si só — o nosso conhecimento externo, e até mesmo o nosso julgamento, desempenha um papel central. Isso pode parecer incompatível com o processo científico, mas é obvio que conhecimento e compreensão prévios sempre foram um elemento na aprendizagem a partir de dados, e a diferença é que na abordagem bayesiana a questão é tratada de maneira formal e matemática.

As implicações do trabalho de Bayes foram profundamente contestadas, com muitos estatísticos e filósofos fazendo objeções à ideia de que o julgamento subjetivo desempenhe algum papel na ciência estatística. Então, nada mais justo do que eu deixar clara a minha posição pessoal: fui apresentado à escola "subjetivista" bayesiana de raciocínio estatístico no começo da minha carreira,* e para mim ela continua sendo a abordagem mais satisfatória.

Você tem três moedas no bolso: uma delas tem duas caras, a segunda é uma moeda comum, com cara e coroa, e a terceira tem duas coroas.
Você pega uma moeda ao acaso e faz um lançamento. O resultado é cara. Qual é a probabilidade de que o outro lado da moeda também seja cara?

Este é um problema clássico de incerteza epistêmica: não existe nenhuma aleatoriedade restante na moeda depois que ela é lançada, e minha probabilidade é simplesmente uma expressão da minha presente ignorância pessoal sobre o outro lado da moeda.

Muita gente saltaria rapidamente para a conclusão de que a resposta é ½, já que a moeda deve ser ou a moeda comum, correta, ou a moeda de duas caras, e cada uma das duas tem a mesma probabilidade de ser pega no bolso. Há muitas maneiras de verificar se esse raciocínio está correto, porém a mais fácil é usar a ideia das frequências esperadas, demonstrada no capítulo 8.

---

* Alguns podem até dizer que fui doutrinado.

A figura 11.1 mostra o que esperar se você realizar esse exercício seis vezes. Em média, cada moeda será escolhida duas vezes, e cada face de cada moeda aparecerá no lançamento. Três dos lançamentos acabam em cara, e em dois desses a moeda é a de duas caras. Então a probabilidade de que a moeda escolhida seja a de duas caras e não a moeda comum deve ser ⅔ e não ½. Essencialmente, ver uma cara torna mais provável que a moeda tirada do bolso tenha sido a de duas caras, uma vez que ela oferece duas oportunidades de dar cara no lançamento, ao passo que a moeda comum só oferece uma.

Se esse resultado parece contraintuitivo, então o próximo exemplo vai parecer ainda mais surpreendente.

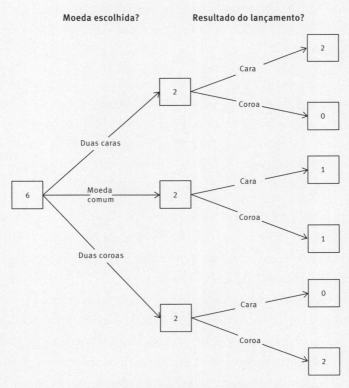

FIGURA 11.1 Árvore de frequências esperadas para o problema das três moedas, mostrando o que esperar que aconteça em seis repetições.

Suponha que um teste de laboratório para detecção de doping seja declarado "95%" preciso, o que significa que 95% dos atletas que se dopam e 95% dos que não se dopam são classificados corretamente. Assuma que em qualquer momento haja 1 em 50 atletas realmente se dopando. Se um atleta testa positivo, qual é a probabilidade de que esteja mesmo se dopando?

Mais uma vez, esse tipo de problema potencialmente desafiador convida a uma abordagem com frequências esperadas, como no caso do exame de câncer de mama visto no capítulo 8, e também as alegações no capítulo 10 de que uma alta proporção da literatura científica publicada está errada.

A árvore na figura 11.2 começa com 1000 atletas, dos quais 20 se dopam e 980 não. Todos menos um deles são detectados (95% de 20 = 19), mas 49 daqueles que não se dopam também dão testes positivos (95% de 980 = 931). Esperamos portanto um total de 19 + 49 = 68 testes positivos, dos quais apenas 19 estão realmente se dopando. Assim, se alguém testa positivo, há

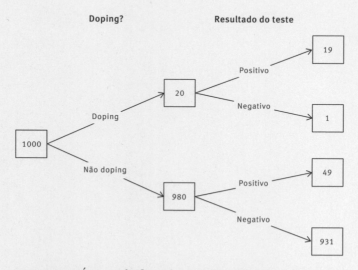

FIGURA 11.2 Árvore de frequências esperadas para doping em esportes, mostrando o que esperar que aconteça com 1000 atletas quando 1 em 50 se dopa e o teste de laboratório é "95% preciso".

Aprendendo a partir da experiência do jeito bayesiano

somente uma chance de $^{19}/_{68}$ = 28% de que esteja realmente se dopando — os restantes 72% de testes positivos são falsas descobertas. Mesmo que o teste de doping possa ser declarado como sendo "95% preciso", a maioria das pessoas que testa positivo é na verdade inocente — não é necessário muita imaginação para ver o problema que esse aparente paradoxo pode causar na vida real, com atletas sendo displicentemente condenados porque não passaram num teste de doping.

Uma maneira de pensar esse processo é que estamos "invertendo a ordem" da árvore ao colocar o teste primeiro, seguido da revelação da verdade. Isso é mostrado explicitamente na figura 11.3.

A "árvore reversa" chega exatamente aos mesmos números para os resultados finais, mas respeita a ordem temporal da informação recebida (teste primeiro, e depois a verdade sobre o doping), em vez da linha de tempo real da causalidade subjacente (doping e depois teste). Essa "reversão" é exatamente o que faz o teorema de Bayes — na verdade, até a década de 1950 o pensamento bayesiano era conhecido como "probabilidade inversa".

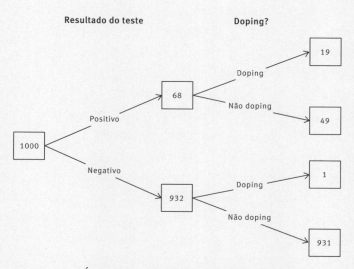

FIGURA 11.3 Árvore "reversa" de frequências esperadas para doping nos esportes, reestruturada de modo que o resultado do teste venha primeiro, seguido pela revelação da verdadeira atitude do atleta.

O exemplo de doping nos esportes mostra como é fácil confundir a probabilidade de doping, dado um teste positivo (28%), com a probabilidade de testar positivo, dado doping (65%). Já vimos outros contextos em que a probabilidade de "A dado B" é confundida com a probabilidade de "B dado A":

- a interpretação errada de p-valores, em que a probabilidade da evidência dada a hipótese nula é confundida com a probabilidade da hipótese nula dada a evidência;
- a falácia do promotor em casos judiciais, na qual a probabilidade da evidência dada a inocência é confundida com a probabilidade da inocência dada a evidência.

Um observador razoável poderia pensar que o pensamento formal bayesiano traria clareza e rigor para o processamento da evidência em casos judiciais, então muita gente fica surpresa ao saber que o teorema de Bayes é essencialmente proibido nas cortes britânicas. Antes de revelar os argumentos por trás dessa proibição, precisamos dar uma olhada na grandeza estatística que é *permitida* nas cortes — a **razão de verossimilhança**.

Chance e razão de verossimilhança

O exemplo do doping apresenta os passos lógicos necessários para chegar à grandeza que realmente interessa quando tomamos decisões: *entre as pessoas que testam positivo, a proporção das que estão realmente se dopando*, que acaba sendo de $19/68$. A árvore de frequências esperadas mostra que isso depende de três números cruciais: a proporção de atletas que estão se dopando ($1/50$ ou $20/1000$ na árvore), a proporção de atletas se dopando que corretamente testam positivo (95%, ou $19/20$ na árvore) e a proporção de atletas que não se dopam e que testam incorretamente positivo (5%, ou $49/980$ na árvore).

A análise torna-se (bastante) intuitiva usando uma árvore de frequências esperadas, embora o teorema de Bayes também possa ser expresso numa fórmula conveniente usando probabilidades. Mas antes disso precisamos voltar à ideia de chance introduzida no capítulo 1, à qual apostadores experientes não precisarão ser apresentados, pelo menos se forem britânicos. A chance de um evento é a probabilidade de esse evento ocorrer dividida pela probabilidade de *não* ocorrer. Assim, a chance de lançar uma moeda e obter cara é 1, que provém de ½ (probabilidade de obter cara) dividido por ½ (probabilidade de obter coroa).* A chance de lançar um dado e obter um seis é ⅙ dividido por ⅚, que resulta em ⅕, e diz-se popularmente que a "cotação" é de "1 para 5", ou "5 para 1", para usar o jargão das casas de apostas.

Em seguida precisamos introduzir a ideia de razão de verossimilhança, um conceito que se tornou fundamental para comunicar a força da evidência forense em caso de julgamentos criminais. Juízes e advogados têm sido cada vez mais treinados para compreender razões de verossimilhança, que em essência comparam a sustentação relativa fornecida por uma peça de evidência para duas hipóteses concorrentes, que chamaremos de A e B, mas que quase todas as vezes representam culpa ou inocência. Tecnicamente, a razão de verossimilhança é a probabilidade da evidência assumindo a hipótese A dividida pela probabilidade da evidência assumindo a hipótese B.

Vejamos como isso funciona no caso do doping, onde a "evidência" forense é o resultado positivo do teste, a hipótese A é que o atleta é culpado de se dopar e a hipótese B é que o atleta é inocente. Estamos assumindo que 95% dos que se dopam testem positivo, de modo que a probabilidade da evidência, dada a hipótese A, é de 0,95. Sabemos que 5% dos que não se dopam testam positivo, de modo que a probabilidade da evidência, dada a hipótese B, é de 0,05. Assim, a razão de verossimilhança é $0,95/0,05 = 19$: isto é, o resultado positivo do teste é 19 vezes mais provável de ocorrer se o atleta for culpado em vez de inocente. Isso, à primeira vista, pode parecer uma evidência bastante forte, porém mais adiante chegaremos a razões de verossimilhança de milhões e bilhões.

Então, vamos juntar tudo isso no teorema de Bayes, que simplesmente diz que

---

* A chance de 1 é por vezes conhecida como "paridade", já que os eventos são igualmente prováveis e balanceados (par a par).

$$\text{chance inicial da hipótese} \times \text{razão de verossimilhança} = \text{chance final da hipótese}$$

Para o exemplo do doping, a chance inicial da hipótese "o atleta está se dopando" é $1/49$, e a razão de verossimilhança é 19, de modo que o teorema de Bayes diz que a chance final é dada por

$$1/49 \times 19 = 19/49$$

Essa chance de $19/49$ pode ser transformada numa probabilidade de $19/(19+49) = 19/68 = 28\%$. Assim, essa probabilidade, que foi obtida a partir da árvore de frequências esperadas de forma bastante simples, também pode ser deduzida a partir da equação geral para o teorema de Bayes.

Em linguagem mais técnica, a chance inicial é conhecida como chance "a priori", e a chance final como chance "a posteriori". Essa fórmula pode ser aplicada repetidamente, com a chance a posteriori se tornando a chance a priori ao serem introduzidas novas evidências. Ao combinar toda a evidência, esse processo equivale a multiplicar as razões de verossimilhança independentes de modo a formar uma razão de verossimilhança composta.

O teorema de Bayes parece enganadoramente básico, mas acaba por englobar uma poderosíssima forma de aprender a partir dos dados.

Razões de verossimilhança e ciência forense

No sábado, 25 de agosto de 2012, em busca dos restos mortais de Ricardo III, arqueólogos começaram uma escavação num estacionamento em Leicester. Dentro de poucas horas descobriram um primeiro esqueleto. Qual é a probabilidade de ser Ricardo III?

Na lenda popular promovida por William Shakespeare, apologista dos Tudor, Ricardo III (último rei da Casa de York) era um corcunda perverso.

Embora seja uma visão altamente contestada, é fato histórico que ele foi assassinado na Batalha de Bosworth Field em 22 de agosto de 1485, aos 32 anos, sua morte pondo fim à Guerra das Duas Rosas. Conta-se que seu corpo foi mutilado e trazido para sepultamento no Priorado de Greyfriars, em Leicester, o qual mais tarde foi demolido e acabou sendo coberto por um estacionamento de automóveis.

Considerando apenas a informação fornecida, podemos assumir que os restos mortais eram de Ricardo III se *todos* os fatos seguintes forem verdade:

- que ele tenha sido realmente enterrado em Greyfriars;
- que seu corpo não tenha sido movido nem espalhado nos 527 anos que se passaram;
- que o primeiro esqueleto encontrado por acaso fosse ele.

Suponha que façamos pressuposições bem pessimistas, assumindo uma probabilidade de apenas 50% de que as histórias sobre o seu enterro sejam verdade e uma probabilidade de 50% de que seu esqueleto ainda esteja no local onde foi originalmente enterrado, em Greyfriars. E imagine que até 100 outros corpos também tenham sido enterrados no local identificado (os arqueólogos tinham uma boa noção de onde cavar, já que o relato dizia que Ricardo havia sido enterrado no local do coro do mosteiro). Então a probabilidade de todos os eventos acima serem verdade é ½ × ½ × ¹⁄₁₀₀ = ¹⁄₄₀₀. Essa é uma chance bastante baixa de que esse esqueleto seja de Ricardo III; os pesquisadores que originalmente realizaram essa análise assumiram uma probabilidade a priori "cética" de ¹⁄₄₀, então estamos sendo consideravelmente mais céticos.[1]

Mas quando os arqueólogos examinaram o esqueleto em detalhe encontraram uma notável série de achados forenses dando sustentação; esses achados incluíam datação dos ossos com radiocarbono (havia uma probabilidade de 95% de que datassem de 1456 a 1530), o fato de ser um homem com cerca de trinta anos de idade, o fato de que o esqueleto exibia escoliose (curvatura da espinha) e evidência de que o corpo fora mutilado após a morte. A análise genética envolvendo descendentes conhecidos de parentes próximos de Ricardo (ele próprio não teve filhos) revelou DNA mitocondrial compartilhado (através da sua mãe). O cromossomo Y não dava sustentação a uma relação, mas isso podia ser facilmente explicado por quebras na linhagem masculina devido a paternidade equivocada.

O valor evidencial de cada item pode ser sintetizado pela sua razão de verossimilhança, que nesta situação é definida como

$$\text{razão de verossimilhança} = \frac{\text{probabilidade da evidência se o esqueleto FOR Ricardo III}}{\text{probabilidade da evidência se o esqueleto NÃO FOR Ricardo III}}$$

A tabela 11.1 mostra as razões de verossimilhança individuais para cada peça de evidência, revelando que nenhuma delas é individualmente muito convincente, embora os pesquisadores tenham sido muito cautelosos e deliberadamente errado para menos as razões de verossimilhança que não favoreciam o esqueleto ser de Ricardo III. Mas se assumirmos que esses são achados forenses independentes, então temos o direito de multiplicar as razões de verossimilhança para obter uma estimativa geral da força da evidência combinada, que chega a um valor "extremamente forte" de 6,7 milhões. Os termos verbais usados na tabela são tirados da escala mostrada na tabela 11.2, que foi recomendada para uso nos tribunais.[2]

E então, essa evidência é convincente? Lembre-se de que calculamos uma probabilidade inicial conservadora de 1 em 400 de que o esqueleto fosse de Ricardo III, antes de levar em conta os achados forenses detalhados. Isso corresponde às chances iniciais de cerca de 1 para 400: o teorema de Bayes nos diz para multiplicar esse valor pela razão de verossimilhança para chegar às chances finais, que portanto são de 6,7 milhões / 400 = 16 750. Assim, mesmo sendo extremamente cautelosos em avaliar as chances a priori e razões de verossimilhança, poderíamos dizer que as chances são em torno de 17 000 para 1 de que o esqueleto seja de Ricardo III.

A análise "cética" dos próprios pesquisadores os levou a chances posteriores de 167 000 para 1, ou uma probabilidade de 0,999994 de que tivessem achado Ricardo III. Isso foi considerado evidência suficiente para justificar o enterro do esqueleto com todas as honras na Catedral de Leicester.

Evidência	Razão de verossimilhança (estimativa conservadora)	Equivalente verbal
Datação por radiocarbono 1456-1530	1,8	Sustentação fraca
Idade e sexo do esqueleto	5,3	Sustentação fraca
Escoliose	212	Sustentação moderadamente forte
Ferimentos pós-morte	42	Sustentação moderada
Correspondência de DNA mitocondrial	478	Sustentação moderadamente forte
Cromossomo Y não combinando	0,16	Evidência fraca contra
Evidência combinada	6,7 milhões	Sustentação mais que extremamente forte

TABELA 11.1 Razões de verossimilhança avaliadas para itens de evidência encontrados num esqueleto achado em Leicester, comparando hipóteses de que seja, ou não, de Ricardo III. A razão de verossimilhança combinada de 6,7 milhões é obtida multiplicando-se todas as razões de verossimilhança individuais (não arredondadas).

Valor da razão de verossimilhança	Equivalente verbal
1-10	Sustentação fraca para a proposição
10-100	Sustentação moderada
100-1000	Sustentação moderadamente forte
1000-10 000	Sustentação forte
10 000-100 000	Muito forte
100 000-1 000 000	Extremamente forte

TABELA 11.2 Interpretações verbais recomendadas das razões de verossimilhança ao reportar achados forenses na corte.

EM CASOS JUDICIAIS, as razões de verossimilhança estão geralmente vinculadas à evidência de DNA, na qual é encontrada uma "combinação" de algum grau entre o DNA do suspeito e o vestígio encontrado na cena do crime. As duas hipóteses concorrentes são que ou o suspeito deixou vestígio de DNA, ou outra pessoa deixou, de modo que podemos expressar a razão de verossimilhança como se segue:

$$\text{razão de verossimilhança} = \frac{\text{probabilidade de combinação de DNA, assumindo que o suspeito tenha deixado o vestígio}}{\text{probabilidade combinação de DNA, assumindo que outra pessoa tenha deixado o vestígio}}$$

O número na parte de cima dessa razão geralmente é considerado 1, e o número na parte de baixo assumido como sendo a chance de que uma pessoa tirada ao acaso da população desse uma combinação coincidente — isso é conhecido como **probabilidade de combinação aleatória**. Razões de verossimilhança típicas para evidência de DNA podem estar na casa de milhões ou bilhões, embora os valores exatos possam ser contestados, no caso por exemplo de haver complicações devido a vestígios contendo uma mistura de DNA de diversas pessoas.

Razões de verossimilhança individuais são permitidas nas cortes britânicas, mas não podem ser multiplicadas entre si, como no caso de Ricardo III, uma vez que o processo de combinar peças separadas de evidência é supostamente deixado para o júri.[3] O sistema legal aparentemente ainda não está pronto para abraçar a lógica científica.

Será que o arcebispo da Cantuária seria capaz de trapacear no pôquer?

É fato menos conhecido sobre o renomado economista John Maynard Keynes que ele estudou probabilidade, e inventou um experimento mental para ilustrar a importância de levar em consideração as chances iniciais ao avaliar as implicações da evidência. Nesse exercício, ele nos pede para imaginar que estamos jogando pôquer com o arcebispo da Cantuária. Logo na primeira rodada, o arcebispo distribui as cartas e tira um straight flush vencedor. Devemos desconfiar que ele esteja trapaceando?

A razão de verossimilhança para este evento é

$$\text{razão de verossimilhança} = \frac{\text{probabilidade de straight flush, assumindo que o arcebispo esteja trapaceando}}{\text{probabilidade de straight flush, assumindo que o arcebispo apenas esteja com sorte}}$$

Poderíamos assumir que o numerador seja 1, enquanto o denominador pode ser calculado como $1/72\,000$, fazendo com que a razão de probabilidades seja 72 000 — usando os padrões da tabela 11.2, isso corresponde a evidência "muito forte" de que o arcebispo está trapaceando. Mas devemos concluir que ele está de fato trapaceando? Segundo o teorema de Bayes, nossas chances finais devem se basear no produto dessa razão de verossimilhança pelas chances iniciais. Parece razoável assumir que, pelo menos antes de termos começado a jogar, apostaríamos fortemente contra o arcebispo trapacear, talvez 1 para 1 000 000, dado que supostamente ele é um respeitável homem do clero. Então, o produto da razão de verossimilhança pelas chances a priori acaba sendo em torno de $72\,000/1\,000\,000$, que são chances em torno de $7/100$, correspondendo a uma probabilidade de $7/107$, ou 7%, de que ele esteja trapaceando. Então nesse estágio devemos lhe dar o benefício da dúvida, ao passo que não poderíamos ser tão generosos com alguém que tivéssemos acabado de conhecer no bar. E talvez, mesmo assim, devamos ficar de olho no arcebispo.

Inferência estatística bayesiana

O teorema de Bayes, mesmo não sendo permitido nas cortes do Reino Unido, é a maneira cientificamente correta de mudar de opinião com base em nova evidência. Frequências esperadas tornam a análise bayesiana razoavelmente direta para situações simples, que envolvam apenas duas hipóteses, como por exemplo se alguém tem ou não tem uma doença, ou se cometeu ou não um delito. No entanto, as coisas ficam mais complicadas quando queremos aplicar as mesmas ideias para tirar inferências sobre grandezas desconhecidas capazes de assumir uma gama de valores, tais como parâmetros em modelos estatísticos.

O artigo original do reverendo Thomas Bayes em 1763 se propôs a responder a uma pergunta muito básica da seguinte natureza: considerando que um evento tenha acontecido ou não em um número conhecido de ocasiões semelhantes, que probabilidade devemos atribuir para que ele aconteça da próxima vez?* Por exemplo, se uma tachinha é lançada no ar 20 vezes, e em 15 delas caiu com a ponta virada para cima e 5 vezes com a ponta para baixo, qual é a probabilidade de ela cair com a ponta para cima da próxima vez? Você poderia achar que a resposta é óbvia: $15/20 = 75\%$. Mas essa talvez não seja a resposta do reverendo — talvez ele tenha dito $16/22 = 73\%$. Como chegaria a isso?

Bayes usou a metáfora de uma mesa de bilhar,** que está escondida da nossa visão. Suponha que a bola branca seja jogada ao acaso sobre a mesa, e sua posição ao parar na mesa seja marcada com um traço; depois a bola branca é removida. Algumas bolas vermelhas são então jogadas ao acaso sobre a mesa, e nos dizem apenas quantas estão à esquerda e quantas estão à direita do traço. Onde você acha que o traço pode estar, e qual deve ser a probabilidade de a próxima bola vermelha cair à esquerda dele?

Digamos, por exemplo, que sejam jogadas cinco bolas vermelhas, e que sejamos informados de que duas caíram à esquerda e três à direita do traço deixado pela bola branca, como mostra a figura 11.4(a). Bayes mostrou que nossas crenças sobre a posição do traço devem ser descritas pela distribuição de probabilidade mostrada na figura 11.4(b) — a matemática é bastante complexa e fornecida numa nota ao final do livro.[4] A posição da linha tracejada, que indica onde a bola branca caiu, é estimada como estando a $3/7$ da dimensão da mesa, que é a média (expectativa) dessa distribuição.

---

* Suas palavras exatas foram: "Dado o número de vezes que um evento desconhecido ocorreu e falhou: Requerida a chance de que a probabilidade de ele acontecer numa única tentativa esteja em algum ponto entre quaisquer dois graus de probabilidade que possam ser nomeados", o que é razoavelmente claro, exceto que em terminologia moderna provavelmente inverteríamos seu uso de "chance" e "probabilidade".
** Sendo ministro presbiteriano, ele simplesmente chamou de mesa.

Aprendendo a partir da experiência do jeito bayesiano

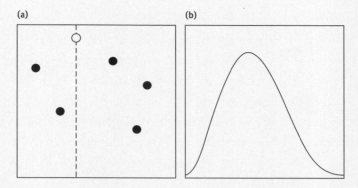

FIGURA 11.4 A mesa de "bilhar" de Bayes. (a) Uma bola branca é jogada sobre a mesa e a linha tracejada indica a posição em que parou. Cinco bolas vermelhas são jogadas sobre a mesa e param nas posições mostradas. (b) Um observador não pode ver a mesa, e apenas lhe dizem que duas bolas vermelhas pararam à esquerda, e três bolas brancas à direta da linha tracejada. A curva representa a distribuição de probabilidade do observador para onde a bola branca pode ter parado, superposta à mesa de bilhar. A média da curva é ³⁄₇, que é também a probabilidade corrente do observador para a próxima bola vermelha a parar à esquerda da linha.

Esse valor de ³⁄₇ pode parecer estranho, já que a estimativa intuitiva poderia ser ²⁄₅ — a proporção de bolas vermelhas que param à esquerda do traço. Em vez disso, Bayes mostrou que nessas circunstâncias deveríamos estimar a posição como

$$\frac{\text{Número de bolas vermelhas que param à esquerda} + 1}{\text{Número total de bolas vermelhas} + 2}$$

Isso significa, por exemplo, que antes que qualquer bola vermelha seja jogada, podemos estimar a posição como sendo $(0 + 1) / (0 + 2) = ½$, enquanto a abordagem intuitiva talvez sugerisse que não podíamos dar nenhuma resposta, não havendo ainda nenhum dado. Em essência, Bayes está utilizando a informação sobre como a posição do traço foi inicialmente decidida, já que sabemos que ela é casual em virtude do lançamento aleatório da bola branca. Essa informação inicial assume o mesmo papel que a predominância usada nos exames para detecção de câncer de mama e testes de doping — é sabida como informação a priori e influencia as nossas conclusões finais. Na verdade, como a fórmula de Bayes soma 1 ao número de bolas vermelhas à esquerda do traço e 2 ao número total de bola vermelhas, poderíamos pensar nisso como sendo equivalente a já ter jogado duas bolas vermelhas "imaginárias", tendo cada uma parado de cada lado da linha tracejada.

Note que, se nenhuma das bolas vermelhas tivesse parado à esquerda da linha tracejada, não teríamos estimado sua posição como ⁰⁄₅, e sim como ⅟₇, o que parece muito mais sensato. A estimativa de Bayes nunca pode ser 0 ou 1, e sempre está mais perto de ½ do que a proporção simples: isso é conhecido como **shrinkage**, uma vez que as estimativas sempre são encolhidas, reduzidas, na direção do centro da distribuição inicial, nesse caso ½.

A análise bayesiana utiliza o conhecimento sobre como a posição da linha tracejada foi decidida para estabelecer uma **distribuição a priori** para sua posição e combina esse conhecimento com a evidência a partir dos dados conhecida como **verossimilhança** para dar a conclusão final conhecida como **distribuição a posteriori**, que exprime tudo em que atualmente acreditamos sobre a grandeza desconhecida. Assim, por exemplo, um software de computador pode calcular que um intervalo que vai de 0,12 a 0,78 contém 95% da probabilidade na figura 11.4(b), e assim podemos alegar com 95% de certeza que a linha tracejada marcando a posição da bola branca está dentro desses limites. Esse intervalo se tornará uniformemente mais estreito à medida que mais e mais bolas vermelhas forem jogadas sobre a mesa e suas posições em relação à linha tracejada forem anunciadas, até que eventualmente convirjam para a resposta correta.

A PRINCIPAL CONTROVÉRSIA EM RELAÇÃO à análise de Bayes é a fonte da distribuição a priori. Na mesa de bilhar de Bayes, a bola branca foi jogada ao acaso e então todo mundo concorda que a distribuição a priori está uniformemente espalhada sobre toda a linha entre 0 e 1. Quando esse tipo de conhecimento físico não está disponível, sugestões para obter distribuições a priori incluem o uso de julgamento subjetivo, aprendizagem a partir de dados históricos e especificação de **a prioris objetivos** que tentam fazer com que os dados falem por si mesmos sem introduzir julgamento subjetivo.

Talvez a percepção mais importante seja a de que não existe distribuição a priori "verdadeira", e qualquer análise deveria incluir uma análise de sensibilidade para escolhas alternativas, abrangendo uma gama de diferentes opiniões possíveis.

Como podemos melhorar a análise de pesquisas pré-eleitorais?

Vimos como a análise bayesiana fornece um mecanismo formal para usar conhecimento anterior ao evento de modo a fazer inferências mais realistas sobre o problema em questão. Essas ideias podem ser (literalmente) levadas a outro nível, para uma **modelagem hierárquica**, ou multinível, que analisa ao mesmo tempo várias grandezas individuais: o poder desses modelos pode ser visto no sucesso das pesquisas pré-eleitorais.

Sabemos que as pesquisas deveriam se basear em amostras grandes, aleatórias e representativas, mas isso tem um custo cada vez maior, e, de todo modo, as pessoas estão cada vez menos dispostas a responder a pesquisas de opinião. Então, agora, as empresas de pesquisa estão se baseando em painéis on-line, que são conhecidos por não serem realmente representativos. Mas utiliza-se uma modelagem estatística sofisticada para tentar deduzir quais teriam sido as respostas se os pesquisadores tivessem sido capazes de obter uma amostra convenientemente aleatória. A tradicional advertência de que não é possível transformar lixo em ouro pode nos vir à cabeça.

As coisas pioram ainda mais quando se trata de pesquisas pré-eleitorais, uma vez que as atitudes não são uniformes através do país, de modo que afirmações sobre o quadro nacional podem vir do agrupamento de resultados de muitos estados ou zonas eleitorais diferentes. O ideal seria tirar conclusões em nível local, mas as pessoas no painel on-line estarão espalhadas de forma não aleatória através dessas áreas locais, o que significa que há dados muito limitados nos quais basear análises locais.

A resposta bayesiana para esse problema é conhecida como **regressão multinível com pós-estratificação** (MRP). A ideia básica é dividir todos os eleitores possíveis em pequenas "células", cada uma compreendendo um grupo de pessoas altamente homogêneo — digamos, morando na mesma área, da mesma idade e gênero, com semelhante conduta eleitoral passada e outras características mensuráveis. Podemos usar dados demográficos para estimar o número de pessoas em cada uma dessas células e assumir que elas tenham a mesma probabilidade de votar num certo partido. O problema é calcular essa probabilidade quando nossos dados não aleatórios nos levam a ter apenas algumas poucas pessoas, ou talvez nenhuma, numa célula específica.

O primeiro passo é elaborar um modelo de regressão para a probabilidade de votar de determinada maneira dadas as características da célula; então nosso problema fica reduzido a estimar os coeficientes da equação de regressão. Mas ainda há coeficientes demais para estimar de forma confiável usando os métodos-padrão, e é aí que entram as ideias bayesianas. Coeficientes correspondentes a diferentes áreas são assumidos como *similares*, uma espécie de ponto intermediário entre assumir que são precisamente os mesmos e assumir que não são absolutamente relacionados.

Em termos matemáticos, essa premissa pode ser demonstrada como o equivalente a assumir que todas essas grandezas desconhecidas tenham sido tiradas da mesma distribuição a priori, e isso nos permite aproximar muitas estimativas individuais, bastante imprecisas, o que resulta em conclusões mais suaves, confiáveis, livres da influência de observações esquisitas. Tendo tornado essas estimativas de comportamento eleitoral mais robustas dentro de cada uma das milhares de células, os resultados podem ser combinados de modo a produzir uma predição sobre como o país inteiro vai votar.

Na eleição presidencial americana de 2016, as pesquisas baseadas na regressão multinível com pós-estratificação apontaram o vencedor correto em 50 dos 51 estados e no Distrito de Columbia, errando apenas em Michigan, com base em entrevistas de apenas 9485 eleitores nas semanas anteriores à eleição. Predições igualmente boas vieram na eleição de 2017 no Reino Unido, onde a empresa de pesquisa de mercado YouGov entrevistou 50 000 pessoas por semana sem se preocupar em obter uma amostra representativa, mas então usou a MRP para predizer um Parlamento sem um partido com maioria absoluta, com os Conservadores obtendo 42% dos votos, que foi exatamente o que aconteceu. Pesquisas utilizando métodos mais tradicionais tiveram um fracasso espetacular.[5]

Então, é possível transformar lixo em ouro? A MRP não é nenhuma panaceia — se uma grande quantidade de entrevistados der sistematicamente respostas enganosas e assim não representar sua "célula", então nenhum volume de análises estatísticas sofisticadas será capaz de se contrapor a esse viés. Mas parece benéfico usar a modelagem bayesiana para cada área de votação particular, e veremos adiante que esse expediente tem tido enorme sucesso nas pesquisas de boca de urna conduzidas no dia das eleições.

A "SUAVIZAÇÃO" BAYESIANA PODE trazer precisão para dados muito esparsos, e as técnicas estão sendo cada vez mais utilizadas para modelar, por exemplo, a maneira como doenças se espalham ao longo do espaço e do tempo. A aprendizagem bayesiana também é vista agora como um processo fundamental na consciência humana do meio ambiente, na medida em que temos expectativas a priori sobre o que veremos em determinado contexto, e então precisamos apenas prestar atenção a características inesperadas na nossa visão, que serão então usadas para atualizar nossas percepções correntes. Essa é a ideia por trás do chamado cérebro bayesiano.[6] Os mesmos procedimentos de aprendizagem têm sido implementados em carros autônomos, que possuem um "mapa mental" probabilístico de seus arredores que é constantemente atualizado pelo reconhecimento de faróis de trânsito, pessoas, outros carros e assim por diante: "Em essência, um carro robô 'pensa' em si mesmo como uma bolha de probabilidade, percorrendo uma estrada bayesiana".[7]

Esses problemas têm a ver com estimar grandezas que descrevem o mundo, mas usar métodos bayesianos para avaliar hipóteses científicas continua sendo mais controverso. Exatamente como no teste de Neyman-Pearson, primeiro precisamos estabelecer duas hipóteses concorrentes. Uma hipótese nula, H_0, que geralmente é a ausência de algo, tal como a inexistência do bóson de Higgs, ou o fato de um tratamento médico não ter efeito. A hipótese alternativa H_1 diz que existe alguma coisa importante.

As ideias por trás do teste de hipótese bayesiano são portanto as mesmas dos casos judiciais, nos quais a hipótese nula geralmente é a inocência, a hipótese alternativa é a culpa, e exprimimos a sustentação relativa fornecida por uma peça de evidência para essas duas hipóteses pela razão de verossimilhança. Para testes de hipóteses científicas, o equivalente preciso da razão de verossimilhança é o **fator de Bayes**, com a diferença de que hipóteses científicas geralmente contêm parâmetros desconhecidos, tais como o efeito verdadeiro no caso da hipótese alternativa. O fator de Bayes só pode ser obtido tirando uma média relativa à distribuição a priori dos parâmetros desconhecidos, o que torna a distribuição a priori — a parte mais controvertida da análise bayesiana — crucialmente importante. Assim, tentativas de substituir o teste de significância padrão por fatores de Bayes, particularmente em psicologia, são tema de considerável discussão, com críticos destacando que por trás de qualquer fator de Bayes estão à espreita distribuições a priori assumidas para quaisquer parâmetros desconhecidos, tanto na hipótese nula quanto na hipótese alternativa.

Robert Kass e Adrian Raftery são dois renomados estatísticos bayesianos que propuseram uma escala amplamente utilizada para os fatores de Bayes, mostrada na tabela 11.3. Note o contraste com a escala da tabela 11.2 para a interpretação verbal das razões de verossimilhança para casos judiciais, onde se exigia uma razão de verossimilhança de 10 000 para declarar a evidência "muito forte", em contraste com hipóteses científicas, que necessitam apenas de um fator de Bayes maior que 150. Isso talvez reflita a necessidade de estabelecer uma culpa criminal "além de qualquer dúvida razoável", enquanto as afirmações científicas são construídas sobre evidência mais fraca, muitas delas sendo rechaçadas por pesquisas posteriores.

Em nosso capítulo sobre teste de hipótese, afirmamos que o p-valor de 0,05 equivalia apenas a uma "evidência fraca". O raciocínio para isso

Fator de Bayes	Força da evidência
1 a 3	não vale mais que uma simples menção
3 a 20	positiva
20 a 150	forte
> 150	muito forte

TABELA 11.3 Escala de Kass e Raftery para interpretação dos fatores de Bayes em favor de uma hipótese.[8]

baseia-se em parte em fatores de Bayes: é possível mostrar que $p = 0{,}05$ corresponde, sob alguns a priori razoáveis para a hipótese alternativa, a fatores de Bayes entre 2,4 e 3,4, que a tabela 11.3 sugere ser evidência fraca. Como vimos no capítulo 10, isso levou a uma proposta de redução para 0,005 no p-valor necessário para reivindicar uma "descoberta".

Ao contrário do teste de significância da hipótese nula, os fatores de Bayes tratam as duas hipóteses de maneira simétrica, e assim podem sustentar ativamente uma hipótese nula. E se estivermos dispostos a colocar probabilidades a priori em hipóteses, poderíamos até mesmo calcular probabilidades a posteriori de teorias alternativas para como o mundo funciona. Suponha, com base apenas em fundamentos teóricos, que julgássemos a existência do bóson de Higgs como sendo $^{50}/_{50}$, correspondendo a uma chance a priori de 1. Os dados discutidos no capítulo anterior deram um p-valor de aproximadamente $^{1}/_{3\,500\,000}$, e isso pode ser convertido num fator de Bayes máximo de cerca de 80 000 em favor do bóson de Higgs, o que constitui uma evidência muito forte, até mesmo pelos critérios de uso judicial.

Quando combinado com chance a priori de 1, isso resulta em chance a posteriori de 80 000 para 1 em favor da existência do bóson de Higgs, ou uma probabilidade de 0,99999. Mas nem a comunidade jurídica nem a comunidade científica costumam aprovar esse tipo de análise, ainda que ela possa ser usada para Ricardo III.

Uma batalha ideológica

Neste livro saímos do exame informal de dados, passamos pela comunicação de sínteses estatísticas e vimos o uso de modelos de probabilidade para chegar a intervalos de confiança, p-valores e assim por diante. Essas ferramentas padrão de inferência, com as quais gerações de estudantes ocasionalmente se debateram, são conhecidas como métodos "clássicos" ou "frequentistas", já que se baseiam em propriedades de amostragem de longo prazo da estatística.

A abordagem alternativa de Bayes é baseada em princípios fundamentalmente diferentes. Como vimos, a evidência externa sobre grandezas desconhecidas, expressa como distribuição a priori, combina-se com evidência do modelo de probabilidade subjacente para os dados, conhecido como verossimilhança, para dar uma distribuição posterior, final, que forma a base para todas as conclusões.

Se adotarmos seriamente essa filosofia estatística, as propriedades amostrais da estatística tornam-se irrelevantes. E assim, tendo passado anos aprendendo que um intervalo de confiança de 95% não significa que haja uma probabilidade de 95% de que o valor real esteja no intervalo,* o pobre estudante agora precisa esquecer tudo isso: um intervalo de incerteza bayesiano de 95% tem precisamente esse último significado.

Mas a discussão sobre a maneira "correta" de fazer inferência estatística é ainda mais complexa do que uma simples disputa entre frequentistas e bayesianos. Assim como acontece com os movimentos políticos, cada escola se divide em múltiplas facções que estão sempre em conflito umas com as outras.

Nos anos 1930, eclodiu na arena pública uma briga de três lados. O fórum foi a Real Sociedade Estatística, que na época, como agora, registrava e publicava meticulosamente a discussão dos artigos apresentados em suas reuniões. Quando Jerzy Neyman propôs sua teoria dos intervalos

---

*Lembre-se, significa que, no longo prazo, 95% desse intervalo vai conter o valor verdadeiro; mas não podemos dizer nada sobre nenhum intervalo particular.

de confiança em 1934, Arthur Bowley, um forte defensor da abordagem bayesiana, então conhecida como probabilidade inversa, disse: "Não tenho nenhuma certeza de que a 'confiança' não seja um 'conto do vigário'", e continuou sugerindo que era necessária uma abordagem bayesiana: "Será que isso realmente nos leva na direção que precisamos — a chance de que no universo que estamos amostrando a proporção esteja dentro... de certos limites? Penso que não". A zombeteira vinculação de intervalos de confiança a contos do vigário continuou pelas décadas seguintes.

No ano seguinte, 1935, uma guerra aberta irrompeu entre dois campos não bayesianos, com Ronald Fisher de um lado e Jerzy Neyman e Egon Pearson do outro. A abordagem fisheriana era baseada em estimativas usando a função "verossimilhança", que exprime a sustentação relativa dada pelos dados a diferentes valores de parâmetros, e o teste de hipótese baseava-se em p-valores. Em contraste, a abordagem Neyman-Pearson, que como vimos era conhecida como "**comportamento indutivo**", era muito focada na tomada de decisões: se você decide que a resposta verdadeira está num intervalo de confiança de 95%, então você estará certo 95% das vezes, e deve controlar erros tipo I e tipo II ao testar a hipótese. Eles chegaram a sugerir que se deve "aceitar" a hipótese nula quando ela está incluída no intervalo de confiança de 95%, um conceito que para Fisher era um anátema (e que posteriormente foi rejeitado pela comunidade estatística).

Fisher primeiro acusou Neyman de "cair numa série de mal-entendidos que seu artigo revelava". Pearson então se levantou em defesa de Neyman, dizendo que "ao mesmo tempo que sabia haver uma difundida crença na infalibilidade do professor Fisher, ele devia, em primeiro lugar, permitir encarecidamente questionar a sensatez de acusar um colega de trabalho de incompetência sem, ao mesmo tempo, mostrar que havia tido sucesso em dominar o argumento". A acrimoniosa disputa entre Fisher e Neyman continuou por décadas.

A batalha pela supremacia ideológica da estatística continuou depois da Segunda Guerra Mundial, mas com o tempo as escolas tradicionais, não bayesianas, resolveram a questão com uma pragmática mistura: os estudos eram geralmente projetados com a abordagem de Neyman-Pearson de erros tipo e tipo II, mas eram então analisados a partir de uma perspectiva fisheriana, usando p-valores como medidas de evidência. Como vimos no contexto de estudos clínicos, esse estranho amálgama parece funcionar bastante bem, o que levou o proeminente estatístico (bayesiano) Jerome Cornfield a dizer que "o paradoxo é que a estrutura sólida do valor permanente não obstante surgiu, carecendo apenas da fundação lógica firme sobre a qual se pensava que havia sido construída".[9]

As supostas vantagens dos métodos estatísticos convencionais sobre os bayesianos incluem a aparente separação da evidência nos dados de fatores subjetivos; facilidade geral em computação; ampla aceitabilidade e critérios estabelecidos para "significância"; disponibilidade de software; e existência de métodos robustos que não exigem premissas fortes sobre a forma das distribuições. Já os entusiastas bayesianos alegam que é a capacidade de usar elementos externos, até mesmo explicitamente subjetivos, que possibilita fazer inferências e predições mais poderosas.

A comunidade estatística costumava se engajar em prolongadas e deploráveis discussões sobre os alicerces do tema, mas agora foi declarada uma trégua e a norma é uma abordagem mais ecumênica, com métodos escolhidos de acordo com o contexto prático em vez de suas credenciais ideológicas derivadas de Fisher, Neyman-Pearson ou Bayes. Esse parece um compromisso sensato e pragmático numa discussão que pode parecer um tanto obscura para não estatísticos. Minha visão pessoal é que, ainda que possam discordar quanto aos fundamentos da disciplina, estatísticos razoáveis geralmente chegarão a conclusões semelhantes. Os problemas que surgem na ciência estatística não costumam vir da filosofia subjacente aos métodos precisos que são empregados. Em vez disso, é mais provável que se devam a um plano inadequado, dados enviesados, premissas inapropriadas e, talvez o mais importante, má prática científica. No próximo capítulo, daremos uma espiada nesse lado escuro da estatística.*

---

* Mas ainda prefiro a abordagem bayesiana.

RESUMO

- Métodos bayesianos combinam evidência dos dados (sintetizados pela verossimilhança) com crenças iniciais (conhecidas como distribuição a priori) para produzir uma distribuição de probabilidade a posteriori para a grandeza desconhecida.
- O teorema de Bayes para duas hipóteses concorrentes pode ser expresso como chance a posteriori = razão de verossimilhança × chance a priori.
- A razão de verossimilhança expressa a sustentação relativa para duas hipóteses a partir de um item de evidência, e às vezes é usada para sintetizar evidências forenses em julgamentos criminais.
- Quando a distribuição a priori provém de algum processo de amostragem física, os métodos bayesianos são incontroversos. No entanto, geralmente é necessário algum grau de julgamento.
- Modelos hierárquicos permitem que a evidência seja reunida através de múltiplas análises pequenas que se presume terem parâmetros em comum.
- Os fatores de Bayes são equivalentes a razões de verossimilhança para hipóteses científicas, e um controvertido substituto para o teste de significância da hipótese nula.
- A teoria da inferência estatística tem um longo histórico de controvérsia, mas questões de qualidade de dados e confiabilidade científica são mais importantes.

12. Como as coisas dão errado

Existe percepção extrassensorial?

Em 2011, o eminente psicólogo social americano Daryl Bem publicou um importante artigo numa proeminente revista científica de psicologia na qual relatou o seguinte experimento. Cem estudantes sentavam-se diante de uma tela de computador mostrando duas cortinas e escolhiam qual das duas, a da esquerda ou a da direita, escondia uma imagem. As cortinas então "se abriam" para revelar se o estudante estava certo ou não, e isso se repetia para uma série de 36 imagens. O detalhe era que, sem que os participantes soubessem, a posição da imagem era determinada ao acaso *depois* que o sujeito tivesse feito sua escolha, e assim qualquer excesso de escolhas corretas em relação ao acaso poderia ser atribuído a *precognição* de onde a imagem apareceria.

Daryl Bem relatou que, em vez dos esperados 50% de taxa de sucesso para a hipótese nula de não precognição, os sujeitos escolheram corretamente 53% das vezes quando era mostrada uma imagem erótica (p = 0,01). O artigo continha os resultados de outros oito experimentos sobre precognição com mais de 1000 participantes e espalhados ao longo de dez anos; e ele observou resultados estatisticamente significativos em favor da precognição em oito dos nove estudos. Será que essa é uma prova convincente de que a percepção extrassensorial existe?

Este livro, espero eu, ilustrou algumas aplicações poderosas da ciência estatística para resolver problemas do mundo real, se executadas com habilidade e cuidado por praticantes conscienciosos de suas limitações e armadilhas potenciais. Mas o mundo real nem sempre é digno de admiração. Agora é hora de examinar o que acontece quando a ciência e a arte da estatística não são tão bem executadas. Vejamos então como o artigo de Bem foi recebido e criticado.

Há um motivo para que agora se preste tanta atenção à prática estatística de má qualidade: ela tem sido culpada por aquilo que é conhecido na ciência como **crise de reprodutibilidade**.

A "crise de reprodutibilidade"

O capítulo 10 explorou a famosa afirmação de John Ioannidis, feita em 2005, de que a maioria dos achados de pesquisa publicados são falsos, e desde então muitos outros pesquisadores têm argumentado que existe uma grande falta de confiabilidade na literatura científica publicada. Cientistas têm fracassado em replicar estudos feitos por seus pares, sugerindo que os estudos originais não são tão dignos de confiança quanto anteriormente se pensava. Embora inicialmente focadas em medicina e biologia, essas acusações desde então se espalharam para a psicologia e outras ciências sociais, embora a porcentagem real de alegações consideradas exageradas ou falsas seja contestada.

O argumento original de Ioannidis era baseado num modelo teórico, mas uma abordagem alternativa é pegar estudos passados e tentar replicá-los, no sentido de conduzir experimentos similares e ver se resultados similares são observados. O Projeto Reprodutibilidade foi uma importante colaboração na qual 100 estudos psicológicos foram repetidos com tamanhos maiores de amostras, tendo assim maior poder de detectar um efeito verdadeiro, se existisse. O projeto revelou que, enquanto 97% dos estudos originais tinham resultados estatisticamente significativos, esse número se reduzia a apenas 36% nas replicações.[1]

Infelizmente, isso foi noticiado de um jeito que dava a entender que os restantes 63% de estudos "significativos" eram alegações falsas. Mas aí se cai na armadilha de fazer uma divisão estrita entre estudos que são ou não significativos. O distinto estatístico e blogueiro americano Andrew Gelman destacou que "a diferença entre 'significativo' e 'não significativo' não é, por si só, estatisticamente significativa".[2] Na verdade, apenas 23% dos estudos originais e de replicação tiveram resultados significativamente diferentes entre si, o que talvez seja uma estimativa mais apropriada da proporção dos estudos originais com alegações falsas ou exageradas.

Em vez de pensar em termos de significância para determinar uma "descoberta", seria melhor focalizar o tamanho dos efeitos estimados. O Projeto Reprodutibilidade descobriu que os efeitos da replicação estavam em média na mesma direção que os dos estudos originais, mas tinham em torno da metade da sua magnitude. Isso aponta para um viés importante na literatura científica: um estudo com um "grande" achado, de que pelo menos uma parte provavelmente foi sorte, tem grande probabilidade de ser publicado por uma revista proeminente. Numa analogia com a regressão à média, isso poderia ser denominado "regressão à hipótese nula", onde estimativas exageradas dos efeitos mais tarde decrescem em magnitude na direção da hipótese nula.

A alegada crise de reprodutibilidade é uma questão complexa, enraizada na excessiva pressão colocada sobre os pesquisadores para fazer "descobertas" e publicar seus resultados em revistas científicas prestigiosas, tudo isso dependendo de maneira crucial de encontrar resultados estatisticamente significativos. E não é culpa de nenhuma instituição ou profissão específica. Também mostramos, ao discutir testes de hipótese, que mesmo que as práticas estatísticas sejam perfeitas, a raridade de efeitos verdadeiros e substanciais significa que uma proporção substancial dos resultados alegados como "significativos" inevitavelmente acabarão sendo falsos positivos (figura 10.5). Mas, como vemos agora, a prática estatística muitas vezes está longe de ser perfeita.

A ESTATÍSTICA PODE SER muito mal-feita em cada estágio do ciclo PPDAC. Já desde o começo, podemos tentar atacar um Problema que simplesmente não pode ser respondido com a informação disponível. Por exemplo, se nos propusermos a descobrir por que as taxas de gravidez adolescente caíram tão drasticamente no Reino Unido na última década, nada nos dados observados pode oferecer uma explicação.*

Então o Planejamento pode dar errado, por exemplo:

- Escolhendo uma amostra que seja conveniente e barata em vez de representativa — por exemplo, pesquisas telefônicas antes das eleições.
- Fazendo perguntas que induzem respostas ou usando palavreado enganoso na pesquisa, como "Quanto você acha que pode economizar comprando on-line?".
- Deixando de fazer uma comparação justa, como avaliar a homeopatia observando apenas voluntários para a terapia.
- Projetando um estudo pequeno demais e de fraca potência, com menor chance de detectar hipóteses alternativas verdadeiras.
- Deixando de coletar dados sobre potenciais variáveis de confusão, de fazer testes cegos em estudos randomizados e assim por diante.

Como disse Ronald Fisher, numa colocação que se tornou famosa, "consultar um estatístico ao final de um experimento muitas vezes é como lhe pedir para conduzir uma autópsia. Talvez ele consiga dizer qual foi a causa da morte do experimento".[3]

Quando se trata de coletar Dados, os problemas comuns incluem excessiva falta de respostas, pessoas saindo do estudo, recrutamento muito mais lento do que o previsto e excesso de codificação. Todas essas questões deveriam ser previstas e evitadas por uma pilotagem cuidadosa.

A maneira mais fácil de a Análise dar errado é simplesmente cometer um erro. Muitos de nós terão cometido erros na codificação ou nas planilhas, mas talvez não com as consequências dos seguintes exemplos:

- Os proeminentes economistas Carmen Reinhardt e Kenneth Rogoff publicaram um artigo em 2010 que influenciava fortemente atitudes de austeridade. Um aluno de doutorado descobriu mais tarde que cinco paí-

---

* A queda começou pouco depois do início do Facebook, mas os dados não podem nos dizer se isso é uma correlação ou uma causalidade.

ses haviam sido inadvertidamente deixados de fora da análise principal devido a um simples erro da planilha.*[4]
- Um programador da AXA Rosenberg, uma firma global de investimento de capital, programou incorretamente um modelo estatístico de modo que alguns de seus elementos de risco calculados eram pequenos demais por um fator de dez mil, o que levou a 217 milhões de dólares em perdas para os clientes. Em 2011, a SEC, a Comissão de Valores e Câmbio dos Estados Unidos, multou a AXA Rosenberg por essa quantia mais um adicional de 25 milhões de dólares em penalidades, resultando numa multa de 242 milhões de dólares por não informar aos investidores o erro no modelo de risco.[5]

Cálculos podem estar computacionalmente corretos mas usar métodos estatísticos incorretos. Alguns contendores populares para métodos inapropriados incluem:

- Realizar um experimento "randomizado em aglomerados", no qual grupos inteiros de pessoas, tais como os pacientes de uma mesma clínica, são alocados simultaneamente para uma intervenção particular, e ainda assim analisar os dados como se as pessoas tivessem sido randomizadas individualmente.
- Medir as mudanças em dois grupos na linha de base e após uma intervenção, e dizer que os grupos são diferentes se um tiver se modificado em relação à sua linha de base e a mudança do outro grupo não for significativa. O procedimento correto é realizar um teste estatístico formal para constatar se os grupos diferem — isso é conhecido como teste de interação.
- Interpretar "não significativo" como de "nenhum efeito". Por exemplo, no estudo de álcool e mortalidade mencionado no capítulo 10, os homens na faixa etária de 50-64 anos bebendo 15-20 unidades de álcool

---

*Esse erro, em combinação com outras críticas, foi considerado capaz de mudar as conclusões do estudo, o que é fortemente refutado pelos autores originais.

por semana tiveram um risco de mortalidade significativamente reduzido, enquanto a redução em homens bebendo um pouco menos ou um pouco mais não foi significativamente diferente de zero. Essa diferença foi realçada pelo artigo, mas os intervalos de confiança revelaram que era desprezível entre os grupos. Mais uma vez, a diferença entre significativo e não significativo não é necessariamente significativa.

Quando se trata de tirar Conclusões, talvez a forma de má prática mais flagrante seja realizar muitos testes estatísticos, e então apenas divulgar os mais significativos e interpretá-los pelo seu valor aparente. Vimos que isso aumenta tremendamente a chance de encontrar um p-valor significativo, mesmo que signifique dar vida a um peixe morto. É o equivalente de apenas televisionar os gols que um time marca, e não os gols que sofre: é impossível obter uma impressão verdadeira quando há uma notificação tão seletiva.

A notificação seletiva começa a cruzar a fronteira da simples incompetência com a má conduta científica, e há uma evidência perturbadora de que isso não é incomum. Nos Estados Unidos, houve até mesmo uma condenação criminal por notificação seletiva de resultados importantes na análise de um subconjunto. Scott Harkonen era CEO da InterMune, uma empresa que estava fazendo um estudo clínico para um novo medicamento para fibrose pulmonar idiopática. O experimento não mostrou nenhum benefício geral, mas uma mortalidade significativamente reduzida no pequeno conjunto de pacientes com manifestação suave a moderada da doença. Harkonen emitiu um comunicado à imprensa para os investidores divulgando esse resultado, indicando acreditar que o estudo levaria a enormes vendas. Embora não tenha dito nenhuma inverdade demonstrável, em 2009 um júri o condenou por fraude eletrônica, com o intento específico de enganar investidores. O governo pediu uma sentença de dez anos de prisão e uma multa de 20 mil dólares, mas ele foi condenado a seis meses de prisão domiciliar e três anos de condicional. Um subsequente experimento clínico não encontrou benefício algum da droga no subconjunto de pacientes.[6]

A má conduta estatística pode ou não ser uma decisão consciente. Ela tem sido até mesmo usada deliberadamente para mostrar as inadequações do processo de revisão científica por pares e publicação. Johannes Bohannon, do Instituto Alemão de Dieta e Saúde, conduziu um estudo no qual as pessoas foram randomizadas em três grupos e receberam ou uma dieta padrão, ou uma de baixos carboidratos, ou uma de baixos carboidratos com chocolate extra. Sofreram uma bateria de medições ao longo de três semanas, e o estudo concluiu que a perda de peso no grupo do chocolate excedia a do grupo de baixos carboidratos em 10% ($p = 0{,}04$). Esse resultado "significativo" foi submetido a uma revista científica, que o considerou um "manuscrito excepcional" e sugeriu que por seiscentos euros "poderia ser publicado diretamente na nossa principal revista". O comunicado à imprensa do Instituto de Dieta e Saúde levou à publicação de numerosos artigos, com manchetes como "Chocolate acelera perda de peso".

A pesquisa, porém, acabou se revelando uma fraude deliberada. "Johannes Bohannon" era na verdade John Bohannon, um jornalista; o Instituto de Dieta e Saúde não existia; e o único elemento real eram os dados, que não foram fabricados. Mas havia apenas cinco sujeitos por grupo, e do grande número de testes que foi feito apenas as diferenças significativas foram divulgadas.

Os autores desse artigo espúrio imediatamente assumiram sua fraude; mas nem todas as fraudes estatísticas são feitas para mostrar as fraquezas do processo de revisão por pares.

Fraude deliberada

A fabricação deliberada de dados é um problema real, mas acredita-se que seja relativamente rara. Uma análise de autonotificações anônimas estimou que 2% dos cientistas admitiam falsificação de dados, enquanto a Fundação Nacional de Ciências e a Secretaria de Integridade em Pesquisa dos Estados Unidos lidam com um número bastante pequeno de atos deliberadamente desonestos, embora os detectados devam estar subestimados.[7]

Parece inteiramente apropriado que a fraude estatística possa ser detectada usando ciência estatística. Uri Simonsohn, um psicólogo da Universidade da Pensilvânia, examinou estatísticas descrevendo experimentos supostamente randomizados que deveriam mostrar uma variação aleatória típica, mas são implausivelmente similares ou diferentes. Por exemplo, ele notou que três desvios-padrão estimados citados num relatório, que supostamente deveriam vir de grupos diferentes de 15 indivíduos, eram todos iguais a 25,11. Simonsohn obteve os dados brutos e mostrou por simulação que a chance de obter desvios-padrão tão similares era infinitamente pequena — o pesquisador responsável pelo relatório mais tarde se demitiu.[8]

Cyril Burt, um psicólogo britânico renomado por sua pesquisa sobre hereditariedade de QI, foi postumamente acusado de fraude quando se descobriu que os coeficientes de correlação por ele citados para o QI de gêmeos que haviam sido criados separados mal mudavam no decorrer do tempo, apesar de um grupo de gêmeos uniformemente crescente: a correlação era de 0,770 em 1943; 0,771 em 1955; e 0,771 em 1966. Ele foi acusado de inventar dados, mas todos os seus registros haviam sido queimados após a sua morte. A questão ainda é discutida; alguns alegam que deve ter sido um erro, já que se trata de uma fraude óbvia demais para ser cometida.

Seria mais fácil se pura incompetência e desonestidade fossem os únicos problemas da estatística, por mais graves que sejam. Poderíamos instruir, conferir, replicar, abrir dados para exame e assim por diante, como veremos no capítulo final sobre fazer boa estatística. Mas existe um problema maior, mais sutil, que alguns afirmam ser o que mais contribui para a crise de reprodutibilidade.

"Práticas de pesquisa questionáveis"

Mesmo que os dados não tenham sido inventados, que a análise final seja apropriada, e uma estatística e seu p-valor correspondente estejam numericamente corretos, pode ser difícil saber como interpretar os resultados se não soubermos exatamente o que os pesquisadores fizeram no processo de chegar a suas conclusões.

Vimos os problemas que acontecem quando os pesquisadores reportam apenas achados significativos, mas talvez mais importante seja o conjunto consciente ou inconsciente de pequenas decisões que podem ser tomadas pelo pesquisador dependendo do que os dados parecem estar mostrando. Esses "ajustes" podem incluir decisões sobre mudanças no plano de estudo, quando parar a coleta de dados, quais dados excluir, quais fatores ajustar, que grupos enfatizar, quais resultados de medidas focalizar, como dividir variáveis contínuas em grupos, como lidar com dados ausentes e assim por diante. Simonsohn chama essas decisões de "graus de liberdade do pesquisador", enquanto Andrew Gelman se refere mais poeticamente ao "jardim das encruzilhadas". Todos esses ajustes tendem a aumentar a chance de conseguir significância estatística, e todos aparecem sob o rótulo genérico de "práticas de pesquisa questionáveis".

É importante distinguir entre **estudos exploratórios** e **confirmatórios**. Estudos exploratórios são exatamente aquilo que dizem: investigações flexíveis com intenção de examinar muitas possibilidades e sugerir hipóteses a serem testadas posteriormente em estudos mais formais, confirmatórios. Qualquer quantidade de ajustes é válida em **estudos exploratórios**, mas **estudos confirmatórios** devem ser realizados de acordo com um protocolo pré-especificado, de preferência público. Cada um pode usar p-valores para sintetizar a força da evidência para suas conclusões, mas esses p-valores devem ser claramente distinguidos e interpretados de forma muito diferente.

Atividades dedicadas a criar resultados estatisticamente significativos vieram a ser conhecidas como "p-hacking", e embora a técnica mais óbvia seja realizar testes múltiplos e divulgar os mais significativos, há muitas formas mais sutis pelas quais os pesquisadores podem exercer seus graus de liberdade.

Escutar **"When I'm Sixty-Four"**, dos Beatles, rejuvenesce a pessoa?

Você pode se sentir absolutamente confiante em relação à resposta correta para essa pergunta. O que torna ainda mais impressionante que Simonsohn e colegas tenham conseguido, mesmo que por meios tortuosos, obter um resultado significativamente positivo.[9]

Alunos de graduação da Universidade da Pensilvânia foram randomizados para escutar ou "When I'm Sixty-Four", dos Beatles, ou "Kalimba" ou "Hot Potato", dos Wiggles. Então foram indagados quando tinham nascido, com que idade se sentiam, e uma série de perguntas deliciosamente irrelevantes.*

Simonsohn e colegas analisaram repetidamente os dados de todas as formas possíveis, e continuaram a recrutar participantes até que descobriram algum tipo de associação significativa. Isso aconteceu depois de 34 sujeitos, e embora não houvesse relação significativa entre a idade dos participantes e o disco que tinham escutado, só comparando "When I'm Sixty-Four" e "Kalimba" eles conseguiram obter $p < 0,05$ numa regressão que se ajustava para a idade do pai. Naturalmente, só reportaram a análise significativa, sem mencionar inicialmente o vasto número de ajustes e relatos seletivos que tinham ocorrido — tudo isso foi revelado no fim do artigo, que se tornou uma clássica e deliberada demonstração da prática que hoje é conhecida como HARKing (do acrônimo em inglês para "inventar hipóteses depois que os resultados são conhecidos").

Até que ponto as pessoas realmente se envolvem nessas práticas de pesquisa questionáveis?

Numa pesquisa de 2012 feita nos Estados Unidos com 2155 psicólogos acadêmicos,[10] somente 2% admitiram falsificar dados. Mas quando perguntados sobre uma lista de dez práticas de pesquisa questionáveis,

- 35% disseram que haviam reportado um achado inesperado como se tivesse sido predito desde o começo.

---

* Essas perguntas incluíam o quanto apreciariam comer em um restaurante, a raiz quadrada de 100, se estavam de acordo com a afirmação "computadores são máquinas complicadas", a idade do pai, a idade da mãe, se aproveitariam ofertas especiais em restaurantes, sua orientação política, qual dos quatro quarterbacks canadenses tinha ganhado um prêmio, com que frequência se referiam ao passado como "os bons velhos tempos", e assim por diante.

- 58% disseram que continuavam coletando mais dados depois de ver se os resultados eram significativos.
- 67% disseram que deixaram de reportar todas as respostas de um estudo.
- 94% reconheceram pelo menos uma das práticas de pesquisa questionáveis que haviam sido listadas.

Os entrevistados geralmente argumentavam que essas práticas eram defensáveis — afinal, por que não reportar uma descoberta interessante, apesar de inesperada? Mais uma vez, os problemas surgem devido à indefinição das fronteiras entre estudos exploratórios e confirmatórios: muitas das práticas, inclusive o HARking, podem ser aceitáveis num estudo exploratório que deliberadamente tem intenção de desenvolver novas ideias para testar, mas devem ser estritamente proibidas em estudos que se propõem a provar alguma coisa.

Colapso na comunicação

Quer o trabalho estatístico seja bom ou não tão bom, em algum ponto ele deve ser comunicado ao público, seja este composto por colegas profissionais ou um público mais geral. Cientistas não são as únicas pessoas que divulgam evidências estatísticas. Governos, políticos, instituições beneficentes e outras organizações não governamentais estão todos competindo pela nossa atenção, usando números e ciência para prover uma base aparentemente "objetiva" para suas afirmações. A tecnologia mudou, incentivando uma diversidade cada vez maior de fontes disponíveis on-line e mídias sociais para se comunicar, com poucos controles que garantam o uso confiável da evidência.

A figura 12.1 fornece uma visão altamente simplificada do processo pelo qual passa a evidência estatística antes de chegar até nós.[11] O fluxograma começa com os originadores dos dados, e então passa pelas "autoridades", depois pelas suas assessorias de imprensa e comunicação, chega até os jornalistas que escrevem as matérias e os editores que adicionam as manchetes, e finalmente até nós como membros individuais da sociedade. Erros e distorções podem ocorrer ao longo de todo o processo.

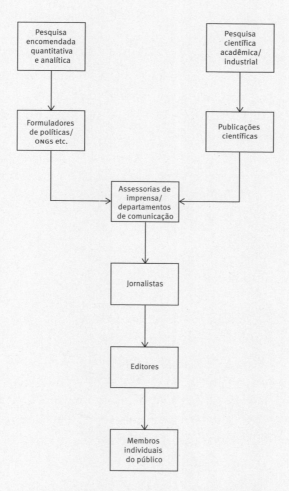

FIGURA 12.1 Um diagrama simplista do tradicional fluxo de informação desde as fontes estatísticas até o público. Em cada etapa há filtros que surgem de práticas questionáveis de pesquisa, interpretação e comunicação, tais como divulgação seletiva, falta de contexto, exagero da importância e assim por diante.

O que aparece na literatura?

O primeiro filtro ocorre na publicação do trabalho estatístico realizado pelos pesquisadores. Muitos estudos nem chegam a ser submetidos para publicação, seja porque os achados não parecem suficientemente "interessantes", seja porque não se encaixam nos objetivos da organização que encomendou a pesquisa: companhias farmacêuticas, em particular, foram acusadas no passado de ocultar estudos com resultados inconvenientes. Isso deixa dados valiosos guardados na "gaveta de arquivo" e cria um viés positivo para aquilo que aparece na literatura. Não sabemos aquilo que não nos é dito.

Esse viés positivo é agravado por "descobertas" mais propensas a serem aceitas para publicação nas revistas científicas mais proeminentes, por uma falta de disposição para publicar replicações de estudos e, é claro, por todas as práticas de pesquisa questionáveis que vimos serem capazes de levar a uma exagerada significância estatística.

A assessoria de imprensa

Muitos problemas potenciais surgem na etapa seguinte do fluxograma, quando artigos científicos são passados para assessorias de imprensa para tentar obter cobertura da mídia. Já vimos como um comunicado exageradamente entusiástico para um estudo sobre posição socioeconômica e risco de tumor cerebral levou à clássica manchete "Por que frequentar a universidade aumenta o risco de desenvolver tumores cerebrais". Essa assessoria de imprensa não está sozinha em seu exagero: um estudo revelou que dos 462 comunicados à imprensa das universidades no Reino Unido em 2011:

- 40% continham conselhos exagerados
- 33% continham alegações causais exageradas
- 36% continham inferência exagerada para humanos a partir de pesquisa animal
- a maioria dos exageros que apareciam na imprensa podia ser atribuída ao comunicado.

A mesma equipe descobriu resultados ligeiramente mais animadores em 534 comunicados à imprensa de importantes publicações biomédicas: alegações causais ou conselhos num artigo eram exagerados em 21% dos casos, embora esses exageros, que tendiam a ser divulgados, não produzissem mais cobertura de imprensa.[12]

Vimos no capítulo 1 que o "enquadramento" de números pode influenciar sua interpretação: por exemplo, "90% livre de gorduras" soa um pouco melhor que "10% de gorduras". Um bom exemplo de narrativa imaginativa ocorreu quando um estudo importante, mas bastante enfadonho, revelou que 10% das pessoas carregam um gene que as protege contra pressão sanguínea elevada. A equipe de comunicação refraseou a descoberta como "nove em dez pessoas carregam gene que aumenta o risco de pressão sanguínea elevada": essa mensagem, formulada negativamente, recebeu a devida cobertura internacional da imprensa.[13]

A mídia

Jornalistas tendem a levar a culpa por má cobertura de matérias científicas e estatísticas, mas estão em grande medida à mercê do que lhes é informado em comunicados e artigos científicos, e à forma como a manchete escolhida pelo editor posteriormente enquadra a matéria: poucos leitores de jornais percebem que a pessoa que escreveu a matéria geralmente tem um controle mínimo sobre a manchete, e são obviamente as manchetes que atraem os leitores.

O problema principal na cobertura da imprensa não são inverdades óbvias, mas a manipulação e o exagero por meio de interpretação inapropriada dos "fatos": estes podem estar tecnicamente corretos, mas são distorcidos pelo que poderíamos chamar de "práticas questionáveis de interpretação e comunicação". Aqui vai uma breve lista dos expedientes que os meios de comunicação utilizam para temperar sua cobertura de matérias estatísticas. Muitas práticas questionáveis seriam vistas como defensáveis por aqueles cuja carreira profissional depende de atrair leitores, ouvintes ou cliques.

1. Escolher matérias que vão contra o consenso atual.
2. Promover matérias independentemente da qualidade da pesquisa.
3. Deixar de noticiar incertezas.
4. Deixar de fornecer o contexto ou uma perspectiva comparativa, tal como uma tendência de longo prazo.
5. Sugerir uma causa quando é observada apenas uma associação.
6. Exagerar a relevância e a importância dos achados.
7. Alegar que a evidência sustenta uma política particular.
8. Usar enquadramento positivo ou negativo dependendo de o objetivo ser tranquilizar ou assustar.
9. Negligenciar conflitos de interesses ou pontos de vista alternativos.
10. Usar gráficos vívidos, mas não informativos.
11. Fornecer apenas riscos relativos e não absolutos.

A prática final é quase universal. Vimos no capítulo 1 como uma matéria dizendo que o bacon aumenta o risco de câncer no intestino pode soar impressionante citando riscos relativos e não absolutos. Os jornalistas sabem que os riscos relativos, muitas vezes chamados de "risco aumentado", independentemente da magnitude, são uma forma efetiva de fazer com que uma matéria pareça mais excitante, o que é agravado pelo fato de serem geralmente apresentados na forma de razões de chance, **razões de taxa** e **razões de risco** na maioria dos estudos biomédicos. A chamativa manchete "Por que assistir TV compulsivamente pode matar você" surgiu a partir de um estudo epidemiológico que estimou um risco relativo ajustado de 2,5 para uma embolia pulmonar fatal associada a assistir TV mais de 5 horas por noite em comparação com menos de 2,5 horas. Mas um exame cuidadoso da taxa absoluta no grupo de alto risco (13 em 158 000 pessoas-anos) indicava que o esperado é assistir TV por mais de 5 horas durante 12 000 anos antes de vivenciar o evento. Isso de certa forma reduz o impacto.[14]

Essa manchete foi escrita para atrair atenção e cliques na internet, e teve êxito — eu a achei irresistível. Quando estamos procurando novidades e estímulo imediato, não é surpresa que a mídia apimente as matérias e favoreça a alegação inusitada (e provavelmente exagerada) em lugar da evidência estatística sólida.* No próximo capítulo veremos como as coisas podem ser melhoradas, mas primeiro retornaremos às extraordinárias alegações de Daryl Bem sobre precognição.

DARYL BEM SABIA QUE ESTAVA fazendo afirmações extraordinárias, e para seu grande crédito incentivou ativamente a replicação de seu estudo e forneceu os materiais para que isso fosse feito. No entanto, quando outros pesquisadores aceitaram seu desafio, e tentaram reproduzir seus resultados (sem sucesso), a revista científica que havia publicado o estudo original de Bem recusou-se a publicar as replicações fracassadas.

Então como Bem chegou a seus resultados? Houve numerosos pontos nos quais ele ajustou o projeto em resposta aos dados, e escolheu ressaltar grupos particulares — por exemplo, reportar a precognição positiva ao mostrar figuras eróticas e não os resultados negativos de figuras não eróticas. Bem reconhecera que "Eu começava um [experimento], e se simplesmente não estivesse dando em nada, abandonava e recomeçava com modificações". Algumas dessas modificações foram reportadas no artigo, outras não.**[15] Andrew Gelman observou que

> as conclusões [de Bem] são baseadas em p-valores, que são afirmações referentes ao aspecto que teriam as sínteses de dados, caso os dados aparecessem de forma diferente, mas Bem não fornece evidência de que, caso os dados aparecessem de

---

* Às vezes sigo o que poderia ser chamado de "princípio de Groucho", em referência à paradoxal afirmação de Groucho Marx de que jamais entraria num clube que o aceitasse como sócio. Como as histórias passam por tantos filtros que estimulam distorção e seleção, o simples fato de eu ouvir uma alegação baseada em estatística é motivo para não acreditar nela.
** Segundo um artigo on-line, Bem teria dito: "Sou totalmente a favor do rigor [...] mas prefiro que sejam outros a adotá-lo. Entendo sua importância — algumas pessoas se divertem —, mas não tenho paciência para ele [...] Se você tivesse visto meus experimentos passados, saberia que sempre foram dispositivos retóricos. Eu juntava dados para mostrar como meu ponto podia ser demonstrado. Usava dados como ponto de persuasão, e de fato nunca me preocupei se aquilo poderia ser ou não replicado".

forma diferente, suas análises seriam as mesmas. Na verdade, os nove estudos do seu artigo apresentam todo tipo de diferentes análises de dados.*

Seu caso é um exemplo clássico de alguém explorando demasiados graus de liberdade do pesquisador. Mas Bem prestou um grande serviço à psicologia e à ciência em geral: seu artigo de 2011 serviu de catalisador para um exame de consciência entre os cientistas acerca das possíveis razões para a falta de confiabilidade da literatura científica. Sugeriu-se até mesmo que todo o exercício, como outros estudos apresentados neste capítulo, tenha sido deliberadamente planejado por Bem para revelar as fraquezas na pesquisa psicológica.

RESUMO
- Uma prática estatística ruim tem parte da responsabilidade pela crise na reprodutibilidade da ciência.
- Fabricações deliberadas de dados parecem ser eventos bastante raros, mas erros em métodos estatísticos são frequentes.
- Um problema ainda maior são práticas questionáveis de pesquisa que tendem a levar a alegações exageradas de significância estatística.
- No fluxograma pelo qual a evidência estatística chega ao público, assessorias de imprensa, jornalistas e editores contribuem para o fluxo de alegações estatísticas injustificadas por meio de práticas questionáveis de interpretação e comunicação.

---

* A categórica síntese de Gelman foi que "O estudo de Bem era um lixo".

13. Como podemos melhorar a maneira de fazer estatística

Qual é o benefício de fazer exames para detecção de câncer de ovário?

Em 2015, um enorme estudo com exames para detecção de câncer de ovário no Reino Unido publicou seus resultados. A pesquisa tivera início em 2001, quando, após um cuidadoso cálculo de potência, mais de 200 mil mulheres foram randomizadas para dois tipos de exame para câncer ovariano ou para um grupo de controle. Os pesquisadores pré-especificaram rigorosamente um protocolo no qual a análise primária era a redução na mortalidade provocada por câncer ovariano, avaliada por um método estatístico que assumia que a redução proporcional no risco seria a mesma ao longo de todo o período de acompanhamento.[1]

Quando os dados foram por fim analisados, após um acompanhamento médio de onze anos, a análise primária pré-especificada não mostrou benefício estatisticamente significativo, e os autores reportaram esse resultado não significativo como sua conclusão principal. Então por que o jornal *Independent* publicou a manchete "Avanço pioneiro nos exames de sangue para câncer ovariano: Enorme sucesso de novo método de teste poderia levar a exames nacionais na Grã-Bretanha"?[2]

Voltaremos para verificar se os resultados desse estudo, enorme e caro, foram apropriadamente interpretados.

No ÚLTIMO CAPÍTULO, vimos como más práticas podem ocorrer ao longo de todo o percurso estatístico, o que significa que se quisermos melhorar o uso da estatística, três grupos precisam atuar:

- *Produtores de estatísticas*: como cientistas, estatísticos, empresas de pesquisa de mercado e indústria. Eles podem fazer estatísticas melhores.
- *Comunicadores*: como revistas científicas, instituições beneficentes, departamentos governamentais, assessores de imprensa, jornalistas e editores. Eles podem comunicar melhor as estatísticas.
- *Audiências*: como o público geral, formuladores de políticas e profissionais. Eles podem checar melhor as estatísticas.

Podemos considerar, um de cada vez, o que esses grupos poderiam fazer.

Melhorar o que é produzido

Como todo o processo científico pode se tornar mais confiável? Uma colaboração variada de proeminentes pesquisadores desenvolveu um "manifesto de reprodutibilidade", defendendo métodos de pesquisa e treinamento aprimorados, pré-especificação do modelo e análise do estudo, relatos melhores do que realmente foi feito, replicação de estudos, diversificação da revisão por pares e incentivos à transparência.[3] Muitas dessas ideias são refletidas no Open Science Framework, que incentiva o compartilhamento de dados e a pré-especificação de estudos.[4]

Considerando os exemplos do último capítulo, não surpreende que muitas das sugestões no manifesto tenham a ver com a prática estatística. Em particular o apelo para a especificação antecipada de estudos pretende ser uma defesa contra o tipo de comportamento tão vividamente ilustrado nesse capítulo, em que vimos projetos, hipóteses e análises sendo adaptados aos dados à medida que estes iam chegando. Mas também se pode argumentar que uma pré-especificação completa não é realista e nega a imaginação do pesquisador, e que a flexibilidade de se adaptar a novos dados é uma característica positiva. Mais uma vez, a resposta parece estar numa distinção clara entre estudos exploratórios e confirmatórios, sempre com uma divulgação clara da sequência de escolhas feitas pelos pesquisadores.

A pré-especificação não é desprovida de problemas, já que pode restringir os pesquisadores a uma análise que, confrontada com os dados, mostra-se inapropriada. Por exemplo, a equipe que realizou o estudo com exames para detecção de câncer de ovário planejava incluir todas as pacientes randomizadas em sua análise, mas descobriu que, se fossem excluídos os casos "prevalentes" (aqueles em que se descobriu haver câncer ovariano antes do começo da pesquisa), o que poderia ser considerado bastante razoável, então a estratégia de exames multimodal mostrava uma redução significativa de 25% na mortalidade por câncer ovariano ($p = 0{,}02$). Além disso, mesmo ao incluir todos os casos, independentemente de terem ou não câncer ovariano no começo do experimento, também se observava uma significativa redução de 23% na mortalidade no grupo multimodal no período entre 7 e 14 anos após a randomização. Assim, tópicos que possam não ter sido previstos, como pessoas já com câncer sendo randomizadas e os exames levando algum tempo para serem efetivos, impediram que o resultado primário pré-planejado fosse significativo.

Os autores da pesquisa foram meticulosos ao reportar que sua análise primária não mostrara um resultado significativo, e comentaram pesarosamente que "a principal limitação desse experimento foi nosso fracasso em antecipar o efeito tardio dos exames no nosso projeto estatístico". Isso não impediu que parte da mídia interpretasse o resultado não significativo como uma confirmação da hipótese nula e incorretamente noticiasse que o estudo mostrava que os exames não funcionavam. A manchete do *Independent* afirmando que os exames podiam salvar milhares de vidas, embora um tanto ousada, talvez refletisse melhor as conclusões do estudo.

Melhorar a comunicação

Este livro apresentou alguns exemplos de terrível cobertura da mídia sobre histórias baseadas em estatísticas. Não existe maneira simples de influenciar a prática do jornalismo e da mídia, sobretudo numa época em que o setor é desafiado pelas mídias sociais e publicações on-line não regulamentadas e as rendas de publicidade começam a minguar, mas os estatísticos têm colaborado com as diretrizes de reportagem para organizações de mídia e programas de treinamento para jornalistas e assessores de imprensa. A boa notícia é que o jornalismo de dados está florescendo, e colaborações com jornalistas podem levar a um enriquecimento narrativo baseado em dados, apresentando narrativas e visualizações apropriadas e atraentes.

Contudo, existem riscos em transformar números em histórias. Linhas narrativas tradicionais necessitam de um apelo emocional, um arco narrativo forte e uma conclusão bem resolvida; a ciência raramente provê tudo isso, então é tentador supersimplificar e exagerar nas alegações. As matérias devem ser fiéis à evidência: às suas forças, fraquezas e incertezas. Idealmente, as matérias poderiam dizer que uma droga ou intervenção médica qualquer não é boa nem ruim: possui benefícios e efeitos colaterais, que as pessoas vão pesar de diferentes maneiras, chegando, razoavelmente, a diferentes conclusões. Os jornalistas parecem se intimidar e se afastar de narrativas tão cheias de nuances, mas (digamos, incluindo depoimentos de pessoas com visões diferentes) um bom comunicador deveria ser capaz de tornar essas histórias atraentes. Christie Aschwanden, por exemplo, do site *FiveThirtyEight*, discutiu as estatísticas dos exames para detecção de câncer de mama, e então disse que havia decidido evitar o procedimento, enquanto sua amiga esperta, de posse precisamente da mesma evidência, tomou a decisão oposta.[5] Isso mostra nitidamente a importância de valores e preocupações pessoais, ao mesmo tempo respeitando a evidência estatística.

Também poderíamos fazer uma pesquisa melhor sobre como melhorar a comunicação da estatística. Por exemplo, qual é a melhor maneira de comunicar incerteza sobre fatos e o futuro sem colocar em risco a confiança e a credibilidade? E como podemos talhar nossas técnicas para públicos com diferentes atitudes e conhecimento? Essas são questões importantes e pesquisáveis. Além disso, o triste nível do debate estatístico na campanha do referendo do Brexit no Reino Unido sugere a necessidade de pesquisar formas diferentes de comunicar de que maneira as decisões de políticas são capazes de impactar a sociedade.

Ajudar a denunciar casos de má prática

Muitos indivíduos e grupos desempenham um papel importante na identificação de casos de má prática estatística: avaliadores de artigos científicos submetidos para publicação, pessoas que conduzem análises sistemáticas de evidência publicada, jornalistas, organizações de checagem de fatos e membros individuais do público.

Uri Simonsohn tem sido particularmente franco e direto ao argumentar que os avaliadores deveriam ser mais rigorosos em assegurar que os autores de um artigo seguiram as exigências estabelecidas pela revista, podendo demonstrar que seus resultados são robustos, não dependem de decisões arbitrárias na análise e permitem replicação se houver alguma dúvida. Por outro lado, ele sugere que os avaliadores deveriam ser mais tolerantes em relação a imperfeições nos resultados, o que deveria encorajar relatórios honestos.[6]

Tendo avaliado centenas de artigos científicos, porém, eu diria que nem sempre é fácil e imediato identificar os problemas. Listas de checagem podem ser úteis, mas podem ser manipuladas pelos autores de modo a fazer com que o artigo pareça razoável. Devo admitir que desenvolvi um "faro" para indícios de que, por exemplo, foram feitas grandes quantidades de comparações e só as "interessantes" estão sendo reportadas.

Esse faro decididamente deve começar a reagir quando um resultado parece bom demais para ser verdade, como no caso em que um efeito grande foi observado numa amostra pequena. Um exemplo clássico é um estudo de 2007 muito disseminado que dizia provar que mulheres atraentes tinham mais filhas. Uma pesquisa nos Estados Unidos determinou numa escala de cinco pontos a "atração física" exercida por moças adolescentes, e, quinze anos depois, entre aquelas que tinham sido definidas como "muito atraentes" na adolescência, os primogênitos eram meninos em apenas 44% dos casos, em oposição ao padrão de 52% para todas as pessoas menos bonitas (como Arbuthnot mostrou, em média nascem um pouco mais meninos que meninas). Essa descoberta é estatisticamente significativa, mas, como identificou Andrew Gelman, é um efeito grande demais para ser plausível, e também ocorre apenas no grupo "mais atraente". Não há nada no artigo que revele a total implausibilidade desse resultado — é necessário um conhecimento externo.[7]

Viés de publicação

Cientistas examinam enormes quantidades de artigos publicados quando estão fazendo resenhas sistemáticas — tentando reunir a literatura e sintetizar o estado atual do conhecimento. Essa empreitada irremediavelmente fracassa se aquilo que está sendo publicado é um subconjunto enviesado do trabalho que foi realizado, digamos, resultados negativos que não foram submetidos para publicação, ou práticas de pesquisa questionáveis que levaram a um excesso injustificado de resultados significativos.

Técnicas estatísticas têm sido desenvolvidas para identificar esse viés de publicação. Suponha que tenhamos um conjunto de estudos que se proponham todos eles a testar a mesma hipótese nula de que uma intervenção não tem efeito algum. Independentemente dos experimentos reais conduzidos, se a intervenção não tiver de fato nenhum efeito, pode-se provar teoricamente que qualquer p-valor que teste a hipótese nula tem a mesma probabilidade de assumir qualquer valor entre 0 e 1, e então p-valores de muitos estudos testando o efeito deveriam tender a se espalhar de maneira uniforme. Ao passo que, se houver de fato um efeito, os p-valores tendem a ser distorcidos para valores pequenos.

A ideia da "curva-p" é examinar todos os reais p-valores reportados para resultados de teste significativos — isto é, quando $p < 0,05$. Duas características geram desconfiança. Primeiro, se há um aglomerado de p-valores logo abaixo de 0,05, isso sugere que foi feita alguma "massagem" para empurrar alguns deles por cima dessa fronteira crucial. Segundo, suponha que esses p-valores significativos não estejam desviados na direção do 0, mas espalhados uniformemente entre 0 e 0,05. Então é exatamente esse o padrão que ocorreria se a hipótese nula fosse verdadeira, e os únicos resultados que estão sendo reportados como significativos foram aqueles 1 em 20 que por sorte passaram pela fronteira p < 0,05. Simonsohn e outros examinaram a literatura psicológica publicada que apoiava a ideia popular de que dar às pessoas uma quantidade excessiva de escolhas produz consequências negativas; uma análise da curva-p sugeriu que havia um viés de publicação substancial e que faltava boa evidência para corroborar esse efeito.[8]

Avaliar uma alegação ou matéria estatística

Quer sejamos jornalistas, verificadores de fatos, acadêmicos, profissionais no governo, nos negócios ou em ONGs, ou simplesmente membros do público, ouvimos o tempo todo alegações baseadas em evidência estatística. Avaliar a confiabilidade de alegações estatísticas parece ser uma qualificação vital para o mundo moderno.

Façamos a ousada premissa de que todos aqueles envolvidos na coleta, análise e uso de estatísticas sejam adeptos de um arcabouço ético em que a confiança seja fundamental. Onora O'Neill, uma eminente filósofa especialista em Kant e autoridade sobre confiança, ressalta que as pessoas não deveriam procurar a confiança dos outros, já que isso é concedido, mas demonstrar a *confiabilidade* de seu trabalho. O'Neill forneceu algumas breves e perspicazes listas de verificação: por exemplo, a confiabilidade requer honestidade, competência e credibilidade. Mas ela também ressalta que é necessária evidência da confiabilidade, e isso significa ser *transparente* — não só despejando massas de dados sobre as audiências, mas sendo "inteligentemente transparente".[9] Isso significa que as alegações baseadas em dados precisam ser:

- *Acessíveis*: as audiências devem ser capazes de alcançar a informação.
- *Inteligíveis*: as audiências devem ser capazes de compreender a informação.

- *Avaliáveis*: se quiserem, as audiências devem ser capazes de checar a confiabilidade das alegações.
- *Utilizáveis*: as audiências devem ser capazes de explorar a informação para suas necessidades.

Mas avaliar a confiabilidade não é uma tarefa fácil. Estatísticos e outros passam décadas aprendendo a pesar alegações, e aparecendo com perguntas que ajudem a identificar quaisquer falhas. Não se trata de uma simples lista de verificação: podem ser necessárias experiência e uma atitude um tanto cética. Feita essa advertência, eis um conjunto de perguntas que tenta englobar toda e qualquer sabedoria que possa existir neste livro. Os termos e questões que possam ser considerados para cada uma são ou autoexplicativos ou foram tratados anteriormente: considero esta lista útil e espero que você também.

Dez perguntas a se fazer ao confrontar uma afirmação baseada em evidência estatística

Até que ponto os números são dignos de confiança?

1. *Com que rigor o estudo foi feito?* Verificar "validade interna", adequação de projeto e formulação das questões, pré-especificação do protocolo, se tem uma amostra representativa, usa randomização e faz uma comparação correta com um grupo de controle.
2. *Qual é a incerteza estatística/confiança nos achados?* Checar margens de erro, intervalos de confiança, significância estatística, tamanho da amostra, comparações múltiplas, viés sistemático.
3. *A síntese é apropriada?* Conferir o uso apropriado de médias, variabilidade relativa e riscos absolutos.

Até que ponto a fonte é digna de confiança?

4. *Em que medida a fonte da matéria é confiável?* Considere a possibilidade de uma fonte enviesada com conflitos de interesse, e verifique se a publi-

cação foi revista por pares independentes. Pergunte-se: "Por que é que essa fonte está me contando essa história?".
5. *A matéria está sendo distorcida?* Tenha consciência do uso de enquadramento, apelo emocional por meio da citação de fatos sobre casos extremos, gráficos enganosos, manchetes exageradas, números altissonantes.
6. *O que não estão me dizendo?* Essa talvez seja a pergunta mais importante de todas. Pense em resultados com supressão de evidência, informação ausente que entraria em conflito com a história e falta de comentário independente.

Até que ponto a interpretação é digna de confiança?

7. *Como a alegação se encaixa no que já é conhecido?* Considere o contexto, comparações apropriadas, inclusive dados históricos, e o que outros estudos mostraram, idealmente numa meta-análise.
8. *Qual é a explicação proposta para o que foi visto?* Assuntos vitais são correlação versus causalidade, regressão à média, afirmar incorretamente que um resultado não significativo significa "nenhum efeito", variáveis de confusão, atribuição, falácia do promotor.
9. *Qual é a relevância da matéria para a audiência?* Pense no caráter genérico, se as pessoas estudadas são um caso especial, se houve uma extrapolação de camundongos para pessoas.
10. *O efeito alegado é importante?* Verifique se a magnitude do efeito é praticamente significativa, e tenha especial cautela com alegações de "risco aumentado".

Ética dos dados

Um aumento da preocupação sobre o potencial mau uso de dados pessoais, sobretudo quando colhidos de mídias sociais, focalizou a atenção nos aspectos éticos da ciência de dados e da estatística. Enquanto estatísticos do governo são limitados por um código de conduta oficial, a disciplina mais geral da ética dos dados ainda se encontra em estágio de desenvolvimento.

Este livro falou sobre a necessidade de que algoritmos que afetam as pessoas sejam honestos e transparentes, sobre a importância de fazer ciência honesta e reproduzível e sobre a exigência de comunicação confiável. Tudo isso faz parte da ética dos dados, e as histórias aqui apresentadas mostraram o mal de se permitir que conflitos de interesse, ou até mesmo entusiasmo exagerado, afetem o rigor da prática. Muitos outros tópicos fundamentais poderiam ter sido apresentados: privacidade e propriedade de dados, consentimento informado para seu uso mais amplo, aspectos legais da explanação de algoritmos e assim por diante.

Embora possa parecer altamente técnica, a ciência estatística tem sempre lugar no contexto de uma sociedade para a qual seus expoentes assumem responsabilidade. No futuro próximo podemos esperar que a ética dos dados integre a formação estatística.

Um exemplo de boa ciência estatística

Antes da eleição geral no Reino Unido em 8 de junho de 2017, a maioria das pesquisas sugeria que os Conservadores teriam uma maioria substancial. Minutos depois que a votação foi encerrada, às 22h, uma equipe de estatísticos predisse que os Conservadores tinham perdido muitas cadeiras e sua maioria absoluta, o que significava que haveria uma situação de Parlamento sem um partido com maioria absoluta. A previsão foi recebida com incredulidade. Como foi que a equipe fez essa ousada previsão, e de maneira tão acertada?

Num livro que tentou celebrar a boa prática na arte e ciência de adquirir informação a partir dos dados, e não só mergulhar em estudos enganosos, parece apropriado terminar com um belo exemplo de ciência estatística.

Pode parecer curioso perguntar quem venceu as eleições imediatamente após elas terem ocorrido; afinal, podemos simplesmente ficar acordados a noite toda e esperar os resultados. Mas tornou-se parte do teatro das eleições que, apenas alguns minutos depois do fechamento das urnas, especialistas façam predições sobre quais serão os resultados. Note que os resultados já estão fixados, mas são desconhecidos no momento, de modo que esse é um exemplo clássico de incerteza epistêmica que surge quando consideramos taxas de desemprego e outras grandezas que estão "por aí", mas não são conhecidas.

Consideremos o ciclo PPDAC. O Problema é produzir uma predição rápida dos resultados da eleição no Reino Unido minutos após as urnas serem fechadas. A equipe, que compreende os estatísticos David Firth e Jouni Kuha e o cientista político John Curtice, elaborou um Plano para conduzir pesquisas de boca de urna, nas quais cerca de 200 eleitores eram entrevistados na saída de 144 entre cerca de 40 mil seções de votação — crucialmente, essas 144 seções eram as mesmas que haviam sido usadas em pesquisas de boca de urna anteriores. Os Dados compreendem as respostas quando os participantes são perguntados não só em quem votaram, porém, mais importante, como votaram na eleição anterior.

A Análise utiliza um repertório de técnicas vistas no capítulo 3, quando abordamos os estágios para a produção de inferências.

- *Dados para amostrar*: Como essas são pesquisas de boca de urna e os entrevistados estão dizendo o que fizeram e não o que pretendem fazer, a experiência sugere que as respostas são medidas razoavelmente acuradas sobre em quem eles votaram nessa eleição e na anterior.
- *Amostra para população de estudo*: Uma amostra representativa é tirada daqueles que efetivamente votaram em cada seção eleitoral, de modo que os resultados de cada amostra podem ser usados para estimar grosseiramente a mudança no voto, ou "troca", nessa pequena área.
- *População de estudo para população-alvo*: Usando o conhecimento da demografia de cada seção eleitoral, é elaborado um modelo de regressão que procura explicar como a proporção de pessoas que mudam seu voto entre eleições depende das características dos eleitores naquela área de votação. Dessa maneira a troca não precisa ser assumida como sendo a mesma por todo o país, mas permite-se que varie de uma área para outra — considerando, digamos, se é uma população rural ou urbana. Então, usando o mo-

delo estimado de regressão, o conhecimento da demografia de cada zona eleitoral e os votos dados na eleição anterior, pode-se fazer uma predição dos votos dados nessa eleição para cada zona eleitoral individual, mesmo que a maioria das zonas eleitorais não tenha tido nenhum eleitor entrevistado na pesquisa de boca de urna. Esse é basicamente o procedimento de regressão multinível com pós-estratificação (MRP) destacado no capítulo 11.

A amostra limitada significa que existe incerteza em relação aos coeficientes no modelo de regressão, que, quando levado para a escala de toda a população votante, produz distribuições de probabilidade de como as pessoas votaram, e daí uma probabilidade de cada candidato obter o número máximo de votos. Somando esses números através de todas as zonas eleitorais obtemos um número esperado de cadeiras, cada um dos quais acompanhado de uma incerteza (embora as margens de erro não tenham sido divulgadas na noite da eleição).[10]

A tabela 13.1 mostra as predições e os resultados finais nas eleições de junho de 2017. O número predito de cadeiras é notavelmente próximo, estando no máximo a quatro cadeiras de distância da contagem final para todos os partidos. A tabela mostra que nas três últimas eleições no Reino Unido, essa sofisticada metodologia estatística tem tido excepcional precisão. Em 2015, eles predisseram enormes perdas para os Democratas Liberais, estimando uma queda de 57 cadeiras para 10, e um proeminente político democrata liberal, Paddy Ashdown, disse numa entrevista ao vivo na televisão que "comeria o próprio chapéu" se estivessem corretos. Na verdade, os Democratas Liberais ganharam apenas 8 cadeiras.*

A mídia só forneceu uma estimativa para a previsão do número de cadeiras, mas a margem de erro para o total vencedor é de aproximadamente 20 cadeiras. A precisão no passado foi um pouco melhor que isso, de modo que talvez os estatísticos tenham tido alguma sorte. Mas eles merecem essa sorte: demonstraram belamente como a ciência estatística

---

*Não há registro de que Paddy Ashdown tenha cumprido sua promessa, embora ainda seja provocado por causa dela. Eu estava participando de uma entrevista de rádio, discutindo essa pesquisa, quando trouxeram um enorme chapéu de chocolate para todos nós dividirmos.

Como podemos melhorar a maneira de fazer estatística

Ano	Cadeiras	Conservadores	Trabalhistas	Democratas Liberais	Nacionalistas escoceses	Outros
2010	Preditas	307	255	59		29
	Reais	307	258	57		28
2015	Preditas	316	239	10	58	27
	Reais	331	232	8	56	23
2017	Preditas	314	266	14	34	21
	Reais	318	262	12	35	22

TABELA 13.1 Predições de pesquisas de boca de urna sobre o número de cadeiras obtidas por cada partido em três eleições nacionais recentes no Reino Unido, feitas imediatamente após a votação, comparadas com os resultados reais observados. As predições são estimativas e acompanhadas de margens de erro.

pode levar a conclusões poderosas capazes de impressionar igualmente o público geral e os profissionais. Essas pessoas não percebem a imensa complexidade dos métodos utilizados para chegar a essas conclusões, nem que esse extraordinário desempenho se deve à meticulosa atenção aos detalhes ao longo de todo o ciclo de resolução de problemas.

RESUMO

- Produtores, comunicadores e público têm todos um papel a desempenhar no aprimoramento da maneira como a ciência estatística é usada na sociedade.
- Produtores precisam assegurar que a ciência seja reproduzível. Para demonstrar sua confiabilidade, a informação deve ser acessível, inteligível e utilizável.
- Comunicadores precisam ter cautela ao tentar encaixar matérias em narrativas padronizadas.
- É possível identificar más práticas fazendo perguntas sobre a confiabilidade dos números, sua origem e interpretação.
- Sempre que se deparar com uma alegação baseada em evidência estatística, primeiro sinta se ela parece plausível.

14. Em conclusão

FALANDO SEM RODEIOS, a estatística pode ser difícil. Embora neste livro eu tenha tentado abordar questões básicas em vez de me perder em detalhes técnicos, a narrativa teve que inevitavelmente se basear em alguns conceitos desafiadores. Então parabéns àqueles que chegaram até o final.

Em vez de tentar sintetizar os capítulos anteriores numa listinha de sábios conselhos, posso tirar proveito das seguintes dez regras simples para uma prática estatística efetiva. Essas regras vieram de um grupo de estatísticos experientes que, espelhando este livro, estão preocupados em enfatizar as questões não técnicas que não costumam ser lecionadas nos cursos de estatística,[1] e acrescentei alguns comentários. Essas "regras" devem ser bastante autoevidentes, e resumem de forma clara os temas abordados neste livro.

1. *Métodos estatísticos devem possibilitar dados para responder a perguntas científicas*: Pergunte "por que estou fazendo isto?", em vez de focalizar em qual técnica utilizar.
2. *Sinais sempre chegam com ruído*: Tentar separar um e outro é o que torna a coisa interessante. A variabilidade é inevitável, e modelos de probabilidade são úteis como abstração.
3. *Planeje com antecedência, com grande antecedência*: Isso inclui a ideia de pré-especificação em experimentos confirmatórios — evitando os graus de liberdade do pesquisador.
4. *Preocupe-se com a qualidade dos dados*: Tudo depende dos dados.
5. *Análise estatística é mais que um conjunto de computações*: Não se contente em ligar fórmulas na tomada nem rodar procedimentos em software sem saber por que está fazendo isso.

6. *Mantenha as coisas simples*: A comunicação principal deve ser a mais básica possível — não fique exibindo habilidades em modelagem complexa, a menos que seja realmente necessário.
7. *Forneça avaliações de variabilidade*: Com a advertência de que as margens de erro são geralmente maiores do que se alega.
8. *Verifique suas premissas*: E deixe claro quando isso não foi possível.
9. *Quando possível, replique*: Ou incentive outros a fazê-lo.
10. *Assegure-se de que sua análise seja reproduzível*: Outros devem ser capazes de acessar seus dados e código.

A ciência estatística desempenha um papel importante na vida de todos nós, e está mudando rapidamente em resposta à crescente quantidade e qualidade dos dados disponíveis. Porém o estudo da estatística não tem apenas impacto na sociedade em geral, mas nos indivíduos em particular. De uma perspectiva puramente pessoal, escrever este livro me fez perceber o quanto a minha vida tem sido enriquecida pelo meu envolvimento com a estatística. Espero que você possa sentir o mesmo — se não agora, então no futuro.

Agradecimentos

Quaisquer insights obtidos durante uma longa carreira dedicada à estatística provêm da escuta de colegas inspiradores. Eles são numerosos demais até mesmo para um estatístico contar, mas uma breve lista daqueles de cujas ideias me beneficiei poderia incluir Nicky Best, Sheila Bird, David Cox, Philip Dawid, Stephen Evans, Andrew Gelman, Tim Harford, Kevin McConway, Wayne Oldford, Sylvia Richardson, Hetan Shah, Adrian Smith e Chris Wild. Sou grato a eles e a tantos outros por me incentivarem num tema desafiador.

O desenvolvimento deste livro levou um enorme tempo, devido à minha crônica procrastinação. Assim, gostaria de agradecer a Laura Stickney, da Penguin, não só por me encomendar o texto, mas por manter a tranquilidade enquanto os meses, e anos, iam passando, mesmo quando o livro estava acabado e ainda não conseguíamos chegar a um consenso em relação ao título. Agradeço ainda a Jonathan Pegg, por me conseguir um bom acordo, a Jane Birdsell, pela enorme paciência durante o processo de edição, e a toda a equipe da Penguin, por seu trabalho meticuloso.

Sou muito grato pela permissão para adaptar algumas ilustrações, em especial a Chris Wild (figura 0.3), a James Grime (figura 2.1), a Cath Mercer, da Natsal (figuras 2.4 e 2.10), ao Instituto Nacional de Estatísticas do Reino Unido (figuras 2.9, 8.5 e 9.4), ao Serviço Nacional de Saúde britânico (figura 6.7), a Paul Barden (figura 9.2) e à BBC (figura 9.3). A informação do setor público do Reino Unido é licenciada nos termos da Open Government License v3.0.

Não sou um bom programador de R, e Matthew Pearce e Maria Skoularidou me deram imensa ajuda no desenvolvimento das análises e gráficos. Também estou sempre brigando com a escrita, de modo que tenho uma dívida com as várias pessoas que leram e comentaram os capítulos, entre as quais George Farmer, Alex Freeman, Cameron Brick, Michael Posner, Sander van der Linden e Simone Warr; Julian Gilbey, em especial, teve um olhar afiado para erros e ambiguidades.

Acima de tudo, devo um agradecimento especial a Kate Bull, não só por seus comentários vitais sobre o texto, mas também pelo apoio que me deu ao longo de momentos bons (escrevendo numa cabana de praia em Goa) e outros não tão bons assim (um mês de fevereiro molhado fazendo malabarismo para cumprir uma série excessiva de compromissos).

Também sou profundamente grato a David e Claudia Harding, pelo apoio financeiro e o contínuo incentivo, que me permitiram fazer coisas tão bacanas ao longo dos últimos dez anos.

Por fim, e por mais que me agrade a ideia de encontrar alguém a quem culpar pelos meus erros, devo reconhecer a plena responsabilidade pelas inevitáveis falhas que tenham restado neste livro.

Código para exemplos

O código R e os dados para reproduzir a maioria das análises e figuras estão disponíveis em <github.com/dspiegel29/ArtofStatistics>. Agradeço a assistência recebida durante a preparação deste material.

Notas

Introdução [pp. 13-27]

1. *O sinal e o ruído*, de Nate Silver, é uma excelente introdução sobre como a ciência estatística pode ser usada para fazer predições no esporte e em outros campos.
2. Os dados de Shipman são discutidos em mais detalhe em D. Spiegelhalter e N. Best, "Shipman's Statistical Legacy", *Significance*, v. 1, n. 1, pp. 10-2, 2004. Todos os documentos para consulta pública estão disponíveis em <webarchive.national-archives.gov.uk/20090808155110/www.the-shipman-inquiry.org.uk/reports.asp>.
3. T. W. Crowther et al., "Mapping Tree Density at a Global Scale", *Nature*, v. 525, pp. 201-5, 2015.
4. E. J. Evans, *Thatcher and Thatcherism* (Routledge, 2013), p. 30.
5. *Changes to National Accounts: Inclusion of Illegal Drugs and Prostitution in the UK National Accounts* [Internet] (Office for National Statistics, 2014).
6. O Instituto Nacional de Estatísticas do Reino Unido reporta uma variedade de medidas de bem-estar em <www.ons.gov.uk/peoplepopulationandcommunity/wellbeing>.
7. N. T. Nikas, D. C. Bordlee e M. Moreira, "Determination of Death and the Dead Donor Rule: A Survey of the Current Law on Brain Death", *Journal of Medicine and Philosophy*, v. 41, n. 3, pp. 237-56, 2016.
8. J. P. Simmons e U. Simonsohn, "Power Posing: *P*-Curving the Evidence", *Psychological Science*, v. 28, pp. 687-93, 2017. Para uma refutação, ver A. J. C. Cuddy, S. J. Schultz e N. E. Fosse, "P-Curving a More Comprehensive Body of Research on Postural Feedback Reveals Clear Evidential Value for Power-Posing Effects: Reply to Simmons and Simonsohn (2017)", *Psychological Science*, v. 29, pp. 656-66, 2018.
9. Uma recomendação básica da Associação Americana de Estatística é "ensinar estatística como um processo investigativo de resolução de problemas e tomada de decisões". Ver <www.amstat.org/asa/education/Guidelines-for-Assessment-and-Instruction-in-Statistics-Education-Reports.aspx>. O ciclo PPDAC foi desenvolvido em R. J. MacKay e R. W. Oldford, "Scientific Method, Statistical Method and the Speed of Light", *Statistical Science*, v. 15, pp. 254-78, 2000. Ele é intensamente promovido no sistema escolar da Nova Zelândia, que oferece uma educação altamente desenvolvida em estatística. Ver C. J. Wild e M. Pfannkuch, "Statistical Thinking in Empirical Enquiry", *International Statistical Review*, v. 67, pp. 223-65, 1999, e o curso on-line "Data to Insight", disponível em <www.futurelearn.com/courses/data-to-insight>.

1. Colocando as coisas em proporção: dados classificatórios e porcentagens [pp. 29-44]

1. Ver "History of Scandal", *Daily Telegraph*, 18 jul. 2001, e D. Spiegelhalter et al., "Commissioned Analysis of Surgical Performance Using Routine Data: Lessons from the Bristol Inquiry", *Journal of the Royal Statistical Society: Series A (Statistics in Society)*, v. 165, pp. 191-221, 2002.
2. Os dados sobre resultados de cirurgias cardíacas em crianças no Reino Unido estão disponíveis em <childrensheartsurgery.info>.
3. Ver A. Cairo, *The Truthful Art: Data, Charts, and Maps for Communication* (New Riders, 2016), e *The Functional Art: An Introduction to Information Graphics and Visualization* (New Riders, 2012).
4. Organização Mundial da Saúde (World Health Organization). Perguntas e respostas sobre o caráter carcinogênico da carne vermelha e da carne processada estão disponíveis em <www.who.int/features/qa/cancer-red-meat/en>. "Bacon, Ham and Sausages Have the Same Cancer Risk as Cigarettes Warn Experts", *Daily Record*, 23 out. 2015.
5. Essa era uma das observações favoritas de Hans Rosling, como veremos no próximo capítulo.
6. E. A. Akl et al., "Using Alternative Statistical Formats for Presenting Risks and Risk Reductions", *Cochrane Database of Systematic Reviews*, v. 3, 2011.
7. "Statins Can Weaken Muscles and Joints: Cholesterol Drug Raises Risk of Problems by up to 20 per cent", *Mail Online*, 3 jun. 2013. O estudo original é de I. Mansi et al., "Statins and Musculoskeletal Conditions, Arthropathies, and Injuries", *JAMA Internal Medicine*, v. 173, pp. 1318-26, 2013.

2. Sintetizando e comunicando números. Montes de números [pp. 45-71]

1. F. Galton, "Vox Populi", *Nature*, 1907, disponível em <www.nature.com/articles/075450a0>.
2. No filme (<www.youtube.com/watch?v=n98BhnwWmsc>) do nosso experimento, removi de maneira bastante arbitrária 33 palpites de 9999 ou mais, assumi que os logaritmos proporcionam uma distribuição simétrica satisfatória, peguei a média aritmética dessa distribuição transformada e a transformei de volta para obter a estimativa na escala original. Assim, cheguei a 1680 como o "melhor palpite" — e essa estimativa acabou se revelando a mais próxima de todas para o valor real de 1616. Esse processo de pegar logaritmos, calcular a média aritmética e reverter o logaritmo da resposta leva ao que é conhecido como média geométrica. Isso equivale a multiplicar todos os números entre si e, se houver *n* números, pegar a raiz enésima da multiplicação.

   A média geométrica é usada na criação de alguns índices econômicos, em especial os que se baseiam em razões. Isso porque ela tem a vantagem de que não importa em que direção a razão vá: o custo das laranjas poderia ser medido em libras por laranja ou laranjas por libra, e ainda assim resultaria na mesma média geométrica, ao passo que essa escolha arbitrária poderia fazer grande diferença na média aritmética.

3. C. H. Mercer et al., "Changes in Sexual Attitudes and Lifestyles in Britain through the Life Course and Over Time: Findings from the National Surveys of Sexual Attitudes and Lifestyles (Natsal)", *The Lancet*, v. 382, pp. 1781-94, 2013. Para um exame vívido das estatísticas sexuais ver D. Spiegelhalter, *Sex by Numbers* (Wellcome Collection, 2015).
4. A. Cairo, "Download the Datasaurus: Never Trust Summary Statistics Alone; Always Visualize Your Data", disponível em <www.thefunctionalart.com/2016/08/download-datasaurus-never-trust-summary.html>.
5. Ver <https://population.un.org/wpp/Download/Standard/Population/>.
6. Os nomes mais populares segundo o Instituto Nacional de Estatísticas aparecem em <www.ons.gov.uk/peoplepopulationandcommunity/birthsdeathsandmarriages/livebirths/bulletins/babynamesenglandandwales/2015>.
7. I. D. Hill, "Statistical Society of London — Royal Statistical Society: The First 100 Years: 1834-1934", *Journal of the Royal Statistical Society: Series A (General)*, v. 147, n. 2, pp. 130-9, 1984.
8. Ver <https://www.natsal.ac.uk/sites/default/files/2021-04/Natsal-3%20infographics%20%281%29_0.pdf>.
9. H. Rosling, *Unveiling the Beauty of Statistics for a Fact-Based World View*. Disponível em <www.gapminder.org>.

3. Por que estudar os dados? Populações e medição [pp. 72-89]

1. Essa estrutura de quatro estágios é roubada de Wayne Oldford.
2. Ipsos MORI, *What the UK Thinks*, 2015, disponível em <whatukthinks.org/eu/poll/ipsos-mori-141215>.
3. Reportado no programa *More or Less*, 5 out. 2018, disponível em <www.bbc.co.uk/programmes/p06n2lmp>. Uma demonstração clássica de preparação pode ser vista na série britânica de comédia *Yes, Prime Minister*, quando o servidor civil de primeiro escalão Sir Humphrey Appleby mostra como perguntas convenientemente direcionadas podem resultar em qualquer resposta que se deseje. Esse exemplo é usado hoje no ensino de métodos de pesquisa.
4. O vídeo está disponível em <www.youtube.com/watch?v=-p5X1FjyD_g>; ver também <www.historynet.com/whats-your-number.htm>.
5. Detalhes da Pesquisa sobre Criminalidade na Inglaterra e no País de Gales e dos crimes registrados pela polícia estão disponíveis no site do Instituto Nacional de Estatísticas britânico, em <www.ons.gov.uk/peoplepopulationandcommunity/crimeandjustice>.

6. Os pesos dos bebês americanos no nascimento estão disponíveis em <www.cdc.gov/nchs/data/nvsr/nvsr64/nvsr64_01.pdf>.

4. O que causa o quê? [pp. 90-109]

1. "Why Going to University Increases Risk of Getting a Brain Tumour". *Mirror Online*, 20 jun. 2016. O artigo original é de A. R. Khanolkar et al., "Socioeconomic Position and the Risk of Brain Tumour: A Swedish National Population-Based Cohort Study", *Journal of Epidemiology and Community Health*, v. 70, pp. 1222-8, 2016.
2. T. Vigen, "Spurious Correlations", disponível em <www.tylervigen.com/spurious-correlations>.
3. "MRC/BHF Heart Protection Study of Cholesterol Lowering with Simvastatin in 20,536 High-Risk Individuals: A Randomised Placebo-Controlled Trial", *The Lancet*, v. 360, pp. 7-22, 2002.
4. Cholesterol Treatment Trialists' (CTT) Collaborators, "The Effects of Lowering LDL Cholesterol with Statin Therapy in People at Low Risk of Vascular Disease: Meta-Analysis of Individual Data from 27 Randomised Trials", *The Lancet*, v. 380, pp. 581-90, 2012.
5. Os experimentos da Behavioural Insights Team são descritos em <https://www.bi.team/blogs/helping-everyone-reach-their-potential-new-education-results/> e <https://www.bi.team/blogs/measuring-the-impact-of-body-worn-video-cameras-on-police-behaviour-and-criminal-justice-outcomes/>.
6. H. Benson et al., "Study of the Therapeutic Effects of Intercessory Prayer (STEP) in Cardiac Bypass Patients: A Multicenter Randomized Trial of Uncertainty and Certainty of Receiving Intercessory Prayer", *American Heart Journal*, v. 151, pp. 934-42, 2006.
7. J. Heathcote, "Why Do Old Men Have Big Ears?", *British Medical Journal*, v. 311, 1995, disponível em <www.bmj.com/content/311/7021/1668>. Ver também "Big Ears: They Really Do Grow as We Age", *The Guardian*, 17 jul. 2013.
8. "Waitrose Adds £36,000 to House Price", *Daily Mail*, 29 maio 2017.
9. "Fizzy Drinks Make Teenagers Violent", *Daily Telegraph*, 11 out. 2011.
10. S. Coren e D. F. Halpern, "Left-Handedness: A Marker for Decreased Survival Fitness", *Psychological Bulletin*, v. 109, pp. 90-106, 1991. Para uma crítica, ver "Left-Handedness and Life Expectancy", *New England Journal of Medicine*, v. 325, pp. 1041-3, 1991.
11. J. A. Hanley, M. P. Carrieri e D. Serraino, "Statistical Fallibility and the Longevity of Popes: William Farr Meets Wilhelm Lexis", *International Journal of Epidemiology*, v. 35, pp. 802-5, 2006.
12. J. Howick, P. Glasziou e J. K. Aronson, "The Evolution of Evidence Hierarchies: What Can Bradford Hill's 'Guidelines for Causation' Contribute?", *Journal of the Royal Society of Medicine*, v. 102, pp. 186-94, 2009.

13. A randomização mendeliana foi usada, por exemplo, para examinar a polêmica questão em torno de eventuais benefícios para a saúde ocasionados pelo consumo moderado de álcool; pessoas que nunca beberam álcool tendem a ter taxas de mortalidade mais elevadas do que pessoas que bebem um pouco, embora não haja consenso sobre se isso se deve ao álcool em si ou ao fato de os abstêmios serem menos saudáveis por outras razões.

Uma versão de um gene está associada a uma tolerância reduzida ao álcool, e assim as pessoas que o herdam tendem a beber menos. Aqueles com e sem essa versão do gene devem ser equilibrados em todos os outros fatores, de modo que quaisquer diferenças sistemáticas em sua saúde possam ser atribuídas ao gene, exatamente como num estudo randomizado. Os pesquisadores descobriram que pessoas com o gene da tolerância reduzida ao álcool tendem a ser mais saudáveis, e concluíram que isso significa que o consumo de álcool não é benéfico. Mas é necessário fazer outras premissas para chegar a essa conclusão, e o debate ainda não está resolvido. Ver Y. Cho et al., "Alcohol Intake and Cardiovascular Risk Factors: A Mendelian Randomisation Study", *Scientific*.

5. Modelagem de relações usando regressão [pp. 110-24]

1. M. Friendly et al., "HistData: Data Sets from the History of Statistics and Data Visualization", 2018, disponível em <CRAN.R-project.org/package=HistData>.
2. J. Pearl e D. Mackenzie, *The Book of Why: The New Science of Cause and Effect* (Basic Books, 2018), p. 471.
3. Para uma fascinante discussão do risco da modelagem, ver A. Aggarwal et al., "Model Risk — Daring to Open Up the Black Box", *British Actuarial Journal*, v. 21, n. 2, pp. 229-96, 2016.
4. Essencialmente, estamos dizendo que as variações estarão correlacionadas com uma medida-base, mesmo que não haja variação real no processo subjacente. Podemos expressar isso de forma matemática. Suponha que eu pegue ao acaso uma observação de uma distribuição populacional e a chame de x. Em seguida, pego outra observação independente da mesma distribuição, chamo-a de y e examino a diferença entre as duas, y – x. Então, é bastante notável que a correlação entre essa diferença, y – x, e a primeira medição, x, seja $-1/\sqrt{2} = -0{,}71$ independentemente da forma da distribuição populacional subjacente. Por exemplo, se uma mulher tem um filho e então uma amiga também tem um filho, e elas verificam o quanto o bebê da amiga é mais pesado, então a diferença tem uma correlação de −0,71 com o peso do primeiro bebê. Isso ocorre porque, se a primeira criança é leve, esperamos que a segunda seja mais pesada só por mero acaso, e então a diferença seria positiva. No caso de o primeiro bebê ser pesado, então esperamos que a diferença entre os pesos seja negativa.
5. L. Mountain, "Safety Cameras: Stealth Tax or Life-Savers?", *Significance*, v. 3, pp. 111-3, 2006.

6. A tabela abaixo mostra as formas de regressão múltipla usadas para diferentes tipos de variável dependente. Cada uma resulta num coeficiente de regressão sendo estimado para cada variável explicativa.

Tipo de variável dependente	Tipo de regressão	Interpretação do coeficiente
Variáveis contínuas	Linear múltipla	Gradiente
Eventos ou proporções	Logística	Log(razão de chance)
Variáveis discretas	Poisson	Log(razão de taxa)
Duração da sobrevivência	Cox	Log(razão de risco)

6. Algoritmos, analítica e predição [pp.125-61]

1. Ver <www.cawcr.gov.au/projects/verification/POP3/POP3.html>.
2. "Electoral Precedent", *xkcd*, disponível em <xkcd.com/1122>.
3. Ver <https://www.kdd.org/kdd2016/papers/files/rfp0573-ribeiroA.pdf>.
4. O uso dos algoritmos COMPAS e MMR é criticado em C. O'Neil, *Weapons of Math Destruction: How Big Data Increases Inequality and Threatens Democracy* (Penguin, 2016).
5. NHS, "Predict: Breast Cancer (2.1)", disponível em <www.predict.nhs.uk/predict_v2.1>.

7. Que grau de certeza podemos ter sobre o que está acontecendo? Estimativas e intervalos [pp. 162-73]

1. "UK Labour Market Statistics: January 2018", disponível em <www.ons.gov.uk/releases/uklabourmarketstatisticsjan2018>; Bureau of Labor Statistics, "Employment Situation Technical Note 2018", disponível em <www.bls.gov/news.release/empsit.tn.htm>.

8. Probabilidade: a linguagem da incerteza e da variabilidade [pp. 174-92]

1. Para discussão e ferramentas para métodos de ensino de estatística baseados em simulação, ver M. Pfannkuch et al., "Bootstrapping Students' Understanding of Statistical Inference", TLRI, 2013, e K. Lock Morgan et al., "STATKEY: Online Tools for Bootstrap Intervals and Randomization Tests", *ICOTS*, v. 9, 2014.
2. Considere o Jogo 1. Há muitas maneiras de vencer, mas só uma de perder — lançar o dado em sequência quatro vezes e não obter em nenhum desses lançamentos o número seis. Portanto, é mais fácil encontrar a probabilidade de perder (esse é um artifício comum). A chance de obter um número que não seja seis é $1 - 1/6 = 5/6$ (regra do complemento), e a chance de que isso aconteça quatro vezes seguidas

é $\frac{5}{6} \times \frac{5}{6} \times \frac{5}{6} \times \frac{5}{6} = (\frac{5}{6})^4 = {}^{625}/_{1296} = 0{,}48$ (regra da multiplicação). Então a probabilidade de vencer é $1 - 0{,}48 = 0{,}52$ (novamente a regra do complemento). Se aplicarmos um raciocínio semelhante para o Jogo 2, veremos que a probabilidade de vencê-lo é de $1 - (^{35}/_{36})^{24} = 0{,}49$, o que demonstra que o Jogo 1 era ligeiramente mais favorável. Essas regras também mostram o erro no raciocínio do Chevalier: ele estava somando probabilidades de eventos não mutuamente excludentes. Pelo raciocínio dele, a chance de obter um seis ao lançar um dado doze vezes seria de $12 \times \frac{1}{6} = 2$, o que não é muito sensato.
3. Comparações de contagens diárias de homicídios com uma distribuição de Poisson: <https://www.ons.gov.uk/peoplepopulationandcommunity/crimeandjustice/compendium/focusonviolentcrimeandsexualoffences/yearendingmarch2016/homicide#statistical-interpretation-of-trends-in-homicides>.

9. Juntando probabilidade e estatística [pp. 193-211]

1. O blog original de Paul está disponível em <pb204.blogspot.com/2011/10/funnel-plot-of-uk-bowel-cancer.html>, e os dados podem ser baixados em <pb204.blogspot.co.uk/2011/10/uploads.html>.
2. A margem de erro é $\pm 2\sqrt{[p(1-p)/n]}$, cujo valor máximo de $\pm 1/\sqrt{n}$ ocorre para $p = 0{,}5$. Assim, a margem de erro é no máximo $\pm 1/\sqrt{n}$, qualquer que seja o valor da verdadeira proporção p subjacente.
3. A visualização gráfica das pesquisas eleitorais da BBC está disponível em <www.bbc.co.uk/news/election-2017-39856354>.
4. Margens de erro para estatísticas de homicídio: <www.ons.gov.uk/peoplepopulationandcommunity/crimeandjustice/compendium/focusonviolentcrimeandsexualoffences/yearendingmarch2016/homicide#statistical-interpretation-of-trends-in-homicides>.

10. Respondendo a perguntas e enunciando descobertas [pp. 212-51]

1. J. Arbuthnot, "An Argument for Divine Providence...", *Philosophical Transactions*, v. 27, pp. 186-90, 1710.
2. R. A. Fisher, *The Design of Experiments* (Oliver and Boyd, 1935), p. 19.
3. Existem $54 \times 53 \times 52 \ldots \times 2 \times 1$ permutações, o que é denominado "54 fatorial", ou 54!, em linguagem matemática. Isso é aproximadamente 2 seguido de 71 zeros. Note que o número de maneiras possíveis de distribuir um baralho de 52 cartas é 52!; assim, mesmo que distribuíssemos um trilhão de mãos por segundo, o número de anos necessários para passar por todas as permutações possíveis seria seguido de 48 zeros, ao passo que a idade do universo é de apenas 14 000 000 000 anos. É por isso que podemos ter uma boa confiança de que, ao longo de toda a história do jogo de cartas, nunca dois baralhos bem embaralhados estiveram precisamente na mesma ordem.

4. O estudo do peixe morto é descrito em <prefrontal.org/files/posters/Bennett-Salmon-2009.jpg>.
5. O anúncio do bóson de Higgs feito pelo Cern está disponível em <cms.web.cern.ch/news/observation-new-particle-mass-125-gev>.
6. D. Spiegelhalter, O. Grigg, R. Kinsman e T. Treasure, "Risk-Adjusted Sequential Probability Ratio Tests: Applications to Bristol, Shipman and Adult Cardiac Surgery", *International Journal for Quality in Health Care*, v. 15, pp. 7-13, 2003.
7. O teste estatístico tem a forma simples: SPRT = 0,69 × mortes cumulativas observadas − mortes cumulativas esperadas. Os limiares são dados por $\log(^{(1-b)}/a)$.
8. D. Szucs e J. P. A. Ioannidis, "Empirical Assessment of Published Effect Sizes and Power in the Recent Cognitive Neuroscience and Psychology Literature", *PLOS Biology*, v. 15, n. 3, e2000797, 2 mar. 2017.
9. J. P. A. Ioannidis, "Why Most Published Research Findings Are False", *PLOS Medicine*, v. 2, n. 8, e124, ago. 2005.
10. C. S. Knott et al., "All-Cause Mortality and the Case for Age Specific Alcohol Consumption Guidelines: Pooled Analyses of up to 10 Population Based Cohorts", *British Medical Journal*, v. 350, h384, 10 fev. 2015. Reportado em "Alcohol Has No Health Benefits After All", *The Times*, 11 fev. 2015.
11. D. J. Benjamin et al., "Redefine Statistical Significance", *Nature Human Behaviour*, v. 2, pp. 6-10, 2018.

11. Aprendendo a partir da experiência do jeito bayesiano [pp. 252-77]

1. T. E. King et al., "Identification of the Remains of King Richard III", *Nature Communications*, v. 5, pp. 5631, 2014.
2. A orientação para comunicar razões de verossimilhança está disponível em <enfsi.eu/wp-content/uploads/2016/09/m1_guideline.pdf>.
3. Para um artigo geral sobre o uso de Bayes na corte, ver "A Formula for Justice", *The Guardian*, 2 out. 2011.
4. A fórmula para essa distribuição é $60p^2(1-p)^3$, que é tecnicamente conhecida como distribuição Beta (3,4). Com uma distribuição a priori uniforme, a distribuição a posteriori para a posição da bola branca, tendo jogado n bolas vermelhas e r caindo à esquerda da branca, é $\frac{(n+1)!}{r!(n-r)!} \times p^r(1-p)^{n-r}$, que é uma distribuição Beta $(r+1, n-r+1)$.
5. D. K. Park, A. Gelman e J. Bafumi, "Bayesian Multilevel Estimation with Poststratification: State-Level Estimates from National Polls", *Political Analysis*, v. 12, pp. 375-85, 2004; resultados da YouGov tirados de <https://yougov.co.uk/topics/politics/articles-reports/2017/06/14/how-we-correctly-called-hung-parliament>.
6. K. Friston, "The History of the Future of the Bayesian Brain", *Neuroimage*, v. 62, n. 2, pp. 1230-3, 2012.
7. N. Polson e J. Scott, *AIQ: How Artificial Intelligence Works and How We Can Harness Its Power for a Better World* (Penguin, 2018), p. 92.

8. R. E. Kass e A. E. Raftery, "Bayes Factors", *Journal of the American Statistical Association*, v. 90, pp. 773-95, 1995.
9. J. Cornfield, "Sequential Trials, Sequential Analysis and the Likelihood Principle", *American Statistician*, v. 20, pp. 18-23, 1996.

12. Como as coisas dão errado [pp. 278-94]

1. Open Science Collaboration, "Estimating the Reproducibility of Psychological Science", *Science*, v. 349, n. 6251, aac4716, 28 ago. 2015.
2. A. Gelman e H. Stern, "The Difference Between 'Significant' and 'Not Significant' Is Not Itself Statistically Significant", *American Statistician*, v. 60, n. 4, pp. 328-31, nov. 2006.
3. Ronald Fisher, "Presidential Address to the first Indian Statistical Congress", *Sankhya*, v. 4, pp. 14-7, 1938.
4. Ver "The Reinhart and Rogoff Controversy: A Summing Up", *New Yorker*, 26 abr. 2013.
5. "AXA Rosenberg Finds Coding Error in Risk Program", *Reuters*, 24 abr. 2010.
6. A história de Harkonen é narrada em "The Press-Release Conviction of a Biotech CEO and its Impact on Scientific Research", *Washington Post*, 13 set. 2013.
7. D. Fanelli, "How Many Scientists Fabricate and Falsify Research? A Systematic Review and Meta-Analysis of Survey Data", *PLOS ONE*, v. 4, n. 5, e5738, 29 maio 2009.
8. U. Simonsohn, "Just Post It: The Lesson from Two Cases of Fabricated Data Detected by Statistics Alone", *Psychological Science*, v. 24, n. 10, pp. 1875-88, out. 2013.
9. J. P. Simmons, L. D. Nelson e U. Simonsohn, "False-Positive Psychology: Undisclosed Flexibility in Data Collection and Analysis Allows Presenting Anything as Significant", *Psychological Science*, v. 22, n. 11, pp. 1359-66, nov. 2011.
10. L. K. John, G. Loewenstein e D. Prelec, "Measuring the Prevalence of Questionable Research Practices with Incentives for Truth Telling", *Psychological Science*, v. 23, n. 5, pp. 524-32, maio 2012.
11. D. Spiegelhalter, "Trust in Numbers", *Journal of the Royal Statistical Society: Series A (Statistics in Society)*, v. 180, n. 4, pp. 948-65, 2017.
12. P. Sumner et al., "The Association Between Exaggeration in Health-Related Science News and Academic Press Releases: Retrospective Observational Study", *British Medical Journal*, v. 349, g7015, 10 dez. 2014.
13. "Nine in 10 People Carry Gene Which Increases Chance of High Blood Pressure", *Daily Telegraph*, 15 fev. 2010.
14. "Why Binge Watching Your TV Box-Sets Could Kill You", *Daily Telegraph*, 25 jul. 2016.
15. A citação de Bem aparece em "Daryl Bem Proved ESP Is Real: Which Means Science Is Broken", *Slate*, 17 maio 2017.

13. Como podemos melhorar a maneira de fazer estatística [pp. 295-307]

1. I. J. Jacobs et al., "Ovarian Cancer Screening and Mortality in the UK Collaborative Trial of Ovarian Cancer Screening (UKCTOCS): A Randomised Controlled Trial", *The Lancet*, v. 387, n. 10022, pp. 945-56, 5 mar. 2016.
2. "Ovarian Cancer Blood Tests Breakthrough: Huge Success of New Testing Method Could Lead to National Screening in Britain", *Independent*, 5 maio 2015.
3. M. R. Munafò et al., "A Manifesto for Reproducible Science", *Nature Human Behaviour*, v. 1, a0021, 2017.
4. Open Science Framework, <osf.io>.
5. A história de Aschwanden aparece em "Science Won't Settle the Mammogram Debate", *FiveThirtyEight*, 20 out. 2015.
6. J. P. Simmons, L. D. Nelson e U. Simonsohn, "False-Positive Psychology: Undisclosed Flexibility in Data Collection and Analysis Allows Presenting Anything as Significant", *Psychological Science*, v. 22, n. 11, pp. 1359-66, nov. 2011.
7. A. Gelman e D. Weakliem, "Of Beauty, Sex and Power", *American Scientist*, v. 97, n. 4, pp. 310-6, 2009.
8. U. Simonsohn, L. D. Nelson e J. P. Simmons, "P-Curve and Effect Size: Correcting for Publication Bias Using Only Significant Results", *Perspectives on Psychological Science*, v. 9, n. 6, pp. 666-81, nov. 2014.
9. Para mais informações sobre a abertura inteligente, ver Royal Society, *Science as an Open Enterprise*, 2012. As perspectivas de Onora O'Neill sobre confiabilidade são brilhantemente explicadas em sua palestra TedX de junho de 2013, "What We Don't Understand About Trust".
10. A metodologia utilizada nas pesquisas de boca de urna foi explicada por David Firth em <warwick.ac.uk/fac/sci/statistics/staff/academic-research/firth/exit-poll-explainer>.

14. Em conclusão [pp. 308-9]

1. R. E. Kass et al., "Ten Simple Rules for Effective Statistical Practice", *PLOS Computational Biology*, v. 12, n. 6, e1004961, 9 jun. 2016.

Glossário

a prioris objetivos: uma tentativa de remover o elemento subjetivo numa análise bayesiana, pré-especificando distribuições a priori que pretendem representar a ignorância acerca de parâmetros, deixando assim que os dados falem por si sós. Não foi estabelecido nenhum procedimento para definir tais a prioris.

ajuste/estratificação: inclusão, num modelo de regressão, de confundidores conhecidos que não são de interesse direto mas podem permitir uma comparação mais equilibrada entre grupos. A esperança é que então os efeitos estimados associados com as variáveis de interesse explicativas estejam mais próximos dos efeitos causais.

alfabetização em dados: a capacidade de compreender os princípios por trás da aprendizagem a partir de dados, executar análises de dados básicas e criticar a qualidade de alegações feitas com base em dados.

algoritmo: regra ou fórmula que processa variáveis de entrada e produz um resultado, como uma predição, uma classificação ou uma probabilidade.

analítica preditiva: usar dados para criar algoritmos para fazer predições.

aprendizagem de máquina: procedimentos para extrair algoritmos, por exemplo para classificação, predição ou agrupamento, a partir de dados complexos.

aprendizagem não supervisionada: identificação de classes baseada em casos sem integrantes identificados, usando algum tipo de procedimento de agrupamento.

aprendizagem profunda (*deep learning*): uma técnica de aprendizagem de máquina que amplia padrões de modelos de redes neurais artificiais para muitas camadas representando diferentes níveis de abstração, digamos, indo de pixels individuais numa imagem até o reconhecimento de objetos.

aprendizagem supervisionada: criação de um algoritmo de classificação baseado em casos com integrantes de classes confirmados.

arranjos de ícones: uma exibição gráfica de frequências usando um conjunto de pequenas imagens, digamos de pessoas.

árvore de classificação: um algoritmo de classificação em que características são examinadas em sequência, com a resposta indicando a próxima característica a ser examinada, até que a classificação esteja concluída.

bayesiana: a abordagem para inferência estatística que utiliza a probabilidade não só para a incerteza aleatória, mas também para a incerteza epistêmica sobre fatos desconhecidos. O teorema de Bayes é então usado para revisar essas crenças à luz de nova evidência.

big data: uma expressão cada vez mais anacrônica, às vezes caracterizada por quatro Vs: um enorme Volume de dados, uma Variedade de fontes, como imagens, contas ou transações em mídias sociais, uma alta Velocidade de aquisição e uma possível falta de Veracidade em virtude de sua coleta de rotina.

bootstrapping: maneira de gerar intervalos de confiança e distribuição de estatística de teste por meio de reamostragem dos dados observados, em vez de assumindo um modelo probabilístico para a variável aleatória subjacente. Uma amostra bootstrap básica de um conjunto de dados $x_1, x_2 \ldots x_n$ é uma amostra de tamanho n com reposição, de modo que seja extraída do conjunto original de valores distintos, mas geralmente não na mesma proporção que o conjunto de dados original.

calibração: a exigência para que as frequências observadas de eventos combinem com as esperadas pelas predições. Se um evento recebe uma probabilidade de 0,7, por exemplo, então ele deve ocorrer de fato aproximadamente 70% das vezes.

causalidade reversa: quando uma associação entre duas variáveis a princípio parece ser causal mas pode, na verdade, estar atuando no sentido oposto. Por exemplo, pessoas que não consomem álcool tendem a ter resultados piores em termos de saúde do que consumidores moderados, mas isso se deve em parte ao fato de alguns não consumidores terem deixado o álcool por causa de más condições de saúde.

chance, razão de chance: se a probabilidade de um evento é p, a chance do evento é definida por $p/(1-p)$. Se a chance de um evento no grupo exposto é $p/(1-p)$, e a chance no grupo não exposto é $q/(1-q)$, a razão de chance é então dada por $p/(1-p) / q/(1-q)$. Se p e q forem pequenos, então as razões de chance serão próximas dos riscos relativos p/q, mas as razões de chance e os riscos relativos começam a diferir quando os riscos absolutos são muito maiores que 20%.

ciência de dados: o estudo e a aplicação de técnicas para deduzir percepções a partir de dados, inclusive elaborar algoritmos para predição. A ciência estatística tradicional faz parte da ciência de dados, que também inclui um forte elemento de codificação e gestão de dados.

ciência estatística: a disciplina que se dedica a aprender sobre o mundo a partir de dados, caracteristicamente envolvendo um ciclo de resolução de problemas como o PPDAC.

coeficiente de correlação de Pearson: para um conjunto de n pares de números $(x_1, y_1), (x_2, y_2) \ldots (x_n, y_n)$, quando $\overline{x}$ e s_x são respectivamente a média e o desvio-padrão dos x da amostra, e $\overline{y}$ e s_y são respectivamente a média e o desvio-padrão dos y da amostra, o coeficiente de correlação de Pearson é dado por

$$r = \frac{\sum_{i=1}^{n}(x_i - \overline{x})(y_i - \overline{y})}{\sqrt{\sum_{i=1}^{n}(x_i - \overline{x})^2 \sum_{i=1}^{n}(y_i - \overline{y})^2}}$$

Suponha que os x e os y tenham sido ambos padronizados para escores z que nos são dados respectivamente por u e v, de modo que $u_i = (x_i - \overline{x})/s_x$, e $v_i = (y_i - \overline{y})/s_y$. Então o coeficiente de correlação de Pearson pode ser expresso como $\frac{1}{n}\sum_{i=1}^{n} u_i v_i$, que é o "produto cruzado" dos escores z; isso assume que os desvios-padrão foram calculados tendo n no denominador: se $n - 1$ tiver sido usado, a fórmula é: $\frac{1}{n-1}\sum_{i=1}^{n} u_i v_i$.

coeficiente de regressão: um parâmetro estimado num modelo estatístico, que exprime a força de uma relação entre uma variável explicativa e um resultado numa análise de regressão múltipla. O coeficiente terá uma interpretação diferente dependendo de a variável resposta ser uma variável contínua (regressão linear múltipla), uma proporção (regressão logística), uma contagem discreta (regressão de Poisson) ou um tempo de sobrevivência (regressão de Cox ou razão de risco).

comparações múltiplas: quando é realizada uma série de testes de hipótese, aumentando a chance de se obter pelo menos um resultado falso positivo (erro tipo I).

comportamento indutivo: uma proposta de Jerzy Neyman e Egon Pearson, nos anos 1930, para enquadrar testes de hipótese em termos de tomada de decisão. As ideias de tamanho, potência e erros tipo I e tipo II são remanescentes dessa proposta.

confundidor, ou variável de confusão: uma variável que está associada tanto a uma resposta quanto a uma predição, e que pode explicar parte da sua aparente relação. Por exemplo, a altura e o peso de crianças estão fortemente correlacionados, porém grande parte dessa associação é explicada pela idade da criança.

contrafactual: um cenário do tipo "e se" no qual se considera uma história alternativa de eventos.

correção de Bonferroni: um método para ajustar tamanho (erro tipo I) ou intervalos de confiança de modo a permitir testes simultâneos de múltiplas hipóteses. Especificamente, ao testar n hipóteses, para um tamanho geral (erro tipo I) de α, cada hipótese é testada com tamanho α/n. Equivalentemente, intervalos de confiança de 100(1 − $^\alpha/_n$)% são citados para cada grandeza estimada. Por exemplo, ao testar 10 hipóteses com um α geral de 5%, então p-valores seriam comparados com $^{0,05}/_{10}$ = 0,005, e utilizados intervalos de confiança de 99,5%.

correlação de postos de Spearman: o posto de uma observação é sua posição no conjunto ordenado, em que "empates" são considerados como tendo o mesmo posto. Por exemplo, para os dados (3, 2, 1, 0, 1) os postos são (5; 4; 2,5; 1; 2,5). A correlação de postos de Spearman é simplesmente a correlação de Pearson quando os x e y são substituídos por seus respectivos postos.

crise de reprodutibilidade: a alegação de que muitos achados científicos publicados baseiam-se em trabalho de qualidade insuficiente, de modo que outros pesquisadores fracassam em reproduzir seus resultados.

curva de característica de operação do receptor (ROC, na sigla em inglês): para um algoritmo que gera uma pontuação, podemos escolher um limiar particular para a pontuação acima da qual a unidade é classificada como "positiva". À medida que esse limiar varia, a curva ROC é formada marcando num gráfico a sensibilidade resultante (taxa de verdadeiros positivos) no eixo y em relação a 1 menos a especificidade (taxa de falsos positivos) no eixo x.

dados binários: variáveis que só podem assumir dois valores, muitas vezes respostas do tipo sim/não a uma pergunta. Podem ser representados matematicamente por uma distribuição de Bernoulli.

desvio-padrão: a raiz quadrada da variância de uma amostra ou distribuição. Para distribuições de dados bem-comportadas, razoavelmente simétricas, sem caudas longas, seria de esperar que a maioria das observações caísse dentro de dois desvios--padrão a partir da média amostral.

distribuição a posteriori: em análise bayesiana, a distribuição de probabilidade de parâmetros desconhecidos depois de levados em conta dados observados por meio do teorema de Bayes.

distribuição a priori: em análise bayesiana, a distribuição de probabilidade inicial para os parâmetros desconhecidos. Depois de observar os dados, é revista para a distribuição a posteriori usando o teorema de Bayes.

distribuição amostral: o padrão formado por um conjunto de observações numéricas ou classificatórias. Também conhecida como distribuição de dados ou empírica.

distribuição binomial: quando há n possibilidades independentes de ocorrência de um evento, cada uma com a mesma probabilidade, o número observado de eventos tem uma distribuição binomial. Tecnicamente, para n ensaios de Bernoulli independentes $X_1, X_2 \ldots X_n$, cada um com probabilidade de sucesso p, sua soma $R = X_1 + X_2 + \ldots + X_n$ tem uma distribuição binomial com média np e variância $np(1-p)$, onde $P(R = r) = \binom{n}{r} p^r (1-p)^{n-r}$. A proporção observada R/n tem média p e variância $p(1-p)/n$: R/n pode, portanto, ser considerado como estimador de p, com erro-padrão $\sqrt{p(1-p)/n}$.

distribuição de Bernoulli: se X é uma variável aleatória que assume valor 1 com probabilidade p, e 0 com probabilidade $1 - p$, ela é conhecida como ensaio de Bernoulli com distribuição de Bernoulli. X tem média p e variância $p(1-p)$.

distribuição de Poisson: uma distribuição para uma variável aleatória discreta X para a qual $P(X = x|\mu) = e^{-\mu} \mu^x / x!$ para $x = 0, 1, 2\ldots$ Então $E(X) = \mu$ e $V(X) = \mu$.

distribuição de probabilidade: um termo genérico para uma expressão matemática da chance de uma variável aleatória assumir valores particulares. Uma variável aleatória X tem uma função de distribuição de probabilidade definida por $F(X) = P(X \le x)$, para todo $-\infty < x < \infty$, isto é, a probabilidade de que X seja no máximo x.

distribuição enviesada ou assimétrica: quando uma distribuição de amostra ou população tem elevada assimetria e uma cauda longa à esquerda ou à direita. Isso poderia ocorrer tipicamente para variáveis como renda e vendas de livros, quando existe extrema desigualdade. As medidas tradicionais, tais como a média e o desvio-padrão, podem ser muito enganosas para distribuições desse tipo.

distribuição hipergeométrica: a probabilidade de k sucessos em n retiradas, sem reposição, de uma população finita de tamanho N que contenha exatamente K objetos com tal característica, formalmente dada por

$$\frac{\binom{K}{k}\binom{N-K}{n-k}}{\binom{N}{n}}$$

distribuição normal: X tem uma distribuição normal (gaussiana) com média μ e variância σ^2 se tiver uma função de densidade de probabilidade

$$f(x) = 1/\sqrt{(2\pi\sigma^2)} \, e^{(x-\mu)^2/2\sigma^2}, \text{ para} -\infty \le x \le \infty$$

Então $E(X) = \mu$, $V(X) = \sigma^2$, $SD(X) = \sigma$. A variável padronizada $Z = {}^{x-\mu}/\sigma$ tem média 0 e variância 1, e se diz que tem uma distribuição normal padrão. Denominamos Φ a probabilidade cumulativa de uma variável normal padrão Z.

Por exemplo, $\Phi(-1) = 0,16$ é a probabilidade de uma variável normal padrão ser menor que -1, ou, equivalentemente, a probabilidade de uma variável normal geral ser menor que um desvio-padrão abaixo da média. O centésimo percentil da distribuição normal padrão é z_p, onde $P(Z \leq z_p) = p$. Valores de Φ estão disponíveis em softwares padrão ou tabelas, da mesma forma que os pontos percentuais z_p: por exemplo, o 75º percentil da distribuição normal padrão é $z_{0,75} = 0,67$.

distribuição populacional: quando a população literalmente existe, a distribuição populacional é o padrão de potenciais observações na população inteira. Refere-se também à distribuição de probabilidade de uma variável aleatória genérica.

engenharia de características: em aprendizagem de máquina, o processo de reduzir a dimensionalidade das variáveis de entrada, criando sínteses de medidas com a intenção de englobar a informação contida na totalidade dos dados.

enquadramento: a escolha de como expressar números, que por sua vez pode influenciar a impressão dada ao público.

epidemiologia: o estudo de taxas, razões e ocorrência de uma doença.

epidemiologia forense: usar o conhecimento sobre as causas de doença em populações para fazer julgamentos sobre as causas de doença em indivíduos.

erro quadrático médio (EQM): uma medida de desempenho quando são feitas predições $t_1 \ldots t_n$ de observações $x_1 \ldots x_n$, dada por $\frac{1}{n}\sum_{i=1}^{n}(x_i - t_i)^2$.

erro residual: o termo genérico para a componente dos dados que não pode ser explicada por um modelo estatístico, e que se diz que então se deve à variação do acaso.

erro tipo I: quando uma hipótese nula verdadeira é incorretamente rejeitada em favor de uma alternativa, de modo que se alega um falso positivo.

erro tipo II: quando uma hipótese alternativa é verdadeira, mas um teste de hipótese não rejeita a hipótese nula, de modo que a conclusão é um falso negativo.

erro-padrão: o desvio-padrão de uma média amostral, quando considerada como variável aleatória. Suponhamos que $X_1, X_2 \ldots X_n$ sejam variáveis aleatórias independentes e identicamente distribuídas, retiradas de uma distribuição populacional com média μ e desvio-padrão σ. Então sua média $Y = (X_1 + X_2 + \ldots X_n)/n$ tem média μ e variância σ^2/n. O desvio-padrão de Y é $\sigma/\sqrt{n}$, conhecido como erro-padrão, e estimado por $s/\sqrt{n}$, onde s é o desvio-padrão da amostra dos x observados.

escala logarítmica: o logaritmo de base 10 de um número positivo x é representado por $y = \log_{10} x$, ou equivalentemente a $x = 10^y$. Em análise estatística, $\log x$ geralmente representa o logaritmo natural, $y = \log_e x$, ou equivalentemente $x = e^y$, onde e é a constante exponencial 2,718.

escore de Brier: uma medida para a precisão de predições probabilísticas, baseada no erro quadrático médio das predições. Se $p_1 \ldots p_n$ são as probabilidades dadas para um conjunto de n observações binárias $x_1 \ldots x_n$ assumindo valores 0 e 1, então o escore de Brier é $\frac{1}{n}\sum_i^n (x_i - p_i)^2$. Essencialmente um critério de erro quadrático médio aplicado a dados binários.

escore Z: um meio de entender uma observação x_i em termos de sua distância em relação à média m da amostra. É expresso em termos de desvios-padrão s da amostra, de modo que $z_i (x_i - m)/s$. Uma observação com escore Z de 3 corresponde a estar 3 desvios-padrão acima da média, que é um ponto fora da curva bastante extremo. Um escore Z também pode ser definido em termos de uma média de população μ e um desvio-padrão σ, e nesse caso $z_i = (x_i - \mu)/\sigma$.

especificidade: a proporção de casos "negativos" que são corretamente identificados por um classificador ou teste. Um menos especificidade também é conhecido como o erro observado tipo I, ou taxa de falsos positivos.

estatística: um número significativo derivado de um conjunto de dados.

estudo caso-controle: um estudo retrospectivo no qual pessoas com uma doença ou resultado de interesse (os casos) são comparadas com uma ou mais pessoas sem a doença (os controles), e em que os históricos dos dois grupos são comparados para ver se há exposições que diferem sistematicamente. Esse tipo de projeto só pode estimar riscos relativos associados a exposições.

estudo de coorte prospectivo: quando alguns indivíduos são identificados, fatores históricos são mensurados e acompanhados e então se observam resultados relevantes. São estudos demorados e caros, e podem não identificar muitos eventos raros.

estudo de coorte retrospectivo: quando indivíduos são identificados num ponto do passado e rastreados até o momento presente quanto a determinados atributos. Esse estudo não requer um período extenso de acompanhamento, mas depende de que as variáveis explicativas apropriadas tenham sido medidas no passado.

estudo de corte transversal: quando a análise se baseia somente no estado atual dos indivíduos, sem qualquer acompanhamento ao longo do tempo.

estudo randomizado controlado: um projeto experimental no qual pessoas ou outras unidades sendo testadas são alocadas aleatoriamente para diferentes intervenções, assegurando assim, salvo pela intervenção do acaso, que os grupos sejam equilibrados em termos de históricos, sejam estes conhecidos ou desconhecidos. Se os grupos mostrarem subsequentes diferenças no resultado, então ou o efeito deve ser devido à intervenção ou terá ocorrido algum evento surpresa, cuja probabilidade pode ser expressada como um p-valor.

estudos e análises confirmatórios: estudos rigorosos feitos idealmente a partir de um protocolo pré-especificado para confirmar ou negar hipóteses sugeridas por estudos e análises exploratórios.

estudos e análises exploratórios: estudos iniciais flexíveis, que permitem adaptações no delineamento e análises de modo a buscar indícios promissores, e pretendem gerar hipóteses a serem testadas em estudos confirmatórios.

eventos dependentes: quando a probabilidade de um evento depende do resultado de outro evento.

eventos independentes: A e B são independentes se a ocorrência de A não influenciar a probabilidade de B, de modo que $p(B|A) = p(B)$, ou equivalentemente $p(B,A) = p(B)p(A)$.

exposição: um fator cujo impacto sobre uma doença, morte ou outro resultado médico é de interesse, como por exemplo um aspecto relativo ao meio ambiente ou ao comportamento.

falácia do promotor: quando uma probabilidade pequena da evidência, dada a inocência, é erroneamente interpretada como a probabilidade de inocência, dada a evidência.

falso positivo: uma classificação incorreta de um caso "negativo" como "positivo".

fator de Bayes: a sustentação relativa dada por um conjunto de dados para duas hipóteses alternativas. Para hipóteses H_0 e H_1 e dados x, a razão é $p(x|H_0)/p(x|H_1)$.

fator oculto: em epidemiologia, uma exposição que não foi medida mas pode ser uma variável de confusão responsável por parte da associação observada: por exemplo quando a situação socioeconômica não foi mensurada num estudo relacionando dieta com doença.

frequências esperadas: as quantidades de eventos que se espera que ocorram no futuro, de acordo com um modelo probabilístico assumido.

gráfico de funil: um gráfico de um conjunto de observações a partir de diferentes unidades em relação à medida de sua precisão, no qual as unidades podem ser instituições, áreas ou estudos. Frequentemente dois "funis" indicam onde esperaríamos que caíssem 95% a 99,8% das observações, caso não houvesse nenhuma diferença subjacente entre as unidades. Quando a distribuição das observações é aproximadamente normal, os limites de controle 95% e 99,8% são essencialmente a média ± 2 e 3 erros-padrão.

grupo de controle: um conjunto de indivíduos que não foram sujeitos à exposição de interesse, digamos por randomização.

hipótese nula: uma teoria científica padrão, geralmente representando a ausência de um efeito ou achado de interesse, que é testada usando um p-valor. Geralmente representada por H_0.

incerteza aleatória: imprevisibilidade inevitável acerca do futuro, também conhecida como acaso, aleatoriedade, sorte e assim por diante.

incerteza epistêmica: falta de conhecimento sobre fatos, números ou hipóteses científicas.

indução/inferência indutiva: o processo de aprendizagem sobre princípios gerais a partir de exemplos específicos.

inferência estatística: o processo de usar amostras de dados para descobrir parâmetros desconhecidos subjacentes a um modelo estatístico.

inteligência artificial (IA): programas de computador concebidos para executar tarefas normalmente associadas a habilidades humanas.

intenção de tratar: o princípio pelo qual participantes em estudos randomizados são analisados segundo a intervenção que supostamente receberiam, qualquer que seja ela, quer a tenham recebido ou não.

interações: quando múltiplas variáveis explicativas se combinam para produzir um efeito diferente daquele esperado pelas suas contribuições individuais.

intervalo ou amplitude (de uma amostra): o valor máximo menos o mínimo, representado por $x_{(n)} - x_1$.

intervalo de confiança: um intervalo estimado dentro do qual é plausível encontrar um parâmetro desconhecido. Com base num conjunto observado de dados x, um intervalo de confiança de 95% para μ é um intervalo cujo limite inferior $L(x)$ e limite superior $U(x)$ têm a propriedade de que, antes de observar os dados, haja uma probabilidade de 95% de que o intervalo aleatório $(L(x), U(x))$ contenha μ. O teorema do limite central, combinado com o conhecimento de que aproximadamente 95% de uma distribuição normal está entre a média ± 2 desvios-padrão, significa que uma aproximação comum para um intervalo de confiança de 95% é a estimativa ± 2 erros-padrão. Suponha que desejemos encontrar um intervalo de confiança para a diferença $\mu_2 - \mu_1$ entre dois parâmetros μ_1 e μ_2. Se T_1 é um estimador de μ_1 com erro-padrão SE_1, e T_2 um estimador de μ_2 com erro-padrão SE_2, então $T_2 - T_1$ é um estimador de $\mu_2 - \mu_1$. A variância da diferença entre dois estimadores é a soma de suas variâncias, então o erro-padrão de $T_2 - T_1$ é dado por $\sqrt{SE_1^2 + SE_2^2}$. A partir disso pode-se construir um intervalo de confiança de 95% para a diferença $\mu_2 - \mu_1$.

intervalo interquartil: uma medida de distribuição da amostra ou da população, especificamente a distância entre os 25º e 75º percentis. Equivalente à diferença entre o primeiro e o terceiro quartis.

lei dos grandes números: o processo pelo qual a média amostral de um conjunto de variáveis aleatórias tende para a média populacional.

limites de controle: limites pré-especificados para uma variável aleatória que são usados no controle de qualidade para monitorar desvios em relação a um padrão pretendido, exibidos, digamos, num gráfico de funil.

margem de erro: após um levantamento, um intervalo plausível no qual pode ser encontrada uma característica verdadeira de uma população. São geralmente intervalos de confiança de 95%, que são aproximadamente ± 2 erros-padrão, mas às vezes barras de erros são usadas para representar ± 1 erro-padrão.

matriz de erro: uma tabulação cruzada de classificações corretas e incorretas por um algoritmo.

média: suponha que tenhamos um conjunto de n pontos de dados, que rotulamos como $x_1, x_2, \ldots x_n$. Então a média amostral é dada por $m = (x_1 + x_2 + \ldots + x_n)/n$, que pode ser escrita como $m = 1/n \sum_{i=1}^{n} x_i = \overline{x}$. Por exemplo, se 3, 2, 1, 0 e 1 são as quantidades de crianças reportadas por cinco pessoas numa amostra, então a média amostral é $(3+2+1+0+1)/5 = 7/5 = 1{,}4$.

mediana (de uma amostra): o valor a meio caminho ao longo do conjunto ordenado de pontos de dados. Se os pontos de dados forem colocados em ordem, representamos o menor por $x_{(1)}$, o segundo por $x_{(2)}$ e assim por diante até o valor máximo $x_{(n)}$. Se n for ímpar, então a mediana é o valor do meio $x^{(n+1/2)}$; se n for par, então a média dos dois valores "do meio" é tomada como a mediana.

meta-análise: um método estatístico formal para combinar os resultados de múltiplos estudos.

mínimos quadrados: suponha que tenhamos um conjunto de n pares de números $(x_1, y_1), (x_2, y_2) \ldots (x_n, y_n)$, e $\overline{x}$ e s_x sejam respectivamente a média amostral e o desvio-padrão dos x, e $\overline{y}$ e s_y sejam a média amostral e o desvio-padrão dos y. Então a linha de regressão dos mínimos quadrados é dada por:

$$\hat{y} = b_0 + b_1(x - \overline{x})$$

onde:
- $\hat{y}$ é o valor predito para a variável dependente y para um valor especificado da variável independente x.
- O gradiente é $b_1 = \dfrac{\Sigma_i (y_i - \overline{y})(x_i - \overline{x})}{\Sigma_i (x_i - \overline{x})^2}$.
- A interseção é $b_0 = \overline{y}$. A reta de mínimos quadrados atravessa o centro de gravidade $\overline{x}, \overline{y}$.
- O enésimo i residual é a diferença entre a enésima observação i e seu valor predito $y_i - \hat{y}_i$.
- O valor ajustado da enésima observação i é o resíduo somado à interseção, isto é, $y_i - \hat{y}_i + \overline{y}$. Pretende-se que seja o valor que teríamos observado se fosse um caso de "média", isto é, com $x = \overline{x}$ em vez de $x = x_i$.
- A soma residual dos quadrados (RSS, na sigla em inglês) é a soma dos quadrados dos resíduos, de modo que RSS $= \Sigma_{i=1}^{n} (y_i - \hat{y}_i)^2$. A reta de mínimos quadrados é definida como a reta que minimiza a soma residual dos quadrados.
- O gradiente b_1 e o coeficiente de correlação de Pearson r estão relacionados por meio da fórmula $b_1 = rs_y/s_x$. Então, se o desvio-padrão dos x e dos y for o mesmo, então o gradiente é exatamente igual ao coeficiente de correlação.

moda (de uma amostra): o valor mais comum num conjunto de dados.

moda (de uma distribuição populacional): a resposta com a máxima probabilidade de ocorrer.

modelagem hierárquica: em análise bayesiana, quando os parâmetros subjacentes a um número de unidades, digamos áreas ou escolas, são eles próprios assumidos como extraídos de uma distribuição anterior comum. Isso resulta num retraimento das estimativas do parâmetro para unidades individuais na direção de uma média geral.

modelo estatístico: uma representação matemática, contendo parâmetros desconhecidos, da distribuição de probabilidade de um conjunto de variáveis aleatórias.

p-valor: uma medida da discrepância entre os dados e uma hipótese nula. Para uma hipótese nula H_0, T é a estatística para a qual valores grandes indiquem inconsistência com H_0. Suponha que observemos um valor t. Então um p-valor (unilateral) é a probabilidade de observar tal valor extremo caso H_0 fosse verdade, que é $P(T \geq t|H_0)$. Se ambos os valores de T, pequenos e grandes, indicam inconsistência com H_0, então o p-valor bilateral é a probabilidade de observar tal valor grande em qualquer uma das direções. Muitas vezes o p-valor bilateral é simplesmente tomado como o dobro do p-valor unilateral, enquanto o software R usa a probabilidade total de eventos que têm menor probabilidade de ocorrer do que a realmente observada.

p-valores unicaudais e bicaudais: aqueles que correspondem a testes unilaterais e bilaterais.

paradoxo de Simpson: quando uma aparente relação inverte seu sinal ao se levar em conta uma variável de confusão.

parâmetros: as grandezas desconhecidas num modelo estatístico, geralmente representadas por letras gregas.

percentil (de uma amostra): o 70º percentil de uma amostra, por exemplo, é o valor que está em 70% do conjunto ordenado de dados: a mediana é portanto o 50º percentil. Pode ser que seja necessária uma interpolação entre pontos.

percentil (de uma população): há, por exemplo, 70% de chance de extrair uma observação aleatória abaixo do 70º percentil. Para uma população literal, é o valor abaixo do qual estão 70% da população.

placebo: um falso tratamento dado ao grupo de controle de um estudo clínico randomizado, como um comprimido de açúcar disfarçado para parecer uma droga que está sendo testada.

população: um grupo do qual se presume que uma amostra seja retirada, e que fornece a distribuição de probabilidade para uma única observação. Numa pesquisa, ela pode ser uma população literal, mas, ao fazer medições, ou quando dispomos de todos os dados possíveis, a população se torna uma idealização matemática.

potência de um teste: a probabilidade de rejeitar corretamente a hipótese nula, dado que a hipótese alternativa seja verdadeira. É 1 menos a taxa de erro tipo II de um teste estatístico, e é geralmente representada por $1 - \beta$.

PPDAC: uma estrutura proposta para o "ciclo de dados", compreendendo Problema, Plano, Dados, Análise (exploratória ou confirmatória) e Conclusão e Comunicação.

previsão probabilística: uma predição na forma de uma distribuição de probabilidade para um evento futuro, e não um julgamento categórico daquilo que vai acontecer.

probabilidade: a expressão matemática formal de uma incerteza. Se $P(A)$ é a probabilidade para um evento A, então as regras da probabilidade são:
1. Limites: $0 \leq P(A) \leq 1$, com $P(A) = 0$ se A é impossível e $P(A) = 1$ se A é certeza.
2. Complemento: $P(A) = 1 - P(\text{NÃO } A)$.
3. Regra da adição: Se A e B são mutuamente excludentes (isto é, pode ocorrer no máximo um dos dois), $P(A \text{ OU } B) = P(A) + P(B)$.
4. Regra da multiplicação: Para quaisquer eventos A e B, $P(A \text{ E } B) = P(A|B) P(B)$, onde $P(A|B)$ representa a probabilidade de A dado que tenha ocorrido B. A e B são

independentes se e somente se $P(A|B) = P(A)$, isto é, se a ocorrência de B não afeta a probabilidade para A. Nesse caso temos $P(A \text{ E } B) = P(A) P(B)$, a regra da multiplicação para eventos independentes.

probabilidade de combinação aleatória: em testes forenses de DNA, a probabilidade de uma pessoa extraída aleatoriamente de uma população relevante combinar com o perfil de DNA observado que liga um suspeito a um crime.

quartis (de uma população): os 25º, 50º e 75º percentis.

razão de risco: ao analisar tempos de sobrevivência, o risco relativo, associado a uma exposição, de sofrer um evento num período determinado. Um risco proporcional é uma forma de regressão múltipla quando a variável resposta é um tempo de sobrevivência, e os coeficientes correspondem a log(razão de risco).

razão de taxa: o aumento relativo no número esperado de eventos num período de tempo fixo associado a uma exposição. Uma regressão de Poisson é uma forma de regressão múltipla quando a variável resposta é a taxa observada, e os coeficientes correspondem a log(razões de taxa).

razão de verossimilhança: uma medida da sustentação relativa que alguns dados fornecem para duas hipóteses concorrentes. Para as hipóteses H_0 e H_1, a razão de probabilidades fornecida por dados x é dada por $p(x|H_0)/p(x|H_1)$.

regressão à média: quando uma observação alta ou baixa é seguida por outra menos extrema, por meio do processo de variação natural. Ocorre porque parte do motivo para o caso extremo inicial foi o acaso, e é improvável que este se repita em igual proporção.

regressão linear múltipla: suponha que para toda resposta y_i haja um conjunto de p variáveis preditivas $(x_{i1}, x_{i2}... x_{ip})$. Então uma regressão linear múltipla de mínimos quadrados é dada por

$$\hat{y} = b_0 + b_1(x_{i1} - \overline{x}_1) + b_2(x_{i2} - \overline{x}_2) + ... b_p(x_{ip} - \overline{x}_p)$$

onde os coeficientes $b_0, b_1... b_p$ são escolhidos para minimizar a soma residual dos quadrados: $\text{RSS} = \Sigma_{i=1}^{n} (y_i - \hat{y}_i)^2$. A interseção b_0 é simplesmente a média $\overline{y}$, e a fórmula para os coeficientes restantes é complexa, mas fácil de calcular. Note que $b_0 = \overline{y}$ é o valor predito de uma observação y cuja variável preditiva foram as médias $(\overline{x}_1, \overline{x}_2 ... \overline{x}_p)$ e, assim como ocorre para a regressão linear, um y_i corrigido é dado pelo residual somado à interseção, ou $y_i - \hat{y}_i + \overline{y}$.

regressão logística: uma forma de regressão múltipla em que a variável resposta é uma proporção e os coeficientes correspondem ao log(razões de chance). Suponha que observemos uma série de proporções $y_i = r_i/n_i$ presumidas como surgindo de uma variável binomial com probabilidade subjacente p_i, com um correspondente conjunto de variáveis preditivas $(x_1, x_2… x_n)$. O logaritmo das chances da probabilidade estimada $\hat{p}_i$ é assumido como sendo uma regressão linear:

$$\log \frac{\hat{p}_i}{(1 - \hat{p}_i)} = b_0 + b_1 x_{i1} + b_2 x_{i2} + \ldots b_p x_{ip}$$

Suponhamos que uma das variáveis preditivas, digamos x_1, seja binária, com $x_1 = 0$ correspondendo a não ser exposto a um risco potencial, e $x_1 = 1$ correspondendo a ser exposto. Então o coeficiente b_1 é um log(razão de chance).

regressão multinível com pós-estratificação (MRP): um desenvolvimento moderno em amostragem de pesquisa no qual números bastante pequenos de respondentes são obtidos de muitas áreas. Um modelo de regressão é então construído relacionando respostas com fatores demográficos, permitindo uma variabilidade adicional entre áreas usando modelagem hierárquica. O conhecimento da demografia de todas as áreas permite então que sejam feitas predições tanto locais como nacionais, com a incerteza apropriada.

resíduo: a diferença entre um valor observado e o valor predito por um modelo estatístico.

risco absoluto: a proporção de pessoas num grupo definido que experimentam um evento de interesse dentro de um período especificado de tempo.

risco relativo: se o risco absoluto entre pessoas que são expostas a algo de interesse é p, e o risco entre pessoas que não são expostas é q, então o risco relativo é p/q.

sabedoria das multidões: a ideia de que uma síntese derivada de uma opinião coletiva está mais perto da verdade do que a maioria dos indivíduos.

sensibilidade: a proporção de casos "positivos" que são identificados corretamente por um classificador ou teste, muitas vezes denominada taxa de verdadeiros positivos. Um menos sensibilidade também é conhecido como o erro tipo II observado, ou taxa de falsos negativos.

shrinkage: a influência de uma distribuição a priori numa análise bayesiana, na qual uma estimativa tende a ser puxada na direção de uma média a priori assumida ou estimada. Também é conhecido como "força emprestada", uma vez que taxas estimadas de uma doença numa área geográfica, por exemplo, são influenciadas por taxas em outras áreas.

significância estatística: um efeito observado é julgado como estatisticamente significativo quando seu p-valor correspondente a uma hipótese nula é menor que algum nível prefixado, digamos 0,05 ou 0,001, o que significa que um resultado tão extremo era improvável de ocorrer se a hipótese nula, e todas as outras premissas do modelo, valesse.

significância prática: quando um achado tem uma importância genuína. Estudos grandes podem dar origem a resultados estatisticamente significativos, mas não do ponto de vista prático.

sinal e ruído: a ideia de que os dados observados surgem a partir de dois componentes: um sinal determinista no qual estamos realmente interessados e o ruído aleatório que compreende o erro residual. O desafio da inferência estatística é identificar apropriadamente um e outro, e não ser levado a pensar que o ruído é na realidade um sinal.

sobreajuste: quando se constrói um modelo estatístico excessivamente adaptado a dados de treinamento, de modo que sua capacidade preditiva começa a declinar.

tamanho de um teste: a taxa de erro tipo I de um teste estatístico, geralmente representada por α.

taxa de falsas descobertas: ao testar múltiplas hipóteses, a proporção de resultados positivos que acabam se revelando falsos positivos.

teorema de Bayes: uma regra de probabilidade que mostra como uma evidência A atualiza crenças anteriores de uma proposição B para produzir crenças posteriores $p(B|A)$, por meio da fórmula $p(B|A) = p(A|B)p(B)/p(A)$. Isso é facilmente provado: como $p(B\,E\,A) = p(A\,E\,B)$, a regra da multiplicação de probabilidade significa que $p(B|A)p(A) = p(A|B)p(B)$, e dividindo ambos os lados por $p(A)$ obtemos o teorema.

teorema do limite central: a tendência para a média amostral de um conjunto de variáveis aleatórias ter uma distribuição amostral normal, independentemente (com certas exceções) do formato da distribuição amostral subjacente da variável aleatória. Se n observações independentes têm cada uma média μ e variância σ^2, então, por premissas amplas, sua média amostral é um estimador de μ, e tem uma distribuição aproximadamente normal com média μ, variância σ^2/n e desvio-padrão $\sigma/0\sqrt{n}$ (também conhecido como erro-padrão do estimador).

teste cego: quando os envolvidos num ensaio clínico não sabem qual tratamento foi dado a um paciente, de modo a evitar viés nas avaliações dos resultados. O teste cego é quando os pacientes não sabem que tratamento receberam, o duplo-cego é quando as pessoas que monitoram os pacientes também não sabem o tratamento que está sendo realizado, e o triplo-cego é quando os tratamentos são rotulados, digamos de A e B, e tanto os estatísticos que analisam os dados quanto a comissão que monitora os resultados não sabem quais deles correspondem ao novo tratamento.

teste de associação qui-quadrado/teste de bondade do ajuste: um teste estatístico que indica o grau de incompatibilidade dos dados com um modelo estatístico compreendendo a hipótese nula, que pode ter a ver com uma falta de associação ou alguma outra forma matemática especificada. Especificamente, o teste compara um conjunto de m contagens observadas $o_1, o_2 \ldots o_m$ com um conjunto de valores esperados $e_1, e_2 \ldots e_m$ que foram calculados pela hipótese nula. A versão mais simples do teste estatístico é dada como

$$X^2 = \sum_{j=1}^{m} \frac{(o_j - e_j)^2}{e_j}$$

Pela hipótese nula, X^2 terá uma distribuição amostral qui-quadrado aproximada, possibilitando o cálculo de um p-valor associado. Para cálculos pequenos uma "correção de continuidade" pode ser aplicada, como nos dados da tabela 10.2.

teste de hipótese: um procedimento formal para avaliar a sustentação para uma hipótese fornecida por dados, geralmente um amálgama de testes fisherianos clássicos de hipótese nula usando p-valores e a estrutura de Neyman-Pearson de hipóteses nula e alternativa e erros tipo I e tipo II.

teste de permutação/randomização: uma forma de teste de hipótese na qual a distribuição da estatística de teste para a hipótese nula é obtida com a permutação dos rótulos dos dados, em vez de mediante um modelo estatístico detalhado para variáveis aleatórias. Suponha que a hipótese nula seja que um "rótulo", digamos homem ou mulher, não esteja associado a um resultado. Os testes de randomização examinam todas as formas possíveis nas quais os rótulos para pontos de dados individuais podem ser rearranjados, cada uma das quais é igualmente provável pela hipótese nula. A estatística de teste para cada uma dessas permutações é calculada, e o p-valor é dado pela proporção que conduza a estatísticas de teste mais extremas do que as realmente observadas.

teste sequencial: quando um teste estatístico é realizado repetidamente em dados que se acumulam, inflando assim a chance de ocorrência de um erro tipo I em algum ponto. Um "resultado significativo" é garantido se o processo continua por tempo suficiente.

teste t: uma estatística usada para testar a hipótese nula de um parâmetro ser zero, formada pela razão de uma estimativa em relação ao seu erro-padrão. Para amostras grandes, valores acima de 2 ou abaixo de −2 correspondem a um p-valor bilateral de 0,05; p-valores exatos podem ser obtidos em softwares estatísticos.

testes unilaterais e bilaterais: uma hipótese unilateral é usada quando a hipótese nula especifica que, digamos, o efeito de um tratamento médico é negativo. Isso somente seria rejeitado por valores positivos grandes de um teste estatístico representando um efeito de tratamento estimado. Um teste bilateral seria apropriado para a hipótese nula de que o efeito do tratamento, digamos, seja exatamente zero, e assim tanto estimativas positivas quanto negativas levariam a hipótese nula a ser rejeitada.

trade-off viés/variância: quando se ajusta um modelo a ser usado para predição, a complexidade crescente acabará levando a um modelo com menos viés, no sentido de maior potencial para se adaptar a detalhes do processo subjacente, porém mais variância, já que não há dados suficientes que permitam ter confiança acerca dos parâmetros no modelo. Esses elementos precisam ser compensados para evitar sobreajuste.

validação cruzada: uma forma de avaliar a qualidade de um algoritmo para predição ou classificação removendo sistematicamente alguns casos para que atuem como conjunto de teste.

validade externa: quando as conclusões de um estudo podem ser generalizadas para um grupo-alvo, mais amplo que a população imediata estudada. Isso diz respeito à relevância do estudo.

validade interna: quando as conclusões de um estudo se aplicam à população desse estudo. Isso diz respeito ao rigor com que o estudo foi conduzido.

variabilidade: as inevitáveis diferenças que ocorrem entre medições ou observações, algumas das quais podem ser explicadas por fatores conhecidos, e as restantes atribuídas a ruído casual.

variância: para uma amostra $x_1 \ldots x_n$ com média $\overline{x}$, é geralmente definida como $s^2 = 1/_{n-1} \sum_{i=1}^{n} (x_i - \overline{x})^2$ (embora o denominador também possa ser n em vez de $n-1$). Para uma variável aleatória X com média μ, a variância é $V(X) = E(X - \mu)^2$. O desvio-padrão é a raiz quadrada da variância, então $SD(X) = \sqrt{V(X)}$.

variáveis discretas: variáveis que podem assumir valores inteiros de 0, 1, 2 e assim por diante.

variável aleatória: uma grandeza assumida como tendo uma distribuição de probabilidade. Antes de serem observadas variáveis aleatórias, geralmente recebem uma letra maiúscula, como X, enquanto valores observados são representados por minúsculas, x.

variável categórica: uma variável que pode assumir dois ou mais valores discretos, que podem ou não ser ordenados.

variável contínua: uma variável aleatória X que pode, pelo menos em princípio, assumir qualquer valor dentro de um intervalo específico. Ela tem uma função de densidade de probabilidade f tal que $P(X \leq x) = \int_{-\infty}^{x} f(t)dt$ e uma expectativa dada por $E(X) = \int_{-\infty}^{\infty} x f(x)dx$. A probabilidade de X estar no intervalo (A, B) pode ser calculada usando $\int_{A}^{B} f(x)dx$.

variável dependente, variável resposta: a variável de interesse primário que desejamos predizer ou explicar.

variável independente, ou variável preditiva: uma variável que é fixada por projeto ou observação e cuja associação com uma variável resposta pode ser de interesse.

verossimilhança: uma medida da sustentação evidencial fornecida por dados para valores paramétricos particulares. Quando uma distribuição de probabilidade para uma variável aleatória depende de um parâmetro, digamos θ, então depois de observar dados x a verossimilhança para θ é proporcional a $p(x|\theta)$.

viés de investigação: quando a chance de uma pessoa ser amostrada, ou de uma característica ser observada, depende de algum fator passado, por exemplo quando pessoas no grupo tratado de um estudo randomizado recebem supervisão mais minuciosa que o grupo de controle.

Índice remissivo

Números em *itálico* referem-se a figuras e tabelas.

a prioris objetivos, 269
A/B, testes, 100
Agência Internacional de Pesquisa em Câncer (Iarc), 39
agrupamento, aglomeração, 128
ajuste, estratificação, 102, 119-20, 323
álcool, consumo de, 104, 247
alfabetização em dados, 22, 323
algoritmos: avaliação de desempenho, 137-42, *153*, *154*; para classificação, 125, 129; competição (*ver também* Titanic, desafio do), 130, 137, 152, 229-30; complexos, 151-4; especificidade, 138; parâmetros, 149; precisão, 143-5; para predição, 126, 129; robustez, 154; sensibilidade, 138; significado, 323; transparência, 156-7; variabilidade estatística e, 155; vieses, 155
algoritmos de reincidência, 156
alturas, 111-3, *111-2*, 114, 119, *171*, *172*, 204, 228-30, *228*
amostragem, 78-9, 89; aleatória, 79, 176, 186-7; representativa, 79
amplitude, 53, *331*
análise, 17-22, 24
análise de regressão, 113-4, *114*
análise estatística, 17-22, 24
analítica preditiva, 126, 323
apofenia, 92, 215
aprendizagem de máquina, 123, 126-7, 323
aprendizagem não supervisionada, 128, 323
aprendizagem profunda, 129, 323
aprendizagem supervisionada, 125, 323
apresentação, 31-6
Arbuthnot, John, 212-3
arcebispo da Cantuária, 264-5
área de cauda, 196
arranjos de ícones, 40-2, *41*, 323
árvores, 18-9
árvores de classificação, 136-7, *136*, *147*, 151, 324
árvores de probabilidade, *179*, *180*

assassinatos, 13-7, 187-91, *190*, 208, 225, *226*, 237-43
assessorias de imprensa, 290-1
associações, 102-5, 122
ataques cardíacos, 94-7
autismo, 105
avaliação de alegações estatísticas, 301-3
avaliação do desempenho de algoritmos, 137-45, *153*, *154*
AVC, 94-7

bacon, sanduíches de, 39-42
balas de goma num frasco, 46-50, 52-3, *54*
Bayes, fator de, 272, *273*, 330
Bayes, Teorema de, 253-4, 257-8, 260, 337
Bayes, Thomas, 252
bayesiana, aprendizagem, 271
bayesiana, inferência estatística, 265-73, *267*, 324
bayesiana, suavização, 271
bayesiano, teste de hipótese, 185, 252-76
beleza, 156
Bem, Daryl, 278, 293-4
Bernoulli, distribuição de, 199, 327
big data, 127-8, 324
Bonferroni, correção de, 232, 240, 325-6
bootstrapping, 166-72, *168-70*, *172*, 176, 193, 324
Box, George, 123
boxplot, 47-50, *48*
Bradford Hill, Austin, 106-8
Brier, escore de, 143-5, 229, 329

cães, 155
Cairo, Alberto, 34, 60, 65
calibração, 141-2, *142*, 324
Cambridge, Universidade de, 102, *103*
câncer: de cólon, 197-9, *198*; de ovário, 295; de pulmão, 92-3, 106-7, 222; risco de, 39-42; *ver também* câncer de mama

341

câncer de mama, 157-60, *158*-9, 181-3, *182*; cirurgia de, 157-60, *158*-9; exames de detecção para, 181-3, *182*
canhotos, 105, 193-6, *195*
carne/carne processada, 39-42
casos-controle, estudos de, 102, 329
casos legais, 258, 263-4
causalidade, 91-3, 106-8, 114; reversa, 104-6, 324
chance, acaso, 42, 184, 191, 258, 260
chance a priori, 260
chance final, 260
chocolate, 284
ciência de dados, 21, 127-8, 324
ciência estatística, 14, 17
cinco sigma, resultados, 233
cirurgias: cardíacas, 29-31, 31-2, *33*, 58, *59*, 88, 121-2, *121*; de câncer de mama, 157-60, *158*-9; de hérnia, 99
cirurgias cardíacas em crianças *ver* cirurgias cardíacas
classificação, 125-6, 129-33
coeficientes de regressão, 113, 119, 325
comparações múltiplas, 231-2, 239, 325
comportamento indutivo, 234, 325
comunicação, 65-8, 288, *289*, 297, 299
comunicação seletiva, 22, 283
conclusões, 24, 32, 283
condenações, 156
condicional transposta, lei da, 182, 258
confiabilidade dos dados, 76-7
confundidores, variáveis de confusão, 102, 120, 325
contrafactuais, 92, 325
correlação, 91-2, 104
crime, criminalidade, 80-2, 263-4; *ver também* homicídios
crise de reprodutibilidade, 22, 279-83, 326; na ciência, 22
crise financeira de 2007-8, 123-4
cruzar os braços, comportamento ao, 217-9, *217*, *219*, 224, *224*
curvas de característica de operação do receptor (ROC), 139-40, *140*, 326
curvas de sino, 82-7, *84*

dados, 17-22, 23, 31; coleta de, 281
dados binários, 31, 326
dados de jogar, 174-6, *175*, 180
dados observacionais, 101, 106-8, 114

dados, distribuição de *ver* distribuição amostral
decisões de liberdade condicional, 156
dedução, 75
desemprego, 19, 162-4, 226-7
desvio-padrão, 53, 83, 113, 326
diagramas de pontos, 46-50, *48*-9
diferenças entre grupos de números, 54-7
discriminação de gênero, 103
dispositivos de randomização, 185-7
distribuição: amostral, 46, 170, 326; binomial, 194-9, *195*, *198*, 326-7; empírica, 170, 326; enviesada, 48, 327; gaussiana *ver* distribuição normal; hipergeométrica, 220, 327; normal, 82-7, *84*, 191, 200-1, 327-8; de probabilidade, 86, 327
distribuições a posteriori, 268, 326
distribuições a priori, 268, 326
DNA, evidência de, 182
Doll, Richard, 106
doping, 256-8, *256*-7, 258-60; nos esportes, 256-8, *256*

educação, 90-1, 99, 117, 120, 155
educação universitária, 90-1, 120, 248-50; *ver também* Cambridge, Universidade de
efeito de procurar em outro lugar, 233
eleições, predições de resultados de, 304-7, *307*; *ver também* pesquisas de opinião
engenharia de características, 129, 328
enquadramento, 328; de números, 32, 34; de questões, 77-8
ensino da estatística, 23-5
EPC (Estudo de Proteção Cardíaca), 95-7, *96*, 227-8, *227*, 234-7
epidemiologia, 90, 108, 328; forense, 108, 328
erro quadrático médio (EQM), 143-4, 328
erro-padrão, 196, 328
erros de codificação, 281-2
erros residuais, 115, 328
erros tipo I, 234-5, 328
erros tipo II, 234-5, 328
escala logarítmica, 49, 328
escore Z, 85, 329
especificidade, 138-40, 329
estatinas, 43, 93-7, 227-8, *227*, 234-7
estatística: como disciplina, 21; ensino de, 23-5; exame de afirmações, 301-3; ideologia, 274-6; melhorias, 296-7; publicações, 25; regras para a prática efetiva, 308-9; significado da, 329

Índice remissivo

estatística forense, 17
estratégias de modelagem de regressão, 122-4
estratificação, 102, 323
estudo clínico com estreptomicina, 98, 106
Estudo de Efeitos Terapêuticos da Prece Intercessora, 100
Estudo de Proteção Cardíaca (EPC), 95-7, 96, 227-8, 227, 234-7
estudos confirmatórios, 286, 330
estudos de coorte retrospectivos, 101, 329
estudos de coorte prospectivos, 101, 329
estudos exploratórios, 286, 330
estudos randomizados controlados, 94-6, 98-100, 105, 120, 329-30
estudos transversais, 101
ética/ética dos dados, 303
eugenia, 45
eventos dependentes, 181, 330
eventos independentes, 181, 330
expectativa, 196
experimentos agrícolas, 98-9
experimentos clínicos, 80, 93-100, 117, 232, 283
exposição, 106, 330

falácia do jogador, 200
falácia do promotor, 182, 258, 330
falsos positivos, 230-2, 330
fatores ocultos, 105, 120, 330
felicidade, 20
Fermat, Pierre de, 176
Fisher, Ronald, 216, 221-2, 275, 281
física social, 191
florestas aleatórias, 152
fraude, 283-5
frequências esperadas, 40, 178-80, *178*, 181-3, *182*, 330
fumar, 92-3, 106, 222

Gallup, George, 78
Galton, Francis, 45-6, 59, 110-1, 201
geradores de números pseudoaleatórios, 185
Gini, índice de, 53n
Gombaud, Antoine, 174-6
gráficos circulares, 36, *37*
gráficos de barras, 37-8
gráficos de dispersão, 14-6, *15*
gráficos de funil, 197, 330
gráficos de linhas, 15, *16*

gráficos dinâmicos, 69
graus de liberdade do pesquisador, 286
Groucho, princípio de, 293n
grupos de controle, 94, 331
Guerra do Vietnã, loteria de recrutamento, 79

HARKing, 287, 288
hérnia, cirurgia de, 99
HES (Hospital Episode Statistics), 30-1
Higgs, bóson de, 232-3
hipótese nula, 215-21, 275, 331
hipóteses, 215
histogramas, 47-50, *48-9*
homicídios, 13-7, 187-91, *190*, 208, 225, 226, 237-43
hospitais, 29-31, 34-6, *35*, 58-61, 122
Hospital Episode Statistics (HES), 30-1

IA (inteligência artificial), 126-7, 160-1, 331
Iarc (Agência Internacional de Pesquisa em Câncer), 39
idade para votar, 77
IMC (índice de massa corporal), 36
impulsão, 150
incerteza, 177, 202, 253, 331; aleatória, 202, 253, 331; epistêmica, 202, 253-4, *255*, 331
índice de massa corporal (IMC), 36
indução, 75, 331
inferência estatística, 176, 185, 193-211, 252-76, 331
inferência indutiva, 74-80, *76*, 202, 331
infográficos, 68, 69
inteligência artificial (IA), 126-7, 160-1, 331
"intenção de tratar", princípio, 95, 331
interações, 151, 331
intervalo, 53-4
intervalo interquartil, 53-4, 85, 332
intervalos de confiança, 203-5, *204*, 208-11, *210*, 226-7, 274-5, 331-2
intervalos de incerteza, 170, 203, 274

jardim das encruzilhadas, 286
jogos de azar, jogos de apostas, 174-6, *175*, 180

Kaggle, concursos, 130, 137, 153, 230; *ver também Titanic*, desafio do
k-ésimo vizinho mais próximo, 152

Lasso, 151
lei dos grandes números, 199, 332

limites de controle, 197, 332
Londres, metrô de, 32

mamografia, 181-3, *182*
manipulação de dados, 22
máquina de vetores de suporte, 152
margens de erro, 162, 170, 205-8, 332
matrizes de erro ou de confusão, 138, *138*, 332
média amostral, 163-4, 332
médias, 50-2, 332
mediana, 50-2, 54, 85, 332
medição, 75-6
medidas robustas, 54
Méré, Chevalier de, 174-6, 180
meta-análise, 97, 332
métodos estatísticos, 22, 282-3, 308
mi (μ), 163
mídia, meios de comunicação, 291-3
moda, 50, 52, 333
modelagem hierárquica, 269, 333
modelos de regressão, 150-1
modelos deterministas, 115, 123
modelos estatísticos, 110, 115, 333
modelos financeiros, 123-4
modelos lineares, 118, 122
moedas, 254, *255*
mortalidade, 51, 104-5
morte, 20; *ver também* mortalidade; assassinato; taxas de sobrevivência
MRP (regressão multinível com pós-estratificação), 270, 336

narração de histórias, 68-70
Natsal (Pesquisa Nacional de Atitudes Sexuais e Estilos de Vida), 55, 68, 69, 72-4
Neyman, Jerzy, 204, 234, 274-5
Neyman-Pearson, teoria de, 234-7, 275
nomes, popularidade de, 65, 66

observações aleatórias, 185
orelhas, 100, 102

padrões, 128-9
papas, 105
parâmetros, 85, 202, 334
parâmetros de complexidade, 149
parceiros sexuais, 51, 54-7, *55*, *57*, 72-4, 164-71, *165-6*, *168-70*
Pascal, Blaise, 176

Pearson, coeficiente de correlação de, 58, 60, 91-2, 113, 325
Pearson, Egon, 204, 234, 275
Pearson, Karl, 59
percentis, 52, 85, 334
percepção extrassensorial, 278, 293
perda de peso, 284
peso no nascimento, 82-7
pesquisa científica, 21-2
Pesquisa Nacional de Atitudes Sexuais e Estilos de Vida (Natsal), 55, 68, 69, 72-4
Pesquisa sobre Criminalidade na Inglaterra e no País de Gales, 80-2
pesquisas de opinião, 79, 206-8, *207*, 269-71; *ver também* predições de resultados de eleições
pesquisas por telefone, 79
pesquisas pré-eleitorais *ver* pesquisas de opinião
"p-hacking", 286
PIB (produto interno bruto), 19
placebo, 94-5, 334; efeito, 117
planejamento, 23-5, 281
Poisson, distribuição de, 188-9, *190*, 225, 327
policiamento, 99
população: crescimento da, 62-5, *63-4*; distribuição da, 82-7, 166, 328; média da, 163-4; *ver também* expectativa
população literal, 87
população metafórica, 88
população virtual, 88
populações, 73-4, 78-88, 334
pôquer, 264-5
potência de um teste, 235-6, 334
PPDAC (Problema, Plano, Dados, Análise, Conclusão e Comunicação), ciclo de resolução de problemas, 23-5, *24*, 101, 130-3, 280-4, 304-7, 334
prática estatística, 299-300
práticas de pesquisa questionáveis, 285-8
prece, 100
precognição, 278, 293
preços de casas, 52, 104-5
predição, 126, 129-33
Predict 2.1, 158
preparação, 78
presidentes dos Estados Unidos, 146
previsões meteorológicas, 140, 143, 144
previsões probabilísticas, 141, 334
probabilidade, 21; clássica, 183; de combinação aleatória, 264, 335; condicional, 181-3;

Índice remissivo

enumerativa, 184; de frequências de longo prazo, 184; incerteza e, 253-4; precisão, 143-5; regras de, 180; significado de, 183-7, 334-5; subjetiva ou pessoal, 184-5
Problema, Plano, Dados, Análise, Conclusão e Comunicação (PPDAC), ciclo de resolução de problemas, 23-5, *24*, 101, 130-3, 280-4, 304-7, 334
problemas, 23
produto interno bruto (PIB), 19
professores, 155
propensão, 184
proporções, comparações de, 38-43, *41-2*
publicação de achados, 290
p-valor, 220-1, 235, 243-50, 275, 333
p-valores bicaudais, 221, 334
p-valores unicaudais, 220, 334

QI, 285
quartis, 85, 335
Quételet, Adolphe, 190

raça, 156
radares, 115-8
randomização, 100, 222
razão de chance, 42
razão de verossimilhança, 258-65, *263*, 272, 335
razão sexual, 212-3, *213*, 217, 221
razões de taxa, 292, 335
Real Sociedade Estatística, 67, 274
redes neurais, 152
refrigerantes gaseificados, 105
registro da associação profissional dos cirurgiões, 30-1
regras para prática estatística efetiva, 308-9
regressão, 110-24; linear múltipla, 118-9, 335; logística, 122, 150, 336; à média, 113, 115-8, 335; multinível com pós-estratificação (MRP), 270, 336; múltipla, 119-20
regularização, 148
renda, 51-2
resíduos, 111-3, 336
resultados não significativos, 247, 282, 303
retas de melhor ajuste, 113, 332-3
retas de regressão dos mínimos quadrados, *112*, 332-3
revisões sistemáticas, 97
Ricardo III, 260-3
risco absoluto, 39, 43, 336

risco relativo, 39, 336
risco, expressão, 40
risco, razões de, 292, 335
ROC (curvas de característica de operação do receptor), 139-40, *140*, 326
Rosling, Hans, 69
Royal Bristol Infirmary, 29-31, 58
Ryanair, 77

sabedoria das multidões, 45-6, 52-3, 336
salmão, 231
saúde, 148
seguros, 157
sensibilidade, 138-40, 336
Shipman, Harold, 13-7, 237-43, *239*, 242
shrinkage, 268, 336-7
sigma, 163, 233
significância estatística, 213, 221-3, 225-33, 337
significância prática, 249, 337
Silver, Nate, 35
Simonsohn, Uri, 284-7, 299
Simpson, paradoxo de, *103*, 334
simulações de computador, 174-6, *177*
sinal e ruído, 115, 337
sínteses de dados, 45
sínteses, resumos, 46, 53, *54*
sobreajuste, 146-9, *147*
Sociedade Estatística, 67
solidão, 78
Somerton, Francis *ver* Titanic, desafio do sorteio, 78
Spearman, correlação de postos de, 60-1, 326
Student, teste de, 229
supermercados, 104-5

tabelas, 32-6, *33*
tabelas de classificação, 34, 117; *ver também* tabelas
tamanho da amostra, 164-7, *165-6*, 235-7
tamanho de um teste, 235-6, 337
tamanhos de sapatos, 53
taxa de falsas descobertas, 232, 337
taxas de sobrevivência, 34-6, *35*, 58-61, *59*
tecnologia, 13
tendências, 62-6, *62-4*, 66
teorema do limite central, 170, 199-201, 337
teoria da probabilidade, 174-91, 223-5
terapia adjuvante, 157-60, *158-9*
teste cego, 95, 338

teste da prova de chá, 222
teste de associação qui-quadrado, 224, 338
teste de hipótese, 212-50, 275, 338; *ver também* Neyman-Pearson, teoria de; teste de significância da hipótese nula; p-valores
teste de significância da hipótese nula, 222-5, 243-5, *244*
teste qui-quadrado de bondade do ajuste, 225, *226*, 338
teste sequencial, 240-1, 338-9
teste sequencial da razão de probabilidades (TSRP), 241, *242*
teste t, 229, 339
testes bilaterais, 221, 339
testes de permutação, 218-21, *219*, 338
testes de randomização, 218-21, *219*, 338
testes unilaterais, 220, 339
times esportivos, 116-7
Titanic, desafio do, 130-7, *131*, 134-6, *142*, 145, *150*, 152, *153*, 154, 229
trade-off viés/variância, 148, 339
TSRP (teste sequencial da razão de probabilidades), 241, *242*
tumores cerebrais, 90-1, 120, 248-50

vacinação, 105
validação cruzada, 148-9, 339
validação dos dados, 77-80
validade externa, 79-80, 339
validade interna, 78, 339
variabilidade, 20, 53-4, 155, 339
variabilidade natural, 191
variância, 339
variáveis, 36, 58-61; aleatórias, 186, 193, 340; binárias, 36; categóricas, 36, 38, 340; contínuas, 50, 340; dependentes, 61, 113, 340; discretas, 50, 339; explicativas, 113, 118-20; independentes, 61, 113, 340; preditivas, 340; de resposta, 113, 120-2
velocidade da luz, 206
verossimilhança, 268, 275, 340
vieses, 82, 155; de aceitabilidade social, 73; de alocação, 82; de investigação, 91, 340; de publicação, 300-1; do voluntário, 82
violência, 105
visualização de dados, 32, 34, 65, 68

Waitrose, 104-5
"When I'm Sixty-Four", 286-7

1ª EDIÇÃO [2022] 2 reimpressões

ESTA OBRA FOI COMPOSTA POR MARI TABOADA EM DANTE PRO E
IMPRESSA EM OFSETE PELA GRÁFICA BARTIRA SOBRE PAPEL PÓLEN DA
SUZANO S.A. PARA A EDITORA SCHWARCZ EM JUNHO DE 2024.

A marca FSC® é a garantia de que a madeira utilizada na fabricação do papel deste livro provém de florestas que foram gerenciadas de maneira ambientalmente correta, socialmente justa e economicamente viável, além de outras fontes de origem controlada.